**IMIシリーズ:
進化する産業数学
3**

九州大学マス・フォア・インダストリ研究所 編
編集委員 福本康秀・佐伯　修・西井龍映・小磯深幸

格子暗号解読のための数学的基礎

― 格子基底簡約アルゴリズム入門 ―

青野良範・安田雅哉 著

近代科学社

◆ 読者の皆さまへ◆

平素より，小社の出版物をご愛読くださいまして，まことに有り難うございます．

㈱近代科学社は 1959 年の創立以来，微力ながら出版の立場から科学・工学の発展に寄与すべく尽力してきております．それも，ひとえに皆さまの温かいご支援があってのものと存じ，ここに衷心より御礼申し上げます．

なお，小社では，全出版物に対して HCD（人間中心設計）のコンセプトに基づき，そのユーザビリティを追求しております．本書を通じまして何かお気づきの事柄がございましたら，ぜひ以下の「お問合せ先」までご一報くださいますよう，お願いいたします．

お問合せ先：reader@kindaikagaku.co.jp

なお，本書の制作には，以下が各プロセスに関与いたしました：

・企画：小山　透
・編集：小山　透，高山哲司
・組版：藤原印刷 (LaTeX)
・印刷：藤原印刷
・製本：藤原印刷 (PUR)
・資材管理：藤原印刷
・カバー・表紙デザイン：川崎デザイン
・広報宣伝・営業：山口幸治，東條風太

● 本書に記載されている会社名・製品名等は，一般に各社の登録商標または商標です．本文中の©，®，™ 等の表示は省略しています．

・本書の複製権・翻訳権・譲渡権は株式会社近代科学社が保有します．
・ JCOPY 《（社）出版者著作権管理機構 委託出版物》
本書の無断複写は著作権法上での例外を除き禁じられています．
複写される場合は，そのつど事前に（社）出版者著作権管理機構
（https://www.jcopy.or.jp，e-mail: info@jcopy.or.jp）の許諾を得てください．

「IMI シリーズ：進化する産業数学」

刊行にあたって

「マス・フォア・インダストリ」とは純粋数学・応用数学を流動性・汎用性をもつ形に融合再編しつつ産業界からの要請に応えようとすることで生まれる，未来技術の創出基盤となる数学の研究領域である．従来は，物理，化学，生物学などの科学を介して，それらを記述する言語として，数学が技術と結びつくのが普通であった．IoT 時代にあっては，数学が技術と直接結びつくようになった．

2006 年 5 月に発表された文科省科学技術政策研究所報告書「忘れられた科学——数学」では，欧米の先進国に比べて，我が国における，数学と産業界や諸科学分野との連携の取組みが大きく遅れていることが指摘された．しかるに，欧米諸国，近隣の中国や韓国，そしてインドは数学の重要性を認識し，国家として数学の教育と研究支援に乗り出していた．そのような状況のもと，当時の九州大学大学院数理学研究院の若山正人研究院長（現九州大学理事・副学長）を中心として，文部科学省グローバル COE プログラム（2008–2012 年度）を立案する中で発想したのがマス・フォア・インダストリである．この活動を本格化するため，2011 年 4 月，数理学研究院を分割改組して，マス・フォア・インダストリ研究所 (IMI: Institute of Mathematics for Industry) が誕生した．

産業数学は英語では一般に 'Industrial Mathematics' をあてるが，欧米では学会名に 'Mathematics in Industry' を用いている．'Mathematics for Indusry' は案外見当たらない．欧米では，産業数学は専ら応用数学分野を指す．マス・フォア・インダストリと片仮名を用いるのは，応用数学に加えて，純粋数学分野をも産業技術開発に巻き込もうという意図がある．数学は自由である．柔軟である．発端が実際の問題であるにせよ好奇心からであるにせよ，そこから解き放たれ，想像の柔らかい羽を自由にのばすことによって，壮麗で精緻な世界を築き上げてきた．美しい様式はしばしば力強い機能を併せ持つ．コンピュータの進化はその機能実現を可能にする．暗号など情報セキュリティ技術は数論に，われわれの体内の様子を 3 次元的に映し出すことがで

きる CT スキャンや MRI は，ラドン変換など積分幾何学・表現論に基礎をおく．産業界は問題の宝庫である．開発現場の生の要請をフィードバックすることによって数学の世界をより豊かにしたい，マス・フォア・インダストリにはこのような願いが込められている．

　ディープラーニング (AI) の登場は現代社会や産業のありようを一変させつつある．ドイツが官民を挙げて取り組む「Industry 4.0（第 4 次産業革命）」が世界を席巻している．我が国でもこれに呼応した動きは急で，第 5 期科学技術基本計画（2016–2021 年度）では「超スマート社会 (Society 5.0)」実現が構想され，それを横断する基盤技術としての数学・数理科学の振興が謳われている．もの作り現場においては，要素技術の開発だけでは立ち行かなくなり，ビッグデータを操作して最適化し，それを利活用するための大がかりなシステム作りに重心がシフトしつつある．第 4 次産業革命はコト（サービスや概念）の生産革命で，概念操作を表現する数学が表舞台に躍り出るようになった．

　マス・フォア・インダストリは，今求められる問題解決にあたると同時に，予見できない未来の技術イノベーションを生み出すシーズとなるよう数学を深化させる．逆に，産業界から新たな問題を取り込んで現代数学の裾野を広げていく．さらに，社会科学分野にも翼を広げている．巨大システムである社会を扱う諸分野において数学へのニーズが高まっている．

　本シリーズは，この新領域を代表する分野を精選して，各分野の最前線で活躍している研究者たちに基礎から応用までをわかりやすく説き起こしてもらい，使える形で技術開発現場に届けるのが狙いである．読者として，大学生，大学院生から企業の研究者まで様々な層を想定している．現場から刺激を得ることが異分野協働の醍醐味である．それぞれに多様な形で役立てていただき，本シリーズから，アカデミアと産業界・社会の双方的展開が新たに興ることを願ってやまない．

編集委員　福本康秀

佐伯　修

西井龍映

小磯深幸

はじめに

インターネットが広く普及する現代の情報社会において，情報セキュリティを支える基盤技術である暗号は数学と密接に関係している．実際，SSL/TLSによる暗号通信や電子政府での電子署名などで現在広く普及している RSA 暗号や楕円曲線暗号の安全性は，素因数分解問題や楕円曲線離散対数問題と呼ばれる数学問題の計算困難性に依存している．一方で，これらの数学問題は量子計算機により容易に解読されることが知られている．

将来の実用化が期待される量子計算機による既存暗号の危殆化に備え，2016年 2 月に米国標準技術研究所 (National Institute of Standards and Technology, NIST) は量子計算機による暗号解読にも耐性を持つポスト量子暗号の標準化計画を発表した．この計画の発表以降，「格子」と呼ばれる数学の研究対象を利用した格子暗号がポスト量子暗号の有力候補として活発に研究されている．特に，格子暗号の安全性は最短ベクトル問題や最近ベクトル問題などの格子問題の計算困難性に基づく．

本書では，格子が持つ数学的性質を述べたのち，格子暗号の安全性を支える格子問題を解くのに有用な格子基底簡約に関する数学的基礎と代表的なアルゴリズムを紹介する．本書の特徴としてアルゴリズムの擬似コードと計算例を豊富に入れた．本書の読者には格子基底簡約アルゴリズムの実装と動作確認を通して，格子問題の難しさを実感して頂くとともに，格子暗号の安全性の基本的な仕組みを理解してもらえれば幸いである．

本書の執筆にあたり非常に貴重なご意見を頂きました東京大学の高木剛教授，筑波大学の國廣昇教授，立教大学の横山和弘教授，九州大学の落合啓之教授に感謝します．また，各章の内容の確認に協力してくれた九州大学大学院数理学府の山口純平君と高橋康君，九州大学理学部数学科の中邑聡史君と大岡美智子さんに感謝します．

2019 年 6 月

青野良範，安田雅哉

目　次

はじめに　　　　　　　　　　　　　　　　　　　　　　　iii

序章　この本について

0.1　あらまし 1

0.2　本書の目的と構成 5

1　格子の数学的基礎

1.1　格子 11

　　1.1.1　格子と基底 11

　　1.1.2　格子の体積 15

　　1.1.3　部分格子 17

1.2　格子と Gram-Schmidt の直交化 21

　　1.2.1　格子基底に対する Gram-Schmidt の直交化 (GSO) . . . 21

　　1.2.2　射影格子 25

1.3　格子の離散性 26

　　1.3.1　格子の離散性とその性質 27

　　1.3.2　補足：離散加法部分群における基底の存在性 29

1.4　格子の逐次最小と逐次最小ベクトル 32

　　1.4.1　格子の逐次最小 32

　　1.4.2　格子の逐次最小ベクトルと逐次最小基底 33

1.5　Minkowski の定理と Hermite の定数 35

　　1.5.1　Minkowski の定理 35

　　1.5.2　Hermite の定数と Hermite の不等式 39

	1.5.3	補足：4次元以下の格子における逐次最小基底の存在性	43
1.6	補足：双対格子と Mordell の不等式の紹介		45
	1.6.1	双対格子とその性質	46
	1.6.2	Mordell の不等式	47
1.7	格子問題の紹介		49

2 LLL 基底簡約とその改良

2.1	2次元格子における SVP 解法		51
	2.1.1	Lagrange 簡約基底とその性質	52
	2.1.2	Lagrange 基底簡約アルゴリズム	53
	2.1.3	Lagrange 基底簡約アルゴリズムと Euclid の互除法	57
2.2	サイズ基底簡約		59
2.3	LLL 基底簡約		62
	2.3.1	LLL 簡約基底とその性質	63
	2.3.2	LLL 基底簡約アルゴリズム	65
	2.3.3	LLL 基底簡約における効率的な GSO 更新	68
2.4	DeepLLL 基底簡約		74
	2.4.1	DeepLLL 基底簡約アルゴリズム	75
	2.4.2	DeepLLL 基底簡約における効率的な GSO 更新 . . .	77
2.5	一次従属ベクトルに対する LLL 基底簡約		84
	2.5.1	MLLL 基底簡約における GSO 情報の計算	84
	2.5.2	MLLL 基底簡約アルゴリズム	84

3 さらなる格子基底簡約アルゴリズム

3.1	HKZ 簡約基底とその性質		91
3.2	格子上の最短ベクトルの数え上げ		95
	3.2.1	最短ベクトルの数え上げ原理	95
	3.2.2	最短ベクトルの数え上げアルゴリズム	97
	3.2.3	数え上げアルゴリズムの計算量	100
3.3	BKZ 基底簡約アルゴリズム		102
	3.3.1	BKZ 簡約基底とその性質	102

	3.3.2	BKZ 基底簡約アルゴリズム 105
	3.3.3	BKZ 基底簡約で利用可能な効率的な GSO 更新公式 . . 107
3.4	スライド基底簡約アルゴリズム 112
	3.4.1	Mordell 簡約基底とその性質 112
	3.4.2	ブロック Mordell 簡約基底とその性質 115
	3.4.3	スライド基底簡約アルゴリズム 119
3.5	SVP チャレンジにおける計算機実験 121

4 ランダムサンプリングアルゴリズムとその解析

4.1	本章の道案内 124
4.2	解析のための準備 126
	4.2.1 集合と確率変数 127
	4.2.2 積一定条件における和の最小化 128
4.3	ランダムサンプリングアルゴリズム 131
	4.3.1 ランダムサンプリングアルゴリズムの定義 132
	4.3.2 サンプリング基底簡約アルゴリズム 132
4.4	ランダムサンプリングアルゴリズムの解析 134
	4.4.1 解析で用いられる仮定 134
	4.4.2 成功確率の定義 136
	4.4.3 一様分布仮定と平均値中央値仮定からの帰結 . . . 137
	4.4.4 定理 4.4.3 の応用 139
	4.4.5 幾何級数仮定を用いた解析 141
	4.4.6 定理 4.4.5 の発展と数値例 143
4.5	ランダムサンプリングアルゴリズムの実験例 146
	4.5.1 関連研究と発展的な課題 147
4.6	Small Vector Sum 問題 (VSSP) とその解法アルゴリズム . . . 150
	4.6.1 VSSP の定義 150
	4.6.2 $t = 1$ の場合の VSSP の解法 153
	4.6.3 リストのマージアルゴリズム 154
	4.6.4 一般の $t \geq 2$ に対する VSSP の解法 158
4.7	VSSP 解法アルゴリズムとランダムサンプリングアルゴリズム
	との組合せ 162

4.7.1	アルゴリズムが出力するベクトルの長さ	164
4.7.2	アルゴリズムの計算時間	166

5 近似版 CVP 解法と LWE 問題への適用

5.1	近似版の CVP に対する解法	175
5.1.1	Babai の最近平面アルゴリズム	176
5.1.2	目標ベクトルに近い格子ベクトルの数え上げ	182
5.1.3	埋め込み法	184
5.2	LWE 問題と代表的な求解法の紹介	186
5.2.1	LWE 問題の紹介と定式化	186
5.2.2	q-ary 格子	187
5.2.3	判定 LWE 問題に対する求解法	188
5.2.4	探索 LWE 問題に対する求解法	189
5.2.5	LWE チャレンジに対する計算機実験	192

参考文献   193

索　引   201

アルゴリズムの一覧

1	格子基底に対する Gram-Schmidt アルゴリズム	22
2	Lagrange 基底簡約アルゴリズム [48]	53
3	Size-reduce(i, j): 部分サイズ基底簡約アルゴリズム	60
4	Size-reduce：サイズ基底簡約アルゴリズム	61
5	LLL：LLL 基底簡約アルゴリズム [49]	66
6	GSOUpdate-LLL(k)：k での LLL 内の GSO 更新アルゴリズム	70
7	DeepLLL：DeepLLL 基底簡約アルゴリズム [74]	76
8	GSOUpdate-DeepLLL(i, k): DeepLLL 内の GSO 更新 [86]	83
9	MLLL：MLLL 基底簡約アルゴリズム [64, 79]	89
10	ENUM：格子上の最短ベクトルの数え上げ [31]	99
11	BKZ：BKZ 基底簡約アルゴリズム [74]	105
12	GSOupdate-BKZ(k, r)：BKZ 内で利用可能な GSO 更新	111
13	Slide：スライド基底簡約アルゴリズム [29]（概要のみ）	119
14	SA：ランダムサンプリングアルゴリズム [72]	133
15	RSR：サンプリング基底簡約アルゴリズム	134
16	(2^t, $\mathbf{m}$, k)-VSSP を解くアルゴリズム	159
17	GBS：一般化誕生日サンプリングアルゴリズム	163
18	Babai の最近平面アルゴリズム [8]（補題 5.1.1 に基づく）	177
19	Babai の最近平面アルゴリズム [8]（高速版）	178
20	目標ベクトルに近い格子ベクトルの数え上げ [51]	183

序章　この本について

0.1　あらまし

現代暗号と数学

インターネットの普及に伴い，ネットショッピングや公的手続きのオンライン申請など，ネットワークを利用した便利なサービスが身近になっている．その一方，秘密情報が漏れないよう情報セキュリティを確保することが重要な課題となっている．現代情報社会において，暗号は情報セキュリティを支える基盤技術である．最も代表的な公開鍵暗号[1]である RSA 暗号と楕円曲線暗号は，SSL/TLS による暗号通信や電子政府での電子署名などで現在広く普及している．これらの暗号技術の安全性はそれぞれ素因数分解問題や楕円曲線離散対数問題と呼ばれる数学問題の計算困難性に依存している[2]．このように現代暗号は数学と密接に関係し，暗号の安全性を支える数学問題を解析することはその暗号の安全性を評価する上で非常に重要である．

格子と格子暗号

現在普及している RSA 暗号と楕円曲線暗号の安全性を支える素因数分解問題と楕円曲線離散対数問題は，量子計算機により容易に解かれることが Shor [75] によって示された[3]．将来の実用化が期待される量子計算機による既存暗号の危殆化に備え，2016 年 2 月に米国標準技術研究所 NIST は量子計算機に耐性のあるポスト量子暗号 (Post-Quantum Cryptography, PQC) の標準化計画 *) を発表した．計画発表以降，数学における古くからの研究対象で

---

[1]
暗号用の鍵（公開鍵）と復号用の鍵（秘密鍵）が異なる暗号方式で，複数ユーザーが同一の公開鍵で各自のデータを暗号化できる．さらに，暗号化データは秘密鍵を持つ復号者のみが復号できるため，多数ユーザーとの暗号通信に適している．

[2]
例えば公開鍵から秘密鍵を復元するのは計算困難な数学問題となっている．

[3]
Shor の手法の本質はフーリエ変換が量子計算機で高速に計算できることで，可換群上の離散対数問題は容易に解かれる．詳しくは [94] を参照．

---

*) 標準化の Web ページ：https://csrc.nist.gov/projects/post-quantum-cryptography

ある格子を利用した**格子暗号** (lattice-based cryptography) はポスト量子暗号の有力候補[4]として注目されている．実際，格子暗号の安全性を支える数学問題（後述の格子問題）を効率的に解く量子アルゴリズムは現在のところ知られていない[5]．一方，暗号化したまま加算や乗算などが可能な準同型暗号などの高機能暗号[6]の構成にも格子がよく利用される．これらの理由から，格子暗号は耐量子性と高機能性の両方を併せ持つ次世代暗号技術として現在盛んに研究が行われている．

格子と格子問題　図形的に格子とは n 次元の無限に広がる規則的な網目の交点の集合である．正確には，一次独立なベクトル $\mathbf{b}_1,\ldots,\mathbf{b}_n$ の整数係数の線形結合全体の集合

$$L = \mathcal{L}(\mathbf{b}_1,\ldots,\mathbf{b}_n) = \left\{\sum_{i=1}^n a_i \mathbf{b}_i : a_i \in \mathbb{Z}\right\}$$

を**格子** (lattice) と呼ぶ[7]（ただし，整数全体の集合を $\mathbb{Z}$ で表す）．また，格子を生成する一次独立なベクトルの組 $\{\mathbf{b}_1,\ldots,\mathbf{b}_n\}$ を**基底** (basis) と呼び，n を格子の**次元** (dimension) と呼ぶ．さらに，n 個の基底ベクトル $\mathbf{b}_1,\ldots,\mathbf{b}_n$ を行ベクトルに持つ $n \times n$ の行列を $\mathbf{B}$ と表し，格子 L の**基底行列** (basis matrix) と呼ぶ．

格子暗号の安全性は格子上の計算問題である**格子問題** (lattice problem) の計算困難性に依存している．以下は，最も有名かつ代表的な格子問題である[8]：

定義 0.1.1 （最短ベクトル問題）　n 次元格子 L の基底 $\{\mathbf{b}_1,\ldots,\mathbf{b}_n\}$ が与えられたとき，格子上の最短な非零ベクトル $\mathbf{v} \in L$ を見つけよ（下図は 2 次元格子上の最短ベクトル問題のイメージ）．

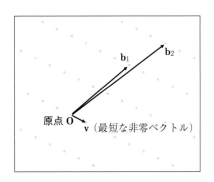

図 0.1　2 次元格子上の最短ベクトル問題：一次独立な 2 つのベクトル $\mathbf{b}_1, \mathbf{b}_2$ が与えられたとき，最短な非零ベクトル $\mathbf{v} \in \mathcal{L}(\mathbf{b}_1, \mathbf{b}_2)$ を見つけよ．

[4] 格子暗号以外のポスト量子暗号候補として，ハッシュ関数・符号・多変数多項式・楕円曲線上の同種写像に基づく暗号技術などがある．より詳しくは [12] を参照．

[5] 詳細は [56, 1.3 節] を参照．

[6] 様々な機能を持つ新しい暗号技術については [99] を参照．

[7] 実数を成分とするベクトル $\mathbf{b}_1,\ldots,\mathbf{b}_n$ で格子は定義できるが，格子暗号では整数を成分とするベクトルを主に扱う．格子と基底について，後述の 1.1.1 項でより正確に述べる．

[8] 格子問題については，後述の 1.7 節でもう少し詳しく紹介する．

現在までのところ，高次元の格子における最短ベクトル問題を解くことは非常に困難である[9]．以下で，効率的な解法が知られていない代表的な格子問題をもう一つ紹介する：

定義 0.1.2 （最近ベクトル問題） n 次元格子 L の基底 $\{\mathbf{b}_1, \ldots, \mathbf{b}_n\}$ と目標ベクトル $\mathbf{w}$ が与えられたとき[10]，目標ベクトル $\mathbf{w}$ に最も近い格子ベクトル $\mathbf{v} \in L$ を見つけよ．

格子暗号の例 ここで格子暗号の代表的な構成を具体的な数値例を用いて紹介する[11]．2 つの 3×3 の整数行列

$$
\mathbf{B} = \begin{pmatrix} \mathbf{b}_1 \\ \mathbf{b}_2 \\ \mathbf{b}_3 \end{pmatrix} = \begin{pmatrix} -4179163 & -1882253 & 583183 \\ -3184353 & -1434201 & 444361 \\ -5277320 & -2376852 & 736426 \end{pmatrix},
$$

$$
\mathbf{C} = \begin{pmatrix} \mathbf{c}_1 \\ \mathbf{c}_2 \\ \mathbf{c}_3 \end{pmatrix} = \begin{pmatrix} -97 & 19 & 19 \\ -36 & 30 & 86 \\ -184 & -64 & 78 \end{pmatrix}
$$

を考える．行列 $\mathbf{B}, \mathbf{C}$ の行ベクトルの組 $\{\mathbf{b}_1, \mathbf{b}_2, \mathbf{b}_3\}$, $\{\mathbf{c}_1, \mathbf{c}_2, \mathbf{c}_3\}$ は同一の 3 次元格子 L を生成する．つまり，$\mathbf{B}, \mathbf{C}$ は L の異なる 2 つの基底行列である[12]．ここで $\mathbf{B}$ を公開鍵，$\mathbf{C}$ を秘密鍵とする．平文ベクトル $\mathbf{m} = (86, -35, -32)$ を暗号化したい場合，ユーザーは各成分が小さい乱数ベクトル $\mathbf{e} = (-4, -3, 2)$ を適当に選び，公開鍵用の基底行列 $\mathbf{B}$ を用いて暗号化ベクトル

$$
\mathbf{w} = \mathbf{mB} + \mathbf{e} = (-79081427, -35617462, 11035473)
$$

を生成する．一方，この暗号化ベクトルに対して，秘密鍵用の基底行列 $\mathbf{C}$ を持つ復号者は格子ベクトル

$$
\mathbf{v} = \lfloor \mathbf{wC}^{-1} \rceil \mathbf{C}
$$
$$
= (-79081423, -35617459, 11035471) \in L
$$

を計算することで，平文ベクトルに関する格子ベクトル $\mathbf{mB} \in L$ を正しく復元できる[13]．ただし，$\lfloor \mathbf{a} \rceil$ はベクトル $\mathbf{a}$ の各成分を最近似整数に丸め込んだ整数ベクトルとする．さらに，公開鍵用の基底行列 $\mathbf{B}$ を用いて，$\mathbf{vB}^{-1}$ の計算により平文ベクトル $\mathbf{m}$ を正しく復号できる．

9)
最短ベクトル問題は NP 困難で，現在のところ古典計算機でも量子計算機でも効率的に解く方法はまだ見つかっていない．

10)
目標ベクトルが格子上にある場合は明らかなので，格子上にない場合のみを一般に考える．

11)
GGH 方式 [34] と呼ばれるもので，[38, 7.8 節] の数値例を参考にした．また，イデアル格子による完全準同型暗号 [33] の構成は GGH 方式を基にしている．NTRU 方式などの他の構成例については [38, 7 章] を参照．

12)
実際，$\mathbf{BC}^{-1}$ はユニモジュラ行列であるので同じ格子を生成する．詳細は後述の 1.1.1 項を参照．

13)
実際に格子ベクトル $\mathbf{mB}$ と一致することを計算で確かめてみてほしい．

明確な定義はないが，各ベクトルが短くかつ互いのベクトルが直交に近い基底を**良い基底**と呼ぶ．それに対して，各ベクトルが長くかつ互いのベクトルが平行に近い基底を**悪い基底**と呼ぶ．上記の格子暗号の例では，悪い基底行列 $\mathbf{B}$ を公開鍵，良い基底行列 $\mathbf{C}$ を秘密鍵として利用している．特に復号時には，良い基底行列 $\mathbf{C}$ を用いて暗号化ベクトル $\mathbf{w}$ に最も近い格子ベクトル $\mathbf{v} \in L$ を求める最近ベクトル問題（定義 0.1.2）を解いている[14]．上記の例のように，良い基底行列 $\mathbf{C}$ を用いると，$\lfloor \mathbf{wC}^{-1} \rceil \mathbf{C}$ の計算[15]により最近ベクトル問題を解くことができる．一方，悪い基底行列 $\mathbf{B}$ と暗号化ベクトル $\mathbf{w}$ から目的の格子ベクトル $\mathbf{v}$ の復元は難しく，上記の格子暗号の安全性は最近ベクトル問題の計算困難性に依存する（ただし，3 次元などの低次元の格子 L においては，下記で紹介する格子基底簡約により悪い基底から良い基底に効率的に変換できるので，格子ベクトル $\mathbf{v}$ の復元は容易である）．

一般に格子問題は格子次元が高いほど解くのが難しく，格子暗号では高い安全性保持のため高い次元の格子が利用される[16]．

格子基底簡約

2 次元以上の格子を生成する異なる基底は無限に存在する[17]．格子の任意の基底 $\{\mathbf{b}_1, \ldots, \mathbf{b}_n\}$ が与えられたとき，同じ格子を生成する良い基底 $\{\mathbf{c}_1, \ldots, \mathbf{c}_n\}$ に変換する操作を**格子基底簡約**と呼ぶ（下図は 2 次元格子上の格子基底簡約イメージで，上記の格子暗号の例で紹介した行列 $\mathbf{B}, \mathbf{C}$ は 3 次元格子における悪い基底行列と良い基底行列の数値例である）．

[14] 乱数ベクトル $\mathbf{e}$ が十分短い場合，$\mathbf{v}$ は暗号化ベクトル $\mathbf{w}$ に最も近い格子 L 上のベクトルである．

[15] これは Babai の丸め込み（後述の注意 5.1.7 で紹介）と呼ばれる近似版の最近ベクトル問題を効率的に解く方法の一つである．ただし，GGH 方式の復号には Babai の最近平面アルゴリズム（後述の 5.1.1 項で紹介）を利用することが一般的である．

[16] 例えば，256 や 512 次元などの格子がよく利用される．また，準同型暗号などの高機能暗号の構成のためには 1000 次元以上の格子もよく利用される．

[17] 後述の 1.1.1 項で詳細を述べる．

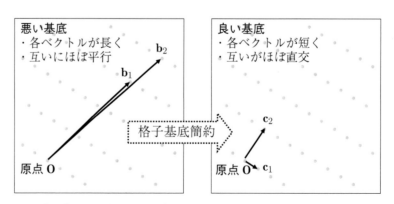

図 0.2　2 次元格子上の格子基底簡約イメージ：与えられた悪い基底 $\{\mathbf{b}_1, \mathbf{b}_2\}$ から良い基底 $\{\mathbf{c}_1, \mathbf{c}_2\}$ に変換（2 つの基底 $\{\mathbf{b}_1, \mathbf{b}_2\}$ と $\{\mathbf{c}_1, \mathbf{c}_2\}$ は同じ格子を生成）

LLL(Lenstra-Lenstra-Lovász) 基底簡約 [49] は最も代表的な格子基底簡約アルゴリズムで[18]，最短ベクトル問題の近似解を効率的に見つけることができる（最短とは限らないが短い格子ベクトルを見つける）．入力する格子基底 $\{\mathbf{b}_1, \ldots, \mathbf{b}_n\}$ に対して，LLL 基底簡約は隣り合う基底ベクトル $\mathbf{b}_i, \mathbf{b}_{i+1}$ の交換などの格子基底に対する基本変形の組合せのみで構成される．LLL 基底簡約の一般化である BKZ(block-Korkine-Zolotareff) 基底簡約アルゴリズム [74] は，入力するブロックサイズを増やすごとに実行時間が非常に遅くなるが，LLL 基底簡約よりもかなり短い格子ベクトルを見つけることができる．

[18]
LLL の原論文 [49] では，有理係数多項式の因数分解を多項式時間で計算できる初めてのアルゴリズムとして LLL 基底簡約が紹介された．

格子暗号の安全性評価

LLL 基底簡約や BKZ 基底簡約などの格子基底簡約アルゴリズムは高次元の格子問題を解くのに有用で，格子暗号の安全性を評価する上で必須の技術である．上記の格子暗号の例で紹介したように，格子暗号では悪い基底を公開鍵，良い基底を秘密鍵としてよく利用し，悪い基底から良い基底に復元するのに必要な計算時間がその暗号の安全性の根拠となっている[19]．格子暗号の安全性評価においては，公開鍵（悪い基底）から秘密鍵（良い基底）に復元する格子基底簡約アルゴリズムの処理時間で見積もることが多い．

[19]
一方，良い基底から悪い基底を構成するのは一般に容易である．

0.2　本書の目的と構成

本書の目的

格子暗号の研究が加速化する一方，格子暗号の安全性評価で必須の格子基底簡約に関する教科書はこれまでほとんどなかった．本書は格子基底簡約に関する数学的基礎と代表的なアルゴリズムを解説することを目的とした．従来の系統的な数学的解説に加えて，本書の特徴としてアルゴリズムの擬似コードと計算例を豊富に入れた[20]．数学を専攻する学部学生にとっては，学部2年次までの数学的知識のみで理論部分を読み進めることができるとともに[21]，格子基底簡約に関するアルゴリズムの実装を経験することができる．一方，必ずしも数学を専門としない暗号と情報セキュリティに携わる企業研究者にとっては，代表的な格子基底簡約アルゴリズムの動作確認と性能評価を通して，格子暗号の安全性評価の基本的な仕組みが理解できる．

[20]
ただし，アルゴリズムの数学的性質を中心に解説するため，計算量については あまり言及しない．

[21]
本書では線形代数・位相空間・群に関する代数学の基本知識のみで読み進められるように工夫した．

本書の構成と読み方

本書の構成について簡単に説明する．第 1 章は数学を専門とする学部学生向けに格子に関する数学的基礎をまとめておく．一方，第 2 章以降は必ずしも数学を専門としない学部学生・企業研究者向けにアルゴリズムを主体に解説する[22]．以下で，より具体的な内容を説明する（第 4 章の執筆は青野が担当し，それ以外の章は安田が担当した）：

第 1 章　格子の基本的な数学的性質を紹介する．特に，格子の不変量である体積や，基本定数である逐次最小を定義し，それらの性質を述べる[23]．また，格子暗号の安全性に関係する格子問題についても触れる．

第 2 章　まず，格子基底簡約アルゴリズムに慣れるために 2 次元格子における SVP の解法を紹介する．次に，最も代表的な n 次元格子上の LLL 基底簡約アルゴリズム[24]とその数学的性質を述べる．また，LLL 基底簡約の改良アルゴリズムについても紹介する．

第 3 章　LLL 基底簡約アルゴリズムの一般化である BKZ 基底簡約アルゴリズムを紹介する[25]．LLL 基底簡約に比べて，BKZ 基底簡約アルゴリズムは実行時間が遅くなるが，より短い格子ベクトルを見つけることができる．また，「SVP チャレンジ」と呼ばれる 2010 年以降ドイツ・ダルムシュタット工科大学が開催している SVP の求解コンテストについても触れる．

第 4 章　BKZ 基底簡約アルゴリズムよりも高速に短い格子ベクトルを見つけるための Schnorr のランダムサンプリングアルゴリズムを紹介する．BKZ 基底簡約アルゴリズムのサブルーチンである数え上げアルゴリズムの探索範囲を制限し，さらに乱数を用いることで改良を行っているため，解析手法に特徴がある．

第 5 章　多くの現代の格子暗号方式の安全性を支える LWE(Learning with Errors) 問題と呼ばれる格子問題を紹介する．また，格子基底簡約による LWE 問題の求解法についても解説する．

図 0.3 に，代表的な格子基底簡約アルゴリズムである LLL 基底簡約と BKZ 基底簡約の関係性を示しておく（図 0.3 に示すアルゴリズムの順で各擬似コードを実装することで，最終的に BKZ 基底簡約アルゴリズムが実装できる）．例えば，SVP チャレンジに挑戦したいのであれば，第 3 章の BKZ 基底簡約アルゴリズムを実装した後に，第 4 章で解説するランダムサンプリング技術の習得をお勧めする．また，数学を専門としない情報セキュリティの研究者

---

[22] 数学的証明が苦手な読者はアルゴリズムの擬似コード例を実装し，計算例を通してアルゴリズムが持つ数学的性質を確認しながら読み進めてほしい．

[23] 他の節とあまり関係せず内容が少し難しい節は「補足」とした．最初は読み飛ばしても良い．

[24] LLL 基底簡約は短い格子ベクトルを見つける数学的保証付きアルゴリズムである．また，計算代数・数論などにおいても非常に重要なアルゴリズムである（例えば [19] を参照）．

[25] BKZ 基底簡約アルゴリズムの高速化改良である BKZ 2.0[18] は格子暗号の安全性評価におけるデファクトスタンダードである．例えば，ポスト量子暗号候補としての格子暗号方式による安全性評価について [2] を参照．

がLWE問題の求解法を身に付けたいのであれば，第2章で紹介するLLL基底簡約アルゴリズムを実装したのちに，第5章を読み進めてみてほしい．

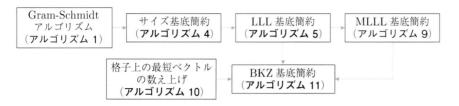

図 0.3 本書におけるLLL基底簡約とBKZ基底簡約の関係性

記号のまとめ

本書を通して，$\mathbb{N} = \{1, 2, 3, \dots\}$ を自然数全体の集合，$\mathbb{Z} = \{0, \pm 1, \pm 2, \dots\}$ を整数全体の集合とする．また，有理数全体の集合を $\mathbb{Q}$，実数全体の集合を $\mathbb{R}$ と表す．原則としてベクトルは常に行ベクトルとして表す．列ベクトルを表す場合は，転置記法を用いる（つまり，$(a_1, \dots, a_m)^\top$ は列ベクトルを表す）．また，行列 $\mathbf{A}$ に対して，$\mathbf{A}^\top$ をその転置行列とする．自然数 m に対して，実 m 次元数ベクトル空間を $\mathbb{R}^m$ とする．ベクトル空間 $\mathbb{R}^m$ 上の加法とスカラー倍は，$\mathbf{x} = (x_1, \dots, x_m), \mathbf{y} = (y_1, \dots, y_m) \in \mathbb{R}^m \ (a \in \mathbb{R})$ に対して，それぞれ

$$\begin{cases} \mathbf{x} + \mathbf{y} = (x_1 + y_1, \dots, x_m + y_m), \\ a\mathbf{x} = (ax_1, \dots, ax_m) \end{cases}$$

で定義する．また，$\mathbb{R}^m$ 上の内積を

$$\langle \mathbf{x}, \mathbf{y} \rangle = \mathbf{x}\mathbf{y}^\top = \sum_{i=1}^m x_i y_i$$

と定義し，ベクトル $\mathbf{x}$ のノルム（norm）を

$$\|\mathbf{x}\| = \sqrt{\langle \mathbf{x}, \mathbf{x} \rangle} = \sqrt{x_1^2 + \cdots + x_m^2}$$

と定義する．また，実数 a に対して，$\lfloor a \rceil$ を四捨五入による最近似整数とし，$\lfloor a \rfloor$ を小数点以下の切り捨て整数，$\lceil a \rceil$ を切り上げ整数とする（例えば，$\lfloor 3.2 \rceil = 3$，$\lfloor 5.5 \rceil = 6$，$\lfloor 3.7 \rfloor = 3$，$\lceil 2.1 \rceil = 3$ である）．

オーダー記法について

関数 $f(n)$ に対して，**ビッグ-O 記法** $g(n) = O(f(n))$ は，関係

$$\lim_{n \to \infty} \frac{g(n)}{f(n)} < +\infty$$

が成り立つことを意味する[26]．つまり，ある定数 C と N に対して，$n \geq N$ ならば $g(n) \leq C \cdot f(n)$ が成り立つことを意味する．例えば，あるアルゴリズムの計算時間が $O(n)$ であるというときには，ある定数 C と N が存在して，$n \geq N$ ならば計算時間が $C \cdot n$ 以下になることをいう．定数 C は，計算時間の単位，例えば CPU クロック数であるか秒であるか等によって異なるが，オーダー記法はそのような違いを吸収することができる．多変数の場合にも同様に定義できて，$g(m,n) = O(f(m,n))$ とかくときには，ある定数 C と N に対して，$m,n \geq N$ ならば $g(m,n) \leq C \cdot f(m,n)$ であると定義される．類似の表現として，**リトル-o 記法** $g(n) = o(f(n))$ があり，こちらは関係

$$\lim_{n \to \infty} \frac{g(n)}{f(n)} = 0$$

によって定義される．

記法 $O(\cdot)$ 内のどの文字を変数として見るかはほとんど文脈から判断できるが，必要な場合は説明することもある．例えば，第 1 章の式 (1.20)

$$\frac{n}{2\pi e} + \frac{\log(\pi n)}{2\pi e} + o(1) \leq \gamma_n \leq \frac{1.744n}{2\pi e}(1 + o(1))$$

に現れる $o(1)$ は n の関数として見ることができる．これを書き下すと，ある関数 $h_1(n), h_2(n)$ が存在して，

$$\lim_{n \to \infty} \frac{h_1(n)}{1} = \lim_{n \to \infty} \frac{h_2(n)}{1} = 0$$

かつ[27]

$$\frac{n}{2\pi e} + \frac{\log(\pi n)}{2\pi e} + h_1(n) \leq \gamma_n \leq \frac{1.744n}{2\pi e}(1 + h_2(n))$$

が満たされる，となる．また，第 4 章 4.4.5 項に現れる，ランダムサンプリングアルゴリズムの計算時間を表す式

$$O\left(n^2 q^{-\frac{(k')^2}{4}}\right)$$

は，見かけ上は n, q, k' の 3 変数関数であるが，実際には k' と n の 2 変数関

---

26) この記号は計算時間や使用メモリ量などについて議論する場合に用いるため，特に注釈のない場合には $f(n), g(n) > 0$ の条件を暗に仮定する．

27) $f(x) = 1$ であることを強調するため，あえて分母の 1 を残してある．

数とみなす．つまり，ある定数 C が存在し，ある K に対して $k', n \geq K$ ならば計算時間が $C \cdot n^2 q^{-\frac{(k')^2}{4}}$ よりも小さくなることを主張している．

　本書ではビッグ-O 記法とリトル-o 記法のみしか扱わないが，計算量に関する他の記法に関しては，例えば [101, 3.1 節] が参考になる．

1 格子の数学的基礎

　図形的に格子は n 次元の無限に広がる規則的な網目の交点の集合であり，数学的な性質を豊富に持つ．本章では，格子が持つ基本的な数学的性質を紹介する．具体的には，格子の不変量である体積や，基本定数である逐次最小などの性質を紹介する．また，格子暗号の安全性に関係する計算問題についても触れる．

1.1 格子

　本節では，格子の定義を述べたのち，格子の体積と部分格子を紹介する．

1.1.1 格子と基底

　ベクトル空間 $\mathbb{R}^m$ の n 個のベクトル $\mathbf{b}_1, \ldots, \mathbf{b}_n$ の整数係数の線形結合全体の集合を

$$\mathcal{L}(\mathbf{b}_1, \ldots, \mathbf{b}_n) := \left\{ \sum_{i=1}^{n} a_i \mathbf{b}_i \in \mathbb{R}^m : a_i \in \mathbb{Z} \right\}$$

と表す[1]．ベクトル空間 $\mathbb{R}^m$ を加法群としてみなしたとき，ベクトル $\mathbf{b}_1, \ldots, \mathbf{b}_n$ が生成する集合 $\mathcal{L}(\mathbf{b}_1, \ldots, \mathbf{b}_n)$ は $\mathbb{R}^m$ の部分群である．

定義 1.1.1（**格子**）　一次独立なベクトル $\mathbf{b}_1, \ldots, \mathbf{b}_n \in \mathbb{R}^m$ の整数係数の線形結合全体の集合 $L = \mathcal{L}(\mathbf{b}_1, \ldots, \mathbf{b}_n)$ を $\mathbb{R}^m$ の**格子** (lattice) と呼ぶ[2]（図 1.1 を参照）．格子の元を**格子点** (lattice point) または**格子ベクトル** (lattice vector) と呼ぶ．格子 L を生成する一次独立な n 個のベクトルの組 $\{\mathbf{b}_1, \ldots, \mathbf{b}_n\}$ を**基底** (basis) または**格子基底** (lattice basis) と呼ぶ．このとき，各 $\mathbf{b}_i$ を基

[1] ここでは n 個のベクトル $\mathbf{b}_1, \ldots, \mathbf{b}_n$ は必ずしも一次独立とは限らない．

[2] 後述の例 1.3.4 で示すように，一次従属なベクトル $\mathbf{b}_1, \ldots, \mathbf{b}_n$ で生成される集合 $\mathcal{L}(\mathbf{b}_1, \ldots, \mathbf{b}_n)$ は必ずしも格子ではない．

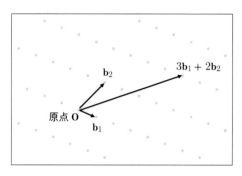

図 1.1 一次独立な 2 つのベクトル $\mathbf{b}_1, \mathbf{b}_2$ が生成する 2 次元格子 $L = \mathcal{L}(\mathbf{b}_1, \mathbf{b}_2)$ のイメージ（格子ベクトルの例として $3\mathbf{b}_1 + 2\mathbf{b}_2 \in L$ を図示した.）

底ベクトル (basis vector) または **格子基底ベクトル** (lattice basis vector) と呼ぶ[3]. 本書では整数 n を格子の **次元** (dimension) または **格子次元** (lattice dimension) と呼び[4], $\dim(L)$ で表す. 特に $m = n$ のとき, 格子は **完全階数** (full-rank) であるという.

上記の定義において, 各基底ベクトルを $\mathbf{b}_i = (b_{i1}, \ldots, b_{im})$ と表したとき, ベクトル $\mathbf{b}_i$ を行として持つ $n \times m$ 行列

$$\mathbf{B} = \begin{pmatrix} \mathbf{b}_1 \\ \vdots \\ \mathbf{b}_n \end{pmatrix} = \begin{pmatrix} b_{11} & \cdots & b_{1m} \\ \vdots & \ddots & \vdots \\ b_{n1} & \cdots & b_{nm} \end{pmatrix} \tag{1.1}$$

を格子 L の **基底行列** (basis matrix) または **格子基底行列** (lattice basis matrix) と呼ぶ. さらに, $\mathcal{L}(\mathbf{B}) = \mathcal{L}(\mathbf{b}_1, \ldots, \mathbf{b}_n)$ と簡潔な形で表す. つまり, 集合 $\mathcal{L}(\mathbf{B})$ は行列 $\mathbf{B}$ の行ベクトル $\mathbf{b}_1, \ldots, \mathbf{b}_n$ で生成される n 次元格子である.

同じ格子を生成する基底は複数存在する. 同じ格子を生成する異なる 2 つの基底の関係性を説明するために, 以下の行列を定義する:

定義 1.1.2 整数行列でその行列式が $\det(\mathbf{T}) = \pm 1$ である正方行列 $\mathbf{T}$ を **ユニモジュラ行列**[5] (unimodular matrix) と呼ぶ.

注意 1.1.3 任意のユニモジュラ行列 $\mathbf{T}$ の逆行列 $\mathbf{T}^{-1}$ もユニモジュラ行列である. 実際, $\mathbf{T}$ の余因子行列を $\widetilde{\mathbf{T}}$ とすると, $\widetilde{\mathbf{T}}$ は整数行列である[6]. また, 余因子行列と逆行列の関係[7] と $\det(\mathbf{T}) = \pm 1$ より

$$\mathbf{T}^{-1} = \frac{\widetilde{\mathbf{T}}}{\det(\mathbf{T})} = \pm \widetilde{\mathbf{T}}$$

---

[3] 後述の第 2 章で紹介する LLL 基底簡約では基底ベクトルの並び順が非常に重要である.

[4] 数学的には n と m をそれぞれ階数と次元と呼び, 区別する. 一方, 格子暗号ではほとんどの場合で $m = n$ の格子を利用し, 階数と次元を区別しない. 本書では, 多くの格子暗号における議論に合わせて階数と次元を区別せず, 格子を生成する一次独立なベクトルの個数 n を次元と呼ぶ.

[5] つまり, $\mathbb{Z}$ 上の一般線形群 $\mathrm{GL}_n(\mathbb{Z})$ の元をユニモジュラ行列と呼ぶ.

[6] 余因子行列 $\widetilde{\mathbf{T}}$ の (i,j)-成分は $\mathbf{T}$ の i 行 j 列を除いた行列式に $(-1)^{i+j}$ を掛けた値なので, 任意の整数行列の余因子行列は整数行列である.

[7] [97, 系 2.3.3] を参照.

なので，逆行列 $\mathbf{T}^{-1}$ は整数行列である．さらに，$\det(\mathbf{T}^{-1}) = \det(\mathbf{T})^{-1} = \pm 1$ より，逆行列 $\mathbf{T}^{-1}$ はユニモジュラ行列である．

n 次元格子 $L \subseteq \mathbb{R}^m$ の基底を $\{\mathbf{b}_1, \ldots, \mathbf{b}_n\}$ とし，その基底行列を $\mathbf{B}$ とする．任意の $n \times n$ のユニモジュラ行列 $\mathbf{T}$ と基底行列 $\mathbf{B}$ の積

$$\mathbf{C} = \mathbf{TB}$$

は格子 L の基底行列となる[8]．実際，$n \times m$ 行列 $\mathbf{C}$ の行ベクトルを $\mathbf{c}_1, \ldots, \mathbf{c}_n$ とすると，各 $\mathbf{c}_i$ は格子基底ベクトル $\mathbf{b}_1, \ldots, \mathbf{b}_n$ の整数係数の線形結合でかけるので，$\mathbf{c}_i \in L$ である．また，注意 1.1.3 で説明したようにユニモジュラ行列 $\mathbf{T}$ の逆行列 $\mathbf{T}^{-1}$ もユニモジュラ行列なので，ベクトル $\mathbf{c}_1, \ldots, \mathbf{c}_n$ は一次独立でかつ格子 $L = \mathcal{L}(\mathbf{B})$ を生成することが容易に分かる[9]．ゆえに，ベクトルの組 $\{\mathbf{c}_1, \ldots, \mathbf{c}_n\}$ は格子 L の基底であり，行列 $\mathbf{C}$ は基底行列となる．また $n \geq 2$ なら，$n \times n$ のユニモジュラ行列は無限に存在するため[10]，任意の n 次元格子 L は無限個の異なる基底を持つ．さらに，同じ格子を生成する異なる 2 つの基底の間には，以下の関係が成り立つ：

命題 1.1.4 n 次元格子 L の 2 つの基底を $\{\mathbf{b}_1, \ldots, \mathbf{b}_n\}$, $\{\mathbf{c}_1, \ldots, \mathbf{c}_n\}$ とし，それぞれの基底行列を $\mathbf{B}, \mathbf{C}$ とする．このとき，ある $n \times n$ のユニモジュラ行列 $\mathbf{T}$ が存在し，$\mathbf{C} = \mathbf{TB}$ を満たす．

証明 すべての $1 \leq i \leq n$ に対し，格子ベクトル $\mathbf{b}_i$ は基底ベクトル $\mathbf{c}_1, \ldots, \mathbf{c}_n$ の整数係数の線形結合でかける．同様に，格子ベクトル $\mathbf{c}_i$ は基底ベクトル $\mathbf{b}_1, \ldots, \mathbf{b}_n$ の整数係数の線形結合でかける：

$$\mathbf{b}_i = \sum_{j=1}^{n} s_{ij} \mathbf{c}_j, \quad \mathbf{c}_i = \sum_{j=1}^{n} t_{ij} \mathbf{b}_j \quad (\exists s_{ij}, \exists t_{ij} \in \mathbb{Z})$$

2 つの $n \times n$ の整数行列を $\mathbf{S} = (s_{ij})$, $\mathbf{T} = (t_{ij})$ とおくと，$\mathbf{B} = \mathbf{SC}$, $\mathbf{C} = \mathbf{TB}$ が成り立つ．これより $\mathbf{B} = (\mathbf{ST})\mathbf{B}$, $\mathbf{C} = (\mathbf{TS})\mathbf{C}$ が成り立ち，格子基底ベクトルの一次独立性より[11]，

$$\mathbf{ST} = \mathbf{I}_n, \quad \mathbf{TS} = \mathbf{I}_n$$

を満たす[12]．ただし，$\mathbf{I}_n$ は $n \times n$ の単位行列とする．さらに，$\det(\mathbf{S})\det(\mathbf{T}) = \det(\mathbf{ST}) = \det(\mathbf{I}_n) = 1$ かつ $\det(\mathbf{S}), \det(\mathbf{T}) \in \mathbb{Z}$ より，$\det(\mathbf{S}) = \det(\mathbf{T}) = \pm 1$ が成り立つ．ゆえに，2 つの行列 $\mathbf{S}, \mathbf{T}$ はユニモジュラ行列である． $\square$

---

[8] つまり，行列 $\mathbf{C}$ の行ベクトルが一次独立で，その行ベクトルが格子 L を生成する．

[9] 具体的には，逆行列 $\mathbf{T}^{-1}$ が整数行列であることから示せる．

[10] 例えば，任意の $a \in \mathbb{Z}$ に対し

$$\begin{pmatrix} 1 & a \\ 0 & 1 \end{pmatrix}$$

はユニモジュラ行列なので，2×2 のユニモジュラ行列は無限に存在する．

[11] 特に $n = m$ の場合は，基底行列 $\mathbf{B}, \mathbf{C}$ は正方行列なので正則である．よって，この場合は逆行列 $\mathbf{B}^{-1}, \mathbf{C}^{-1}$ をそれぞれ右から掛ければよい．

[12] つまり，2 つの行列 $\mathbf{S}, \mathbf{T}$ は互いの逆行列である．

例 1.1.5 3×3 の整数行列

$$\mathbf{B} = \begin{pmatrix} 4 & -2 & 0 \\ 3 & -3 & -3 \\ -1 & -6 & -1 \end{pmatrix}$$

で生成される3次元格子を $L = \mathcal{L}(\mathbf{B})$ とする．このとき，異なる2つの 3×3 の整数行列

$$\mathbf{C}_1 = \begin{pmatrix} 143 & -20 & 19 \\ -241 & -64 & -45 \\ 110 & -5 & 16 \end{pmatrix}, \quad \mathbf{C}_2 = \begin{pmatrix} -26357 & 13270 & 2307 \\ 4836 & -2438 & -424 \\ -105971 & 53351 & 9275 \end{pmatrix}$$

はそれぞれ格子 L の基底行列となる．実際，2つのユニモジュラ行列

$$\mathbf{T}_1 = \begin{pmatrix} 37 & -4 & -7 \\ -58 & 6 & 27 \\ 28 & -3 & -7 \end{pmatrix}, \quad \mathbf{T}_2 = \begin{pmatrix} -5924 & -828 & 177 \\ 1087 & 152 & -32 \\ -23818 & -3329 & 712 \end{pmatrix}$$

に対して，$\mathbf{C}_1 = \mathbf{T}_1\mathbf{B}, \mathbf{C}_2 = \mathbf{T}_2\mathbf{B}$ を満たす．

定義 1.1.6（格子基底の基本変形）　n 次元格子 L の基底を $\{\mathbf{b}_1, \ldots, \mathbf{b}_n\}$ とする．ここでは，格子基底 $\{\mathbf{b}_1, \ldots, \mathbf{b}_n\}$ を順序付き集合とみなす[13]．以下に，順序付き格子基底に対する3種類の基本変形を定義する[14]：

(1) ある格子基底ベクトル $\mathbf{b}_i$ を (-1) 倍する：$\{\cdots, -\mathbf{b}_i, \cdots\}$

(2) 2つの格子基底ベクトル $\mathbf{b}_i, \mathbf{b}_j$ を交換する：$\{\cdots, \mathbf{b}_j, \cdots, \mathbf{b}_i, \cdots\}$

(3) ある格子基底ベクトル $\mathbf{b}_j$ を整数倍したものを他の格子基底ベクトル $\mathbf{b}_i$ に加える：$\{\cdots, \mathbf{b}_i + a\mathbf{b}_j, \cdots\}$ （ただし，$a \in \mathbb{Z}$ とする）

式 (1.1) と同じように基底 $\{\mathbf{b}_1, \ldots, \mathbf{b}_n\}$ の基底行列を $\mathbf{B}$ とする．これら3種類の基本変形はそれぞれ次の3つの $n \times n$ のユニモジュラ行列に対応する[15]：

(1) 単位行列 $\mathbf{I}_n$ の (i, i)-成分を (-1) で置き換えたユニモジュラ行列 $\mathbf{T}_1$

(2) 単位行列 $\mathbf{I}_n$ の i 行と j 行を入れ替えたユニモジュラ行列 $\mathbf{T}_2$

(3) 単位行列 $\mathbf{I}_n$ の (i, j)-成分を $a \in \mathbb{Z}$ で置き換えたユニモジュラ行列 $\mathbf{T}_3$

[13] 前述したように，後述の第2章以降で説明する格子基底簡約では格子基底における基底ベクトルの並び順が重要である．

[14] 格子基底の基本変形では (1) の (-1) 倍や (3) の $a \in \mathbb{Z}$ のみを許し，線形代数学における行列の基本変形（[97, 1.7 節] を参照）に比べ限定的であることに注意する．

[15] 例えば (2) の基本変形で得られる基底の基底行列は $\mathbf{T}_2\mathbf{B}$ で得られる．

1.1 格子　15

　上記 3 種類の基本変形を組み合わせることで，格子 L の新しい順序付き基底 $\{\mathbf{c}_1, \ldots, \mathbf{c}_n\}$ を得ることができる．後述の第 2 章では，格子基底に対する基本変形を組み合わせて，基底ベクトルが短くかつ互いのベクトルが直交に近い格子基底を見つける格子基底簡約アルゴリズムを紹介する．一方，2 つの格子基底 $\{\mathbf{b}_1, \ldots, \mathbf{b}_n\}, \{\mathbf{c}_1, \ldots, \mathbf{c}_n\}$ の基底行列をそれぞれ $\mathbf{B}, \mathbf{C}$ とすると，命題 1.1.4 より，あるユニモジュラ行列 $\mathbf{T}$ が必ず存在し $\mathbf{C} = \mathbf{TB}$ を満たすことに注意する[16]：

$$
\mathbf{B} = \begin{pmatrix} \mathbf{b}_1 \\ \vdots \\ \mathbf{b}_n \end{pmatrix} \xrightarrow[\text{組合せ}]{\text{基本変形の}} \mathbf{C} = \begin{pmatrix} \mathbf{c}_1 \\ \vdots \\ \mathbf{c}_n \end{pmatrix} = \mathbf{TB} \quad (\exists \mathbf{T} \in \mathrm{GL}_n(\mathbb{Z}))
$$

　　　　元の格子基底行列　　　　　　　新しい格子基底行列

[16]
基底ベクトル $\mathbf{b}_i, \mathbf{b}_j$ の交換によって格子基底行列 $\mathbf{B}$ が変化するため，格子基底 $\{\mathbf{b}_1, \ldots, \mathbf{b}_n\}$ を順序付き集合としてみなす必要がある．また，基本変形の組合せで得られるユニモジュラ行列 $\mathbf{T}$ は $\mathbf{T}_1$, $\mathbf{T}_2$, $\mathbf{T}_3$ の 3 つのユニモジュラ行列の乗算の組合せである．

▌1.1.2　格子の体積

　ここでは，格子の不変量である体積を紹介する．そのために，Gram 行列と Gram 行列式を以下で定義する：

定義 1.1.7　ベクトル $\mathbf{b}_1, \ldots, \mathbf{b}_n \in \mathbb{R}^m$ に対して[17]，式 (1.1) と同じように，ベクトル $\mathbf{b}_i \in \mathbb{R}^m$ を行に持つ $n \times m$ 行列を $\mathbf{B}$ とする．このとき，$n \times n$ 行列

$$
\mathbf{BB}^\top = \begin{pmatrix} \langle \mathbf{b}_1, \mathbf{b}_1 \rangle & \cdots & \langle \mathbf{b}_1, \mathbf{b}_n \rangle \\ \vdots & \ddots & \vdots \\ \langle \mathbf{b}_n, \mathbf{b}_1 \rangle & \cdots & \langle \mathbf{b}_n, \mathbf{b}_n \rangle \end{pmatrix}
$$

[17]
ここでは $\mathbf{b}_1, \ldots, \mathbf{b}_n$ の一次独立性は特に仮定しない．

をベクトル $\mathbf{b}_1, \ldots, \mathbf{b}_n$ の **Gram 行列**と呼ぶ．また，その行列式を **Gram 行列式**と呼び，

$$
\Delta(\mathbf{b}_1, \ldots, \mathbf{b}_n) := \det\left(\mathbf{BB}^\top\right)
$$

で表す．特に，$\Delta(\mathbf{b}_1, \ldots, \mathbf{b}_n) \geq 0$ が成り立つ[18]．さらに，等号が成立する必要十分条件はベクトル $\mathbf{b}_1, \ldots, \mathbf{b}_n$ が一次従属となることである．ゆえに，一次独立なベクトル $\mathbf{b}_1, \ldots, \mathbf{b}_n$ に対して，

$$
\Delta(\mathbf{b}_1, \ldots, \mathbf{b}_n) > 0
$$

が成り立つ．

[18]
証明は次の注意 1.1.8 を参照．

注意 1.1.8　任意の $\mathbf{x} \in \mathbb{R}^n$ に対する 2 次形式が $\mathbf{x}\mathbf{G}\mathbf{x}^\top \geq 0$ を満たすとき，$n \times n$ の実対称行列 $\mathbf{G}$ を**半正定値対称行列**と呼ぶ．特に，半正定値対称行列 $\mathbf{G}$ の固有値はすべて非負の実数で，行列式はすべての固有値の積と一致するので[19]，$\det(\mathbf{G})$ も非負である．ここで，任意の $n \times m$ 実行列 $\mathbf{B}$ と任意の $\mathbf{x} \in \mathbb{R}^n$ に対して

$$\mathbf{x}\left(\mathbf{B}\mathbf{B}^\top\right)\mathbf{x}^\top = (\mathbf{x}\mathbf{B})(\mathbf{x}\mathbf{B})^\top = \|\mathbf{x}\mathbf{B}\|^2 \geq 0$$

が成り立つので[20]，Gram 行列 $\mathbf{B}\mathbf{B}^\top$ は半正定値対称行列である[21]．これより，任意の Gram 行列式は

$$\det\left(\mathbf{B}\mathbf{B}^\top\right) \geq 0$$

である[22]．また，これらの議論から等号成立の必要十分条件も分かる[23]．

定義 1.1.9　（格子の体積）　n 次元格子 $L \subseteq \mathbb{R}^m$ の基底を $\{\mathbf{b}_1, \ldots, \mathbf{b}_n\}$ とする．このとき，格子 L の**体積** (volume) を

$$\mathrm{vol}(L) := \sqrt{\Delta(\mathbf{b}_1, \ldots, \mathbf{b}_n)}$$

と定義する[24]．ただし，次の補題から格子の体積は基底の取り方によらない．特に $n = m$ の場合[25]，格子 L の任意の基底行列 $\mathbf{B}$ に対して，

$$\mathrm{vol}(L) = \sqrt{\left(\det(\mathbf{B})\det\left(\mathbf{B}^\top\right)\right)} = |\det(\mathbf{B})|$$

が成り立つ．

補題 1.1.10　格子 L の体積 $\mathrm{vol}(L)$ は格子基底の取り方によらない．

証明　格子 L の 2 つの基底を $\{\mathbf{b}_1, \ldots, \mathbf{b}_n\}, \{\mathbf{c}_1, \ldots, \mathbf{c}_n\}$ とする．また，それぞれの基底に対する基底行列を $\mathbf{B}, \mathbf{C}$ とする．命題 1.1.4 より，あるユニモジュラ行列 $\mathbf{T}$ が存在し $\mathbf{C} = \mathbf{T}\mathbf{B}$ を満たす．このとき，$\det(\mathbf{T})^2 = 1$ より

$$\begin{aligned}
\Delta(\mathbf{c}_1, \ldots, \mathbf{c}_n) &= \det\left(\mathbf{C}\mathbf{C}^\top\right) \\
&= \det\left((\mathbf{T}\mathbf{B})(\mathbf{T}\mathbf{B})^\top\right) \\
&= \det(\mathbf{T})\det\left(\mathbf{B}\mathbf{B}^\top\right)\det\left(\mathbf{T}^\top\right) \\
&= \det(\mathbf{T})^2\det\left(\mathbf{B}\mathbf{B}^\top\right) = \Delta(\mathbf{b}_1, \ldots, \mathbf{b}_n)
\end{aligned}$$

が成り立つ．これより，体積 $\mathrm{vol}(L)$ は基底の取り方によらない．　□

---

[19]
[97, 系 5.3.10] と [97, 定理 5.1.3] を参照．

[20]
任意のベクトル $\mathbf{v}$ に対し $\|\mathbf{v}\|^2 = \mathbf{v}\mathbf{v}^\top$ が成り立つことに注意．

[21]
Gram 行列が対称行列であることは明らか．

[22]
つまり $\Delta(\mathbf{b}_1, \ldots, \mathbf{b}_n) \geq 0$ が成り立つ．

[23]
例えば，$\det(\mathbf{B}\mathbf{B}^\top) = 0$ なら，固有値 0 に対する実固有ベクトル $\mathbf{z} \neq \mathbf{0}$ が存在し，$\mathbf{z}\mathbf{B} = \mathbf{0}$ を満たす．これより，実行列 $\mathbf{B}$ の行ベクトル $\mathbf{b}_1, \ldots, \mathbf{b}_n$ は $\mathbb{R}$ 上一次従属であることが分かる．

[24]
格子を生成する基底ベクトル $\mathbf{b}_1, \ldots, \mathbf{b}_n$ は一次独立なので，$\mathrm{vol}(L) > 0$ である．

[25]
つまり，格子 L が完全階数の場合．

例 1.1.11 4×7 の整数行列

$$\mathbf{B} = \begin{pmatrix} -9 & -6 & 7 & 4 & 2 & 3 & -8 \\ -6 & 2 & -4 & 9 & -2 & 1 & -8 \\ -8 & -2 & 7 & -8 & 7 & 2 & 5 \\ 7 & -7 & -3 & 6 & -9 & 1 & 9 \end{pmatrix}$$

で生成される 4 次元整数格子 $L = \mathcal{L}(\mathbf{B})$ の体積は $\sqrt{755712355}$ である[26].

注意 1.1.12 格子の体積は，その基底ベクトル $\mathbf{b}_1, \ldots, \mathbf{b}_n$ が張る（半開）基本平行体

$$\mathcal{P}(\mathbf{b}_1, \ldots, \mathbf{b}_n) := \left\{ \sum_{i=1}^{n} x_i \mathbf{b}_i : x_i \in \mathbb{R}, 0 \le x_i < 1 \right\} \tag{1.2}$$

の体積に一致する[27]．基底行列 $\mathbf{B}$ を用いてこの基本平行体を $\mathcal{P}(\mathbf{B})$ と表す．また，格子 L のすべてのベクトルで生成される $\mathbb{R}$-ベクトル部分空間を

$$\mathrm{span}_{\mathbb{R}}(L) := \langle \mathbf{b} : \mathbf{b} \in L \rangle_{\mathbb{R}}$$

とする[28]．基本平行体を任意の格子ベクトルだけ平行移動させた集合は唯一の格子ベクトルを含む[29]．これは基本平行体の体積が $\mathbb{R}$-ベクトル空間 $\mathrm{span}_{\mathbb{R}}(L)$ における格子ベクトルの密度の逆数に等しいという直観に対応する．

1.1.3 部分格子

ここでは，部分格子の定義とその性質について紹介する．

定義 1.1.13 格子 L に含まれる格子 M を L の**部分格子** (sublattice) と呼び[30]，$M \subseteq L$ と表す．特に，部分格子 M の次元が格子 L の次元と一致するとき，M を L の**完全階数の部分格子** (full-rank sublattice) と呼ぶ．

1.1.3.1 部分格子の基底

n 次元格子 L の基底を $\{\mathbf{b}_1, \ldots, \mathbf{b}_n\}$ とする．任意の L の完全階数の部分格子 M の基底を $\{\mathbf{c}_1, \ldots, \mathbf{c}_n\}$ とする．このとき，すべての $1 \le i \le n$ に対し $\mathbf{c}_i$ は格子 $L = \mathcal{L}(\mathbf{b}_1, \ldots, \mathbf{b}_n)$ に含まれるので，$\mathbf{c}_i = \sum_{j=1}^{n} a_{ij} \mathbf{b}_j \ (\exists a_{ij} \in \mathbb{Z})$ と

---

[26]
行列サイズが少し大きいので，数式処理ソフトなどで計算してみてほしい．

[27]
$\mathbf{b}_1, \ldots, \mathbf{b}_n$ の GSO ベクトルを $\mathbf{b}_1^*, \ldots, \mathbf{b}_n^*$ とすると，基本平行体 $\mathcal{P}(\mathbf{B})$ の体積は $\prod_{i=1}^{n} \|\mathbf{b}_i^*\|$ であることが幾何的に分かる（GSO の定義は後述の 1.2 節を参照）．さらに，後述の定理 1.2.2(4) の $\mathrm{vol}(L) = \prod_{i=1}^{n} \|\mathbf{b}_i^*\|$ より従う．

[28]
ベクトル空間 $\mathrm{span}_{\mathbb{R}}(L)$ は格子 L の基底ベクトル $\mathbf{b}_1, \ldots, \mathbf{b}_n$ が張る $\mathbb{R}$-ベクトル空間 $\langle \mathbf{b}_1, \ldots, \mathbf{b}_n \rangle_{\mathbb{R}}$ に一致する．

[29]
格子ベクトルに限らず，任意の $\mathbf{v} \in \mathrm{span}_{\mathbb{R}}(L)$ だけ平行移動させた集合も唯一つの格子ベクトルを含む．

[30]
格子 M が格子 L に含まれるとは，集合として含まれるときをいう．

かける．2つの格子 L と M の基底 $\{\mathbf{b}_1,\ldots,\mathbf{b}_n\}$, $\{\mathbf{c}_1,\ldots,\mathbf{c}_n\}$ に対する基底行列をそれぞれ $\mathbf{B},\mathbf{C}$ とすると，上記の関係は

$$\mathbf{C} = \mathbf{AB}, \quad \mathbf{A} = (a_{ij}) \tag{1.3}$$

で表すことができる．特に，$\mathbf{A}$ は $n \times n$ の整数行列である．部分格子 $M \subseteq L$ の**指数** (index) を

$$\rho := \frac{\mathrm{vol}(M)}{\mathrm{vol}(L)} \tag{1.4}$$

と定める[31]．関係式 (1.3) より

$$\rho^2 = \frac{\det\left(\mathbf{CC}^\top\right)}{\det\left(\mathbf{BB}^\top\right)} = \frac{\det(\mathbf{A})\det\left(\mathbf{BB}^\top\right)\det\left(\mathbf{A}^\top\right)}{\det\left(\mathbf{BB}^\top\right)} = \det(\mathbf{A})^2$$

が成り立つので $\rho = |\det(\mathbf{A})|$ であり，特に指数 ρ は正の整数である[32]．一方，基底ベクトル $\mathbf{c}_1,\ldots,\mathbf{c}_n$ の一次独立性より行列 $\mathbf{A}$ の行ベクトルも一次独立なので，行列 $\mathbf{A}$ は正則である．注意 1.1.3 と同じように行列 $\mathbf{A}$ の余因子行列を $\widetilde{\mathbf{A}}$ とすると，$\mathbf{A}$ の逆行列は

$$\mathbf{A}^{-1} = \frac{1}{\det(\mathbf{A})}\widetilde{\mathbf{A}}$$

で得られる[33]．このとき関係式 (1.3) より $\rho\mathbf{B} = \pm\widetilde{\mathbf{A}}\mathbf{C}$ が成り立ち，余因子行列 $\widetilde{\mathbf{A}}$ は整数行列なので[34]，$\rho\mathbf{b}_1,\ldots,\rho\mathbf{b}_n \in \mathcal{L}(\mathbf{C}) = M$ である[35]．ゆえに

$$\rho L \subseteq M \subseteq L \tag{1.5}$$

が成り立つ．

命題 1.1.14 n 次元格子 L の完全階数の部分格子を M とする．格子 L の任意の基底 $\{\mathbf{b}_1,\ldots,\mathbf{b}_n\}$ に対して[36]，

$$\begin{cases}
\mathbf{c}_1 = a_{11}\mathbf{b}_1 \\
\mathbf{c}_2 = a_{21}\mathbf{b}_1 + a_{22}\mathbf{b}_2 \\
\quad\vdots \\
\mathbf{c}_n = a_{n1}\mathbf{b}_1 + a_{n2}\mathbf{b}_2 + \cdots + a_{nn}\mathbf{b}_n \quad (\exists a_{ij} \in \mathbb{Z}, a_{jj} > 0)
\end{cases} \tag{1.6}$$

を満たす部分格子 M の基底 $\{\mathbf{c}_1,\ldots,\mathbf{c}_n\}$ が存在する．言い換えると，格子 L の任意の基底行列 $\mathbf{B}$ に対して，すべての対角成分が正である $n \times n$ の下半三角整数行列 $\mathbf{A} = (a_{ij})$ が存在し，$\mathbf{C} = \mathbf{AB}$ が部分格子 M の基底行列となる．

[31] 格子の体積は基底の取り方によらないので，指数は L と M のそれぞれの基底の取り方にはよらない．また後述の命題 1.1.16 で，部分格子 $M \subseteq L$ を自由部分群とみなしたときの商群 L/M の位数 $[L:M]$ と指数 ρ が一致することを示す．

[32] 任意の格子の体積は正なので，定義 (1.4) から $\rho \neq 0$ に注意．

[33] [97, 系 2.3.3] を参照．

[34] 前述したように，余因子行列 $\widetilde{\mathbf{A}}$ の (i,j)-成分は，行列 $\mathbf{A}$ の i 行 j 列を除いた行列式に $(-1)^{i+j}$ を掛けた値なので整数である．

[35] つまり，各ベクトル $\rho\mathbf{b}_i$ が格子 M の基底ベクトル $\mathbf{c}_1,\ldots,\mathbf{c}_n$ の整数係数の線形結合でかけることを意味する．

[36] a_{ij} を a_{jj} で割ることで，$a_{ij} = qa_{jj} + r$ $(\exists q, r \in \mathbb{Z}, 0 \le r < a_{jj})$ とかけるので，式 (1.6) で条件 $0 \le a_{ij} < a_{jj}$ を追加してもよい．詳細は [17, p.11 の定理 I] を参照．

証明 完全階数の部分格子 $M \subseteq L$ の指数を ρ とすると，式 (1.5) よりすべての $1 \le i \le n$ に対し $\rho\mathbf{b}_i \in M$ である．ここで

$$S = \{(\mathbf{c}_1, \ldots, \mathbf{c}_n) : \mathbf{c}_i \in M \text{ は式 (1.6) の形を持つ }\}$$

とおくと[37]，集合 S は空ではない（実際，$(\rho\mathbf{b}_1, \ldots, \rho\mathbf{b}_n) \in S$ である）．ただし，集合 S に含まれる元 $(\mathbf{c}_1, \ldots, \mathbf{c}_n)$ は必ずしも部分格子 M の基底を与えなくてもよいことに注意する．

空でない集合 S の元の中で，式 (1.6) の各 $1 \le i \le n$ の整数係数 $a_{ii} > 0$ が最小となる元 $(\mathbf{c}_1, \ldots, \mathbf{c}_n) \in S$ をとる[38]．このベクトルの組 $\{\mathbf{c}_1, \ldots, \mathbf{c}_n\}$ が部分格子 M の基底を与えることを示す．式 (1.6) の形からベクトル $\mathbf{c}_1, \ldots, \mathbf{c}_n$ は一次独立なので[39]，これらのベクトルが部分格子 M を生成することを示せばよい．ここで，ベクトル $\mathbf{c}_1, \ldots, \mathbf{c}_n \in M$ の整数係数の線形結合でかけない格子 M のベクトル $\mathbf{z}$ が存在したと仮定する（つまり，$\mathbf{z} \in M \setminus \mathcal{L}(\mathbf{c}_1, \ldots, \mathbf{c}_n)$ が存在したと仮定する）．格子 M のベクトル $\mathbf{z}$ は格子 L のベクトルでもあるので，

$$\mathbf{z} = t_1\mathbf{b}_1 + \cdots + t_k\mathbf{b}_k \quad (\exists t_i \in \mathbb{Z}, 1 \le k \le n, t_k \ne 0)$$

と一意的にかける．このような $\mathbf{z}$ の中で k が最小となる格子 M のベクトル $\mathbf{z}$ を考えても一般性を失わない．整数 $t_k \ne 0$ を $a_{kk} > 0$ で割ることで，

$$t_k = qa_{kk} + r \quad (\exists q, \exists r \in \mathbb{Z}, 0 \le r < a_{kk})$$

とかける．ここで，新しい格子 M のベクトルを

$$
\begin{aligned}
\mathbf{w} &= \mathbf{z} - q\mathbf{c}_k \\
&= (t_1\mathbf{b}_1 + \cdots + t_k\mathbf{b}_k) - q(a_{k1}\mathbf{b}_1 + \cdots + a_{kk}\mathbf{b}_k) \\
&= (t_1 - qa_{k1})\mathbf{b}_1 + \cdots + (t_k - qa_{kk})\mathbf{b}_k
\end{aligned}
\tag{1.7}
$$

とおく．仮定から格子 M のベクトル $\mathbf{z}$ が $\mathbf{c}_1, \ldots, \mathbf{c}_n$ の整数係数の線形結合ではかけないので，$\mathbf{w}$ も $\mathbf{c}_1, \ldots, \mathbf{c}_n$ の整数係数の線形結合でかけない．また，k の最小性から，格子 M のベクトル $\mathbf{w}$ の基底ベクトル $\mathbf{b}_k \in L$ における整数係数は $t_k - qa_{kk} = r \ne 0$ となる．しかし一方で，$0 < r < a_{kk}$ より，これは $\mathbf{c}_k \in M$ の $\mathbf{b}_k$ における整数係数 a_{kk} の最小性に矛盾する[40]．ゆえに，部分格子 M の任意のベクトルは $\mathbf{c}_1, \ldots, \mathbf{c}_n$ の整数係数の線形結合でかけるので，ベクトルの組 $\{\mathbf{c}_1, \ldots, \mathbf{c}_n\}$ は部分格子 M の基底を与える． $\square$

[37] つまり，集合 S はある n 個の格子 M のベクトルの組 $(\mathbf{c}_1, \ldots, \mathbf{c}_n)$ から構成される．

[38] 各 i に対して独立に格子ベクトル $\mathbf{c}_i \in M$ を選択できるので，そのような S の元が存在する．

[39] 基底ベクトル $\mathbf{b}_1, \ldots, \mathbf{b}_n$ が一次独立であることに注意する．

[40] 式 (1.7) から $\mathbf{w} \in M$ は $\mathbf{b}_1, \ldots, \mathbf{b}_k$ の整数係数の線形結合でかけ，その $\mathbf{b}_k$ における整数係数は r であることに注意する．

注意 1.1.15　上記の命題とは逆に，完全階数の部分格子 $M \subseteq L$ の任意の基底 $\{\mathbf{c}_1, \ldots, \mathbf{c}_n\}$ が与えられたとき[41]，関係式 (1.6) を満たす格子 L の基底 $\{\mathbf{b}_1, \ldots, \mathbf{b}_n\}$ が存在する．実際，部分格子 $M \subseteq L$ の指数 ρ に対し，関係式 (1.5) から $\rho L \subseteq M$ が成り立つので，命題 1.1.14 から

$$\begin{cases} \rho\mathbf{b}_1 = d_{11}\mathbf{c}_1 \\ \rho\mathbf{b}_2 = d_{21}\mathbf{c}_1 + d_{22}\mathbf{c}_2 \\ \qquad \vdots \\ \rho\mathbf{b}_n = d_{n1}\mathbf{c}_1 + d_{n2}\mathbf{c}_2 + \cdots + d_{nn}\mathbf{c}_n \quad (\exists d_{ij} \in \mathbb{Z}, d_{jj} > 0) \end{cases}$$

を満たす L の基底 $\{\mathbf{b}_1, \ldots, \mathbf{b}_n\}$ が存在する．ここで，格子 L と M の基底行列をそれぞれ $\mathbf{B}$ と $\mathbf{C}$ とし，下半三角行列を $\mathbf{D} = (d_{ij})$ とすると，上記の関係式は $\rho\mathbf{B} = \mathbf{D}\mathbf{C}$ と簡潔に表せる．これより，式 (1.6) と同様の関係式 $\mathbf{C} = \rho\mathbf{D}^{-1}\mathbf{B}$ が得られる．ただし，すべてのベクトル $\mathbf{c}_i \in M$ は格子 L の基底ベクトル $\mathbf{b}_1, \ldots, \mathbf{b}_n$ の整数係数の線形結合で一意的に表せるので，対角成分が正の下半三角行列 $\rho\mathbf{D}^{-1}$ は整数行列であることに注意する．

1.1.3.2　部分格子による同値類

n 次元格子 L の完全階数の部分格子を M とする．2 つの格子ベクトル $\mathbf{x}, \mathbf{y} \in L$ が M-同値であるとは $\mathbf{x} - \mathbf{y} \in M$ を満たすときをいい，このとき $\mathbf{x} \equiv \mathbf{y} \pmod{M}$ と表す[42]．また，$\mathbf{x} \in L$ の M-同値類とは，$\mathbf{x} \equiv \mathbf{y} \pmod{M}$ を満たすすべての $\mathbf{y} \in L$ の集合のことをいい，$[\mathbf{x}]_M$ で表す[43]．さらに，すべての M-同値類 $[\mathbf{x}]_M$ の集合を L/M で表す．商 L/M は演算

$$[\mathbf{x}]_M + [\mathbf{y}]_M := [\mathbf{x} + \mathbf{y}]_M$$

に関して加法群となり[44]，その群の位数を $[L : M]$ とかく．部分格子 $M \subseteq L$ の指数 ρ に対し，式 (1.5) から $[L : M] \leq [L : \rho L] = \rho^n$ より，L/M は有限群であることが分かる．より正確に L/M の位数に関して次が成り立つ：

命題 1.1.16　格子 L の完全階数の部分格子 M の指数 ρ は有限群 L/M の位数 $[L : M]$ と一致する．ゆえに，指数の定め方 (1.4) から

$$\mathrm{vol}(M) = \mathrm{vol}(L) \times [L : M]$$

が成り立つ．

---

[41]
命題 1.1.14 では格子 L の基底が与えられていた．

[42]
M-同値の呼び方と表記法は [55, 8 章] を参考にした．

[43]
同値類に関しては [100, I 章] を参照．

[44]
別の見方として任意の格子は有限生成 $\mathbb{Z}$-加群とみなせる（有限生成自由加群については [100, IV 章] を参照）．特に，商 L/M は部分格子 $M \subseteq L$ を有限生成自由 $\mathbb{Z}$-加群 L の部分群とみなしたときの剰余加群である．

証明 格子 L の次元を n とし，その基底の一つを $\{\mathbf{b}_1, \ldots, \mathbf{b}_n\}$ とする．命題 1.1.14 より，すべての対角成分 a_{ii} が正となる $n \times n$ の下半三角整数行列 $\mathbf{A} = (a_{ij})$ が存在し，式 (1.6) を満たす部分格子 $M \subseteq L$ の基底 $\{\mathbf{c}_1, \ldots, \mathbf{c}_n\}$ が存在する．このとき，関係式 (1.6) から

$$
\begin{cases}
a_{11}[\mathbf{b}_1]_M = [\mathbf{0}]_M, \\
a_{22}[\mathbf{b}_2]_M = -a_{21}[\mathbf{b}_1]_M, \\
\qquad \vdots \\
a_{nn}[\mathbf{b}_n]_M = -a_{n1}[\mathbf{b}_1]_M - a_{n2}[\mathbf{b}_2]_M - \cdots - a_{nn-1}[\mathbf{b}_{n-1}]_M
\end{cases}
$$

より[45]，加法群 L/M の位数は

$$
[L : M] = \prod_{i=1}^{n} a_{ii} = \det(\mathbf{A})
$$

となる[46]．一方で，部分格子 $M \subseteq L$ の指数 ρ は $\det(\mathbf{A})$ と一致するので[47]，命題が成り立つ． $\square$

1.2 格子と Gram-Schmidt の直交化

実 m 次元ベクトル空間 $\mathbb{R}^m$ の任意の $\mathbb{R}$-ベクトル空間としての基底を直交基底に変換する方法として，古典的な Gram-Schmidt の直交化 (Gram-Schmidt Orthogonalization, GSO) がある．簡単のため，本書では "GSO" の略語を用いることにする．本節では，格子基底に対する GSO とその性質を紹介する．また，直交射影によって定まる射影格子についても述べる．

1.2.1 格子基底に対する Gram-Schmidt の直交化 (GSO)

定義 1.2.1 n 次元格子 $L \subseteq \mathbb{R}^m$ の（順序付き）基底 $\{\mathbf{b}_1, \ldots, \mathbf{b}_n\}$ に対する GSO ベクトル $\mathbf{b}_1^*, \ldots, \mathbf{b}_n^* \in \mathbb{R}^m$ を次のように定義する[48]：

$$
\begin{cases}
\mathbf{b}_1^* := \mathbf{b}_1, \\
\mathbf{b}_i^* := \mathbf{b}_i - \displaystyle\sum_{j=1}^{i-1} \mu_{i,j} \mathbf{b}_j^* \quad (2 \leq i \leq n).
\end{cases}
\tag{1.8}
$$

---

45) 各 $\mathbf{c}_i$ は格子 M のベクトルより，$[\mathbf{c}_i]_M = [\mathbf{0}]_M$ であることに注意.

46) 加法群 L/M の元をすべて書き出してみてほしい．また，下半三角行列の行列式はすべての対角成分の積になることに注意.

47) 命題 1.1.14 の前の説明から，$\rho = |\det(\mathbf{A})| = \det(\mathbf{A})$ が成り立つ.

48) GSO は基底ベクトルの順序に依存する．また，後述の定理 1.2.2 (4) から $\|\mathbf{b}_i^*\| > 0$ が成り立つので，GSO ベクトルが逐次的に正しく定義できる.

アルゴリズム 1 格子基底に対する Gram-Schmidt アルゴリズム

Input: n 次元格子 $L \subseteq \mathbb{R}^m$ の（順序付き）基底 $\{\mathbf{b}_1, \ldots, \mathbf{b}_n\}$
Output: 入力基底の GSO ベクトル $\mathbf{b}_1^*, \ldots, \mathbf{b}_n^*$ と GSO 係数 $\mu_{i,j}$ $(1 \leq j < i \leq n)$

 1: **for** $i = 1$ to n **do**
 2:    $\mathbf{b}_i^* \leftarrow \mathbf{b}_i$
 3:    **for** $j = 1$ to $i - 1$ **do**
 4:       $\mu_{i,j} \leftarrow \dfrac{\langle \mathbf{b}_i, \mathbf{b}_j^* \rangle}{\|\mathbf{b}_j^*\|^2}$
 5:       $\mathbf{b}_i^* \leftarrow \mathbf{b}_i^* - \mu_{i,j} \mathbf{b}_j^*$
 6:    **end for**
 7: **end for**

ただし，

$$\mu_{i,j} := \frac{\langle \mathbf{b}_i, \mathbf{b}_j^* \rangle}{\|\mathbf{b}_j^*\|^2} \quad (1 \leq j < i \leq n)$$

とし，これを **GSO 係数** と呼ぶことにする．格子基底に対する GSO に関して，次の 2 点に注意する：

[49]
これより，GSO を考える
際は基底を必ず順序付き
集合として考える．

- GSO ベクトル $\mathbf{b}_1^*, \ldots, \mathbf{b}_n^*$ は基底 $\{\mathbf{b}_1, \ldots, \mathbf{b}_n\}$ の並びの順序に依存する[49].
- 一般に，GSO ベクトル $\mathbf{b}_1^*, \ldots, \mathbf{b}_n^*$ は格子 L の基底にはならない（一般に，$2 \leq i \leq n$ に対する GSO ベクトル $\mathbf{b}_i^*$ は格子ベクトルでない）．

[50]
Gram-Schmidt アルゴ
リズムの計算量評価につ
いては，[28, 17.3 節] な
どを参照．

[51]
特に $\mathbf{B}$ は格子 L の基底
行列である．

アルゴリズム 1 に格子基底に対する Gram-Schmidt アルゴリズムを示す[50]．アルゴリズム 1 は，入力する n 次元格子 $L \subseteq \mathbb{R}^m$ の（順序付き）基底 $\{\mathbf{b}_1, \ldots, \mathbf{b}_n\}$ に対して，その基底に対する GSO ベクトル $\mathbf{b}_1^*, \ldots, \mathbf{b}_n^*$ と GSO 係数 $\mu_{i,j}$ $(1 \leq j < i \leq n)$ を計算する．各ベクトル $\mathbf{b}_i, \mathbf{b}_i^* \in \mathbb{R}^m$ を行ベクトルとする $n \times m$ 行列をそれぞれ $\mathbf{B}, \mathbf{B}^*$ とする[51]．また，すべての対角成分が 1 で，下半三角行列部分の成分が GSO 係数 $\mu_{i,j}$ $(1 \leq j < i \leq n)$，その他すべての成分が 0 の $n \times n$ 行列を $\mathbf{U}$ とする：

$$\mathbf{B} = \begin{pmatrix} \mathbf{b}_1 \\ \vdots \\ \mathbf{b}_n \end{pmatrix}, \ \mathbf{B}^* = \begin{pmatrix} \mathbf{b}_1^* \\ \vdots \\ \mathbf{b}_n^* \end{pmatrix}, \ \mathbf{U} = \begin{pmatrix} 1 & 0 & 0 & \cdots & 0 \\ \mu_{2,1} & 1 & 0 & \cdots & 0 \\ \mu_{3,1} & \mu_{3,2} & 1 & \cdots & 0 \\ \vdots & \vdots & \vdots & \ddots & \vdots \\ \mu_{n,1} & \mu_{n,2} & \mu_{n,3} & \cdots & 1 \end{pmatrix} \quad (1.9)$$

このとき $\mathbf{B} = \mathbf{U}\mathbf{B}^*$ が成り立つ．基底行列 $\mathbf{B}$ に対して，行列 $\mathbf{B}^*, \mathbf{U}$ をそれ

ぞれ **GSO ベクトル行列**，**GSO 係数行列** と呼ぶことにする[52]．特に，GSO 係数行列は $\mathbf{U} = (\mu_{i,j})$ と表し，対角成分を $\mu_{i,i} = 1$ $(1 \leq i \leq n)$，上半三角行列部分の成分 $\mu_{i,j} = 0$ $(1 \leq i < j \leq n)$ として，GSO 係数の定義範囲を拡張しておくと便利である．

以下に，格子基底に対する GSO ベクトルの基本的な性質を示す：

定理 1.2.2 n 次元格子 L の基底 $\{\mathbf{b}_1, \ldots, \mathbf{b}_n\}$ に対する GSO ベクトルを $\mathbf{b}_1^*, \ldots, \mathbf{b}_n^*$ とする．このとき，以下が成り立つ：

(1) 任意の $1 \leq i < j \leq n$ に対して，$\langle \mathbf{b}_i^*, \mathbf{b}_j^* \rangle = 0$ が成り立つ[53]．

(2) 任意の $1 \leq i \leq n$ に対して，$\|\mathbf{b}_i^*\| \leq \|\mathbf{b}_i\|$ が成り立つ．

(3) 任意の $1 \leq i \leq n$ に対し，$\langle \mathbf{b}_1^*, \ldots, \mathbf{b}_i^* \rangle_{\mathbb{R}} = \langle \mathbf{b}_1, \ldots, \mathbf{b}_i \rangle_{\mathbb{R}}$ が成り立つ[54]．

(4) 等式 $\mathrm{vol}(L) = \prod_{i=1}^{n} \|\mathbf{b}_i^*\|$ が成り立つ．特に $\mathrm{vol}(L) > 0$ より，すべての $1 \leq i \leq n$ に対し $\|\mathbf{b}_i^*\| > 0$ であることが分かる．

証明 (1) j に関する帰納法で示す．$j = 1$ の場合は証明すべきことはない．ある $j \geq 1$ に対し成立していると仮定する[55]．任意の $1 \leq i < j+1$ に対して，帰納法の仮定より

$$\langle \mathbf{b}_i^*, \mathbf{b}_{j+1}^* \rangle = \left\langle \mathbf{b}_i^*, \mathbf{b}_{j+1} - \sum_{k=1}^{j} \mu_{j+1,k} \mathbf{b}_k^* \right\rangle$$

$$= \langle \mathbf{b}_i^*, \mathbf{b}_{j+1} \rangle - \mu_{j+1,i} \langle \mathbf{b}_i^*, \mathbf{b}_i^* \rangle$$

$$= \langle \mathbf{b}_i^*, \mathbf{b}_{j+1} \rangle - \frac{\langle \mathbf{b}_{j+1}, \mathbf{b}_i^* \rangle}{\|\mathbf{b}_i^*\|^2} \|\mathbf{b}_i^*\|^2 = 0$$

が成り立つ[56]．これより，$j+1$ の場合も成立するので帰納的に証明できた．
(2) $i = 1$ の場合，$\mathbf{b}_1^* = \mathbf{b}_1$ より明らか．任意の $2 \leq i \leq n$ に対して，GSO の定義 (1.8) から $\mathbf{b}_i = \mathbf{b}_i^* + \sum_{j=1}^{i-1} \mu_{i,j} \mathbf{b}_j^*$ より，(1) から

$$\|\mathbf{b}_i\|^2 = \|\mathbf{b}_i^*\|^2 + \sum_{j=1}^{i-1} \mu_{i,j}^2 \|\mathbf{b}_j^*\|^2 \geq \|\mathbf{b}_i^*\|^2 \tag{1.10}$$

が成り立つ．
(3) 任意の $1 \leq k \leq i$ に対し $\mathbf{b}_k = \mathbf{b}_k^* + \sum_{j=1}^{k-1} \mu_{k,j} \mathbf{b}_j^*$ より，$\mathbf{b}_k \in \langle \mathbf{b}_1^*, \ldots, \mathbf{b}_i^* \rangle_{\mathbb{R}}$ が分かる．よって，$\langle \mathbf{b}_1, \ldots, \mathbf{b}_i \rangle_{\mathbb{R}} \subseteq \langle \mathbf{b}_1^*, \ldots, \mathbf{b}_i^* \rangle_{\mathbb{R}}$ が成り立つ．逆向きの包含関係については，i に関する帰納法で示す．$i = 1$ の場合，$\mathbf{b}_1^* = \mathbf{b}_1$ より明ら

[52]
後述の第 2 章で説明する LLL 基底簡約アルゴリズムでは，GSO 情報を基に基底変換を行うとともに，基底変換を行うたびに GSO 情報を更新する．

[53]
つまり，GSO ベクトルの直交性が成り立つ．

[54]
つまり，$\mathbf{b}_1^*, \ldots, \mathbf{b}_i^*$ と $\mathbf{b}_1, \ldots, \mathbf{b}_i$ がそれぞれ生成する実数係数の線形結合の集合は一致することを意味する．

[55]
つまり，ある j を固定し，任意の $1 \leq i < j$ に対し $\langle \mathbf{b}_i^*, \mathbf{b}_j^* \rangle = 0$ が成り立つと仮定する．

[56]
式変形において，内積の双線形性を利用していることに注意．

か. ある $i \geq 1$ に関して成立すると仮定する. GSO の定義 (1.8) から,

$$\mathbf{b}_{i+1}^* = \mathbf{b}_{i+1} + \mathbf{y}, \quad \mathbf{y} = -\sum_{j=1}^{i} \mu_{i+1,j} \mathbf{b}_j^* \in \langle \mathbf{b}_1^*, \ldots, \mathbf{b}_i^* \rangle_{\mathbb{R}}$$

が分かる. 帰納法の仮定から $\mathbf{y} \in \langle \mathbf{b}_1, \ldots, \mathbf{b}_i \rangle_{\mathbb{R}}$ より, $\mathbf{b}_{i+1}^* \in \langle \mathbf{b}_1, \ldots, \mathbf{b}_{i+1} \rangle_{\mathbb{R}}$ が成り立つ. これより

$$\langle \mathbf{b}_1^*, \ldots, \mathbf{b}_{i+1}^* \rangle_{\mathbb{R}} \subseteq \langle \mathbf{b}_1, \ldots, \mathbf{b}_{i+1} \rangle_{\mathbb{R}}$$

が成り立つので, $i+1$ の場合も成立することを証明できた.

(4) 式 (1.9) の記号を用いる. このとき, $\mathbf{B} = \mathbf{U}\mathbf{B}^*$ と $\det(\mathbf{U}) = 1$ より,

$$\mathrm{vol}(L)^2 = \det\left(\mathbf{B}\mathbf{B}^\top\right)$$
$$= \det\left(\mathbf{U}\mathbf{B}^*(\mathbf{B}^*)^\top\mathbf{U}^\top\right) = \det\left(\mathbf{B}^*(\mathbf{B}^*)^\top\right)$$

が成り立つ. さらに, (1) で示した GSO ベクトル $\mathbf{b}_i^*$ の直交性から

$$\mathrm{vol}(L)^2 = \det\left(\mathbf{B}^*(\mathbf{B}^*)^\top\right) = \prod_{i=1}^{n} \|\mathbf{b}_i^*\|^2$$

が成り立つ. □

定理 1.2.2 の系として格子の体積の上界に関する次の不等式が得られる[57]:

系 1.2.3 （Hadamard の不等式） n 次元格子 L の基底 $\{\mathbf{b}_1, \ldots, \mathbf{b}_n\}$ に対して,

$$\mathrm{vol}(L) \leq \prod_{i=1}^{n} \|\mathbf{b}_i\|$$

が成り立つ. さらに, 等号が成立するのは, すべての基底ベクトル $\mathbf{b}_1, \ldots, \mathbf{b}_n$ が互いに直交しているときに限る.

証明 定理 1.2.2 (2)(4) から, すぐに Hadamard の不等式が得られる. また, 等号が成立するのは, すべての $1 \leq i \leq n$ に対し $\|\mathbf{b}_i^*\| = \|\mathbf{b}_i\|$ であるときに限る. このとき, 不等式 (1.10) から $\mu_{i,j} = 0$ $(1 \leq j < i \leq n)$ なので, $\mathbf{b}_i = \mathbf{b}_i^*$ $(1 \leq i \leq n)$ となる. これより, 等号が成立するのは, すべての $\mathbf{b}_1, \ldots, \mathbf{b}_n$ が互いに直交しているときに限る. □

ここで, 後述の第 2 章の LLL 基底簡約アルゴリズムの停止性（定理 2.3.4）の証明で必要となる格子の部分基底による Gram 行列式とその性質を述べて

[57] Hadamard の不等式は, 後述の注意 3.1.5 で説明する格子基底の直交性度合いを測る直交性欠陥と深く関係する.

おく. n 次元格子 $L \subseteq \mathbb{R}^m$ の基底 $\{\mathbf{b}_1, \ldots, \mathbf{b}_n\}$ と整数 $1 \leq k \leq n$ に対して, はじめの k 個の基底ベクトル $\mathbf{b}_1, \ldots, \mathbf{b}_k$ で構成される部分基底行列を $\mathbf{B}_k$ とし, その Gram 行列を $\mathbf{G}_k$ とする:

$$\mathbf{B}_k = \begin{pmatrix} \mathbf{b}_1 \\ \vdots \\ \mathbf{b}_k \end{pmatrix}, \quad \mathbf{G}_k = \mathbf{B}_k \mathbf{B}_k^\top = \begin{pmatrix} \langle \mathbf{b}_1, \mathbf{b}_1 \rangle & \cdots & \langle \mathbf{b}_1, \mathbf{b}_k \rangle \\ \vdots & \ddots & \vdots \\ \langle \mathbf{b}_k, \mathbf{b}_1 \rangle & \cdots & \langle \mathbf{b}_k, \mathbf{b}_k \rangle \end{pmatrix}$$

さらに, Gram 行列 $\mathbf{G}_k$ の行列式を $d_k = \det(\mathbf{G}_k)$ とする（便宜上 $d_0 = 1$ とおく）. 特に, $\mathbf{b}_i \in \mathbb{Z}^m$ $(1 \leq i \leq n)$ の場合, $d_k \in \mathbb{Z}$ $(0 \leq k \leq n)$ が成り立つ.

命題 1.2.4 格子基底 $\{\mathbf{b}_1, \ldots, \mathbf{b}_n\}$ の GSO ベクトルを $\mathbf{b}_1^*, \ldots, \mathbf{b}_n^*$ とする. このとき, 任意の $1 \leq k \leq n$ に対して,

$$d_k = \prod_{i=1}^k \|\mathbf{b}_i^*\|^2$$

が成り立つ.

証明 基底ベクトル $\mathbf{b}_1, \ldots, \mathbf{b}_k$ で生成される部分格子 $M \subseteq L$ に対して, 定理 1.2.2 (4) を適用することで, $d_k = \mathrm{vol}(M)^2 = \prod_{i=1}^k \|\mathbf{b}_i^*\|^2$ が成り立つ. $\square$

1.2.2 射影格子

n 次元格子 $L \subseteq \mathbb{R}^m$ の基底を $\{\mathbf{b}_1, \ldots, \mathbf{b}_n\}$ とする. 各 $1 \leq \ell \leq n$ に対して, ベクトル空間 $\mathbb{R}^m$ から $\mathbb{R}$-ベクトル空間 $\langle \mathbf{b}_1, \ldots, \mathbf{b}_{\ell-1} \rangle_\mathbb{R}$ の直交補空間への**直交射影** (orthogonal projection) を

$$\pi_\ell : \mathbb{R}^m \longrightarrow \langle \mathbf{b}_1, \ldots, \mathbf{b}_{\ell-1} \rangle_\mathbb{R}^\perp$$

とする[58]. ただし, π_1 は恒等写像とする. 基底の GSO ベクトルを $\mathbf{b}_1^*, \ldots, \mathbf{b}_n^*$, GSO 係数を $\mu_{i,j}$ $(1 \leq j \leq i \leq n)$ とする（ただし, $\mu_{i,i} = 1$ とする）. 定理 1.2.2 (1) と (3) より[59]

$$\langle \mathbf{b}_1, \ldots, \mathbf{b}_{\ell-1} \rangle_\mathbb{R}^\perp = \langle \mathbf{b}_1^*, \ldots, \mathbf{b}_{\ell-1}^* \rangle_\mathbb{R}^\perp = \langle \mathbf{b}_\ell^*, \ldots, \mathbf{b}_n^* \rangle_\mathbb{R}$$

が成り立つ. また, $\mathbf{b}_i = \sum_{j=1}^i \mu_{i,j} \mathbf{b}_j^*$ とかけるので

[58]
直交補空間と直交射影については [97, 4.3 節] を参照.

[59]
特に, GSO ベクトル $\mathbf{b}_1^*, \ldots, \mathbf{b}_n^*$ が $\mathbb{R}$-ベクトル空間 $\mathbb{R}^m$ の直交基底であることに注意.

$$\pi_\ell(\mathbf{b}_i) = \sum_{j=\ell}^{i} \mu_{i,j}\mathbf{b}_j^* \quad (i \geq \ell)$$

となる[60]. ただし, $i < \ell$ の場合は $\pi_\ell(\mathbf{b}_i) = \mathbf{0}$ である. より一般に, 任意の $\mathbf{x} \in \mathrm{span}_{\mathbb{R}}(L)$ に対して,

$$\pi_\ell(\mathbf{x}) = \sum_{j=\ell}^{n} \frac{\langle \mathbf{x}, \mathbf{b}_j^* \rangle}{\|\mathbf{b}_j^*\|^2} \mathbf{b}_j^*$$

が成り立つ. 集合 $\pi_\ell(L)$ は一次独立なベクトル $\pi_\ell(\mathbf{b}_\ell), \ldots, \pi_\ell(\mathbf{b}_n)$ の整数係数結合全体と一致するので[61], 集合 $\pi_\ell(L)$ は

$$\{\pi_\ell(\mathbf{b}_\ell), \ldots, \pi_\ell(\mathbf{b}_n)\}$$

を基底に持つ $(n-\ell+1)$ 次元の格子である. これを**射影格子** (projected lattice) と呼ぶ[62]. また, 射影格子の体積について以下が成り立つ:

命題 1.2.5 n 次元格子 L の基底を $\{\mathbf{b}_1, \ldots, \mathbf{b}_n\}$ とする. このとき, 任意の $2 \leq \ell \leq n$ に対して,

$$\mathrm{vol}\left(\pi_\ell(L)\right) = \frac{\mathrm{vol}(L)}{\mathrm{vol}\left(\mathcal{L}(\mathbf{b}_1, \ldots, \mathbf{b}_{\ell-1})\right)}$$

が成り立つ.

証明 GSO の定義 (1.8) から, 射影格子 $\pi_\ell(L)$ の基底 $\{\pi_\ell(\mathbf{b}_\ell), \ldots, \pi_\ell(\mathbf{b}_n)\}$ の GSO ベクトルは $\mathbf{b}_\ell^*, \ldots, \mathbf{b}_n^*$ である[63]. さらに, 定理 1.2.2 (4) から

$$\mathrm{vol}(\pi_\ell(L)) = \prod_{j=\ell}^{n} \|\mathbf{b}_j^*\| \tag{1.11}$$

なので, 命題が成り立つ. $\qquad\square$

1.3 格子の離散性

2 つのベクトル $\mathbf{x}, \mathbf{y} \in \mathbb{R}^m$ の Euclid 距離は $d(\mathbf{x}, \mathbf{y}) := \|\mathbf{x} - \mathbf{y}\|$ で定まる. 特にベクトル空間 $\mathbb{R}^m$ を距離 d による距離空間とみなしたとき, $\mathbb{R}^m$ を **Euclid 空間**と呼ぶ. 本節では, Euclid 空間における格子 $L \subseteq \mathbb{R}^m$ が離散集合であることを示し, 格子と有界部分集合との共通集合が有限集合であることを示す.

---

[60] $\mathbf{b}_\ell^*, \ldots, \mathbf{b}_i^*$ の実数係数の線形結合でかけていることに注意.

[61] $\pi_\ell(\mathbf{b}_\ell), \ldots, \pi_\ell(\mathbf{b}_n)$ の一次独立性は簡単に分かる.

[62] 射影格子は後述の LLL や BKZ 基底簡約アルゴリズムで重要な役目を果たす.

[63] 実際に GSO の定義 (1.8) から計算して確かめてみてほしい.

1.3.1 格子の離散性とその性質

ベクトル $\mathbf{x} \in \mathbb{R}^m$ を中心とする半径 $r > 0$ の**開球**と**閉球**をそれぞれ

$$\mathcal{B}(\mathbf{x}, r) := \{\mathbf{z} \in \mathbb{R}^m : d(\mathbf{x}, \mathbf{z}) < r\},$$

$$\bar{\mathcal{B}}(\mathbf{x}, r) := \{\mathbf{z} \in \mathbb{R}^m : d(\mathbf{x}, \mathbf{z}) \le r\}$$

で表す．集合 $A \subseteq \mathbb{R}^m$ が**離散集合** (discrete set) であるとは，A が集積点[64]を持たないときをいう．つまり，任意の元 $\mathbf{x} \in A$ に対して，ある $\varepsilon > 0$ が存在し $\mathcal{B}(\mathbf{x}, \varepsilon) \cap A = \{\mathbf{x}\}$ を満たすとき，A は離散集合であるという[65]．

例 1.3.1 離散集合に関するいくつかの例を紹介する：

1. $\mathbb{Z}^m$ は離散集合である[66]．

2. 一方，$\mathbb{Q}^m$ や $\mathbb{R}^m$ は離散集合ではない．

3. また，集合 $\left\{\frac{1}{n} : n \in \mathbb{N}\right\}$ は離散集合であるが，$0 \in \mathbb{R}$ を付加した集合 $\{0\} \cup \left\{\frac{1}{n} : n \in \mathbb{N}\right\}$ は 0 を集積点に持つため離散集合ではない．

　格子 $L \subseteq \mathbb{R}^m$ が離散集合であることを示すため，次の補題を与える：

補題 1.3.2 Euclid 空間 $\mathbb{R}^m$ を加法群とみなしたとき，部分群 $A \subseteq \mathbb{R}^m$ に対して，次の 2 つの条件は同値である：

(1) A は離散集合である．

(2) A は零ベクトルを集積点に持たない[67]．

証明 (1) $\Rightarrow$ (2) A が離散集合であることから明らか．
(2) $\Rightarrow$ (1) 背理法で示す．部分群 A が集積点 $\mathbf{x} \in A$ を持つと仮定すると，(2) の条件より $\mathbf{x} \ne \mathbf{0}$ である．零ベクトル $\mathbf{0} \in \mathbb{R}^m$ は A の集積点でないので，ある $\varepsilon > 0$ が存在して $\mathcal{B}(\mathbf{0}, \varepsilon) \cap A = \{\mathbf{0}\}$ を満たす．一方，$\mathbf{x}$ は A の集積点なので，$\mathbf{x}' \in \mathcal{B}(\mathbf{x}, \varepsilon) \cap A$ となる $\mathbf{x}' \ne \mathbf{x}$ が存在する．集合 A は部分群なので，$\mathbf{z} := \mathbf{x} - \mathbf{x}' \in A$ かつ $\|\mathbf{z}\| < \varepsilon$ が成り立つ．よって，$\mathbf{0} \ne \mathbf{z} \in \mathcal{B}(\mathbf{0}, \varepsilon) \cap A$ となり矛盾する．これより，部分群 A は離散集合であることが示せた．□

命題 1.3.3 格子 $L \subseteq \mathbb{R}^m$ は離散集合である[68]．

証明 格子 L の基底を $\{\mathbf{b}_1, \ldots, \mathbf{b}_n\}$ とする．上記の補題より，部分群 $L = \mathcal{L}(\mathbf{b}_1, \ldots, \mathbf{b}_n) \subseteq \mathbb{R}^m$ が零ベクトルを集積点に持たないことを示せばよい．

---

[64]
点 $\mathbf{x} \in A$ が A の集積点であるとは，$\mathbf{x}$ の任意の近傍と A との共通部分に $\mathbf{x}$ 以外の A の点が少なくとも 1 つは存在するときをいう．

[65]
このような元 $\mathbf{x}$ を孤立点と呼ぶ．つまり，別の言い方をすると，孤立点のみから成る集合を離散集合と呼ぶ．

[66]
任意の $\mathbf{x} \in \mathbb{Z}^m$ に対して $\mathcal{B}(\mathbf{x}, \frac{1}{2}) \cap \mathbb{Z}^m = \{\mathbf{x}\}$ を満たす．

[67]
集合 A は $\mathbb{R}^m$ の部分群なので，零ベクトルを必ず含むことに注意．

[68]
特に格子は Euclid 空間の離散加法部分群である．

28 1 格子の数学的基礎

[69]
例えば，線形代数の一般的な教科書である [95, III 章の定理 3] を参照．

$n < m$ の場合，n 個のベクトル $\mathbf{b}_1, \ldots, \mathbf{b}_n \in \mathbb{R}^m$ は一次独立なので，零ベクトルではないあるベクトル $\mathbf{b}_{n+1}, \ldots, \mathbf{b}_m$ を付け加えて，m 個のベクトル $\mathbf{b}_1, \ldots, \mathbf{b}_m$ が一次独立となるようにできる[69]．このとき，L を含む部分群 $\mathcal{L}(\mathbf{b}_1, \ldots, \mathbf{b}_m)$ が零ベクトルを集積点に持たないことを示せば十分なので，$n = m$ としてよい．ここで，開平行体を

$$P = \left\{ \sum_{i=1}^{m} x_i \mathbf{b}_i \in \mathbb{R}^m : x_i \in \mathbb{R}, |x_i| < 1 \right\}$$

とおき，$P \cap L = \{\mathbf{0}\}$ を示す．任意の $\mathbf{x} \in P \cap L$ に対して，$\mathbf{x} \in P$ より，$\mathbf{x} = x_1 \mathbf{b}_1 + \cdots + x_m \mathbf{b}_m$ $(-1 < x_i < 1)$ と表せる．また $\mathbf{x} \in L$ より，$\mathbf{x} = y_1 \mathbf{b}_1 + \cdots + y_m \mathbf{b}_m$ $(y_i \in \mathbb{Z})$ とも表せる．ベクトル $\mathbf{b}_1, \ldots, \mathbf{b}_m$ は一次独立なので，すべての $1 \leq i \leq m$ に対して $x_i = y_i \in \mathbb{Z}$ であり，$|x_i| < 1$ なので $x_i = 0$ となる．よって $\mathbf{x} = \mathbf{0}$ となり，$P \cap L = \{\mathbf{0}\}$ であることが示せた．一方，明らかに $\mathcal{B}(\mathbf{0}, \rho) \subseteq P$ となる $\rho > 0$ が存在する[70]．ゆえに，$\mathcal{B}(\mathbf{0}, \rho) \cap L \subseteq P \cap L = \{\mathbf{0}\}$ となる．これより，部分群 L は零ベクトルを集積点に持たないので，補題 1.3.2 より L は離散集合であることが示せた． □

[70]
この議論には $n = m$ の条件が必須である．また，一次独立なベクトル $\mathbf{b}_1, \ldots, \mathbf{b}_m$ の GSO ベクトルを $\mathbf{b}_1^*, \ldots, \mathbf{b}_m^*$ とし，$r = \min \|\mathbf{b}_i^*\| > 0$ とする．このとき，具体的な ρ の値として $r/2$ を選択すればよい．

例 1.3.4 一次従属なベクトル $\mathbf{b}_1, \ldots, \mathbf{b}_n \in \mathbb{R}^m$ の整数係数の線形結合全体の集合 $\mathcal{L}(\mathbf{b}_1, \ldots, \mathbf{b}_n)$ は必ずしも格子ではない．例えば，$L = \mathcal{L}(1, \sqrt{2}) \subseteq \mathbb{R}$ を考える．任意の自然数 n に対して $a_n = (\sqrt{2} - 1)^n$ とおくと，$a_n \in L$ かつ $\lim_{n \to \infty} a_n = 0$ となる．ゆえに，$\mathbb{R}$ の部分群 L は $0 \in \mathbb{R}$ を集積点に持つため離散集合ではなく，命題 1.3.3 より集合 L は格子ではない．

ここで，格子の概念を含む Euclid 空間の離散加法部分群の性質を紹介する．

命題 1.3.5 任意の離散加法部分群 $A \subseteq \mathbb{R}^m$ と任意の有界部分集合 $S \subseteq \mathbb{R}^m$ との共通部分 $A \cap S$ は有限集合である．特に，任意の格子 $L \subseteq \mathbb{R}^m$ との共通部分 $L \cap S$ は有限集合である．

[71]
距離空間による位相については [93, 4 章] を参照．

[72]
つまり，$\mathbf{x}_n \in A$ かつ $\lim_{n \to \infty} \mathbf{x}_n = \mathbf{x}$ を満たす．この時点では，収束先のベクトル $\mathbf{x}$ は A の元かどうかは分からない．

証明 まず，部分群 A は Euclid 空間 $\mathbb{R}^m$ の閉集合[71]であることを示す．そこで，あるベクトル $\mathbf{x} \in \mathbb{R}^m$ に収束する A 上の任意のベクトル列 $\{\mathbf{x}_n\}_{n \geq 1}$ を考える[72]．離散加法部分群 A は零ベクトルを集積点に持たないので，

$$\mathcal{B}(\mathbf{0}, \varepsilon) \cap A = \{\mathbf{0}\} \tag{1.12}$$

を満たす $\varepsilon > 0$ が存在する．一方，ベクトル列 $\{\mathbf{x}_n\}_{n \geq 1}$ は $\mathbf{x}$ に収束するので，ある自然数 N が存在し，任意の $n \geq N$ に対し $\|\mathbf{x} - \mathbf{x}_n\| < \frac{\varepsilon}{2}$ を満たす．

これより，任意の $\ell > n \geq N$ に対して

$$\|\mathbf{x}_\ell - \mathbf{x}_n\| = \|(\mathbf{x} - \mathbf{x}_n) - (\mathbf{x} - \mathbf{x}_\ell)\|$$

$$\leq \|\mathbf{x} - \mathbf{x}_n\| + \|\mathbf{x} - \mathbf{x}_\ell\| < \varepsilon$$

が成り立つ．ここで，$\mathbf{x}_\ell - \mathbf{x}_n \in \mathcal{B}(\mathbf{0}, \varepsilon) \cap A$ に注意すると，式 (1.12) より $\mathbf{x}_\ell = \mathbf{x}_n$ となることが分かる．よって，$\mathbf{x} = \lim_{n \to \infty} \mathbf{x}_n = \mathbf{x}_N \in A$ となり，部分群 A は Euclid 空間 $\mathbb{R}^m$ の閉集合であることが示せた．

次に，共通部分 $A \cap S$ は有限集合であることを示す．有界集合 S に対し $S \subseteq \mathcal{B}(\mathbf{0}, \rho)$ を満たす $\rho > 0$ をとる．零ベクトルを中心とする半径 ρ の閉球 $\bar{\mathcal{B}}(\mathbf{0}, \rho)$ に対し[73]，$A \cap S \subseteq A \cap \bar{\mathcal{B}}(\mathbf{0}, \rho) = X$ なので，集合 X が有限集合であることを示せば十分である．上記で示したように A は $\mathbb{R}^m$ の閉集合より，X は有界閉集合でコンパクト[74] である．また，式 (1.12) を満たす $\varepsilon > 0$ に対し $\mathcal{B}(\mathbf{x}, \varepsilon) \cap A = \{\mathbf{x}\}$ $(\forall \mathbf{x} \in A)$ が成り立つので[75]，X は開被覆 $\bigcup_{\mathbf{x} \in X} \mathcal{B}(\mathbf{x}, \varepsilon)$ を持つ．集合 X がコンパクトよりある有限個の元 $\mathbf{x}_1, \ldots, \mathbf{x}_k \in X$ が存在し，

$$X \subseteq \bigcup_{i=1}^{k} \mathcal{B}(\mathbf{x}_i, \varepsilon)$$

を満たす．これより $X \subseteq \{\mathbf{x}_1, \ldots, \mathbf{x}_k\}$ なので，X は有限集合である． $\square$

[73] 1.3.1 項のはじめで閉球を定義した．

[74] コンパクトの定義と性質については [93, 7 章] などを参照．

[75] 集合 A が加法群より成り立つ（$\mathbf{x}$ の方向に平行移動しただけ）．具体的には，補題 1.3.2 の (2) ⇒ (1) の証明と同様の議論から成り立つ．

▌ 1.3.2　補足：離散加法部分群における基底の存在性

命題 1.3.3 から任意の格子は Euclid 空間の離散加法部分群である．逆に，Euclid 空間の任意の非自明な離散加法部分群は格子であることを示す[76]．

定理 1.3.6　Euclid 空間 $\mathbb{R}^m$ の非自明な離散加法部分群 A に対して，ある一次独立なベクトル $\mathbf{b}_1, \ldots, \mathbf{b}_n \in A$ が存在し $A = \mathcal{L}(\mathbf{b}_1, \ldots, \mathbf{b}_n)$ を満たす．

証明　一次独立なベクトル $\mathbf{b}_1, \ldots, \mathbf{b}_\ell \in \mathbb{R}^m$ に対する閉平行体を

$$\bar{\mathcal{P}}(\mathbf{b}_1, \ldots, \mathbf{b}_\ell) := \left\{ \sum_{i=1}^{\ell} x_i \mathbf{b}_i : x_i \in \mathbb{R}, 0 \leq x_i \leq 1 \right\}$$

と定める[77]．部分群 $A \subseteq \mathbb{R}^m$ のすべての元で生成される $\mathbb{R}$-ベクトル空間を $\mathrm{span}_{\mathbb{R}}(A)$ とし，その次元を n とする．部分群 A 上の一次独立な n 個のベクトル $\mathbf{b}_1, \ldots, \mathbf{b}_n$ を以下のように構成する：まず，零ベクトルでない最短なベクトル $\mathbf{b}_1 \in A$ をとる[78]．次に，ある $1 \leq i \leq n-1$ に対して，一次独立なべ

[76] これは格子を代数的に理解するのに重要な事実であるが，本書ではほとんど利用しないので本節を読み飛ばしても構わない．また加法部分群が非自明とは零元以外の元を持つときをいう．

[77] これは注意 1.1.12 内の半開平行体 (1.2) の閉包による閉平行体である．

[78] 命題 1.3.5 より，最短ベクトルが存在することは明らか．

クトル $\mathbf{b}_1, \ldots, \mathbf{b}_i \in A$ がすでに選ばれているとし，$\mathrm{span}_{\mathbb{R}}(A)$ の $\mathbb{R}$-ベクトル部分空間を

$$V_i = \langle \mathbf{b}_1, \ldots, \mathbf{b}_i \rangle_{\mathbb{R}} \subsetneq \mathrm{span}_{\mathbb{R}}(A)$$

とおく．ここで，$\mathbb{R}$-ベクトル空間 V_i に含まれないベクトル $\mathbf{y} \in A$ を 1 つ選択する．命題 1.3.5 より，閉平行体 $S = \bar{\mathcal{P}}(\mathbf{b}_1, \ldots, \mathbf{b}_i, \mathbf{y})$ と離散加法部分群 A との共通部分集合 $A \cap S$ は空でない有限集合となる．そこで，$\mathbf{z} \notin V_i$ かつ $\mathbb{R}$-ベクトル空間 V_i との距離が最短となるベクトル $\mathbf{z} \in A \cap S$ をとり，$\mathbf{b}_{i+1} = \mathbf{z}$ とおく[79]．ベクトル $\mathbf{b}_1, \ldots, \mathbf{b}_{i+1}$ に対する閉平行体を

$$\bar{P}_{i+1} = \bar{\mathcal{P}}(\mathbf{b}_1, \ldots, \mathbf{b}_{i+1})$$

とおくと，V_i に含まれない $A \cap \bar{P}_{i+1}$ の元の中で $\mathbf{b}_{i+1}$ は V_i との距離が最短となる．この操作を $i = 1$ から $n-1$ まで行い $\mathbf{b}_1, \ldots, \mathbf{b}_n \in A$ を構成する．

次に，任意のベクトル $\mathbf{v} \in A$ が上記で構成したベクトル $\mathbf{b}_1, \ldots, \mathbf{b}_n \in A$ の整数係数の線形結合でかけることを示す[80]．まず構成の仕方から，A の元で生成される $\mathbb{R}$-ベクトル空間 $\mathrm{span}_{\mathbb{R}}(A)$ は $\mathbf{b}_1, \ldots, \mathbf{b}_n$ で $\mathbb{R}$ 上生成されるので[81]，ベクトル $\mathbf{v} \in A$ は $\mathbf{v} = \sum_{i=1}^{n} x_i \mathbf{b}_i \ (\exists x_i \in \mathbb{R})$ とかける．ここで，

$$\mathbf{v}' = \sum_{i=1}^{n} \lfloor x_i \rfloor \mathbf{b}_i \in A$$

とおくと，

$$\mathbf{v} - \mathbf{v}' = \sum_{i=1}^{n} (x_i - \lfloor x_i \rfloor) \mathbf{b}_i \in (x_n - \lfloor x_n \rfloor) \mathbf{b}_n + V_{n-1}$$

より，$\mathbf{v} - \mathbf{v}' \in A \cap \bar{P}_n$ となる．さらに，ベクトル $\mathbf{v} - \mathbf{v}' \in A$ と $\mathbb{R}$-ベクトル空間 V_{n-1} との距離は，$\mathbf{b}_n$ と V_{n-1} との距離より真に短くなる[82]．ベクトル $\mathbf{b}_n \in A$ と V_{n-1} との距離の最短性から $x_n = \lfloor x_n \rfloor$ なので，$x_n \in \mathbb{Z}$ であることが分かる．この議論をベクトル

$$\mathbf{v} - x_n \mathbf{b}_n = \sum_{i=1}^{n-1} x_i \mathbf{b}_i \in A \cap V_{n-1}$$

に対して適用することで，$x_{n-1} \in \mathbb{Z}$ であることが分かる．これらの議論を繰り返すことで，すべての $1 \le i \le n$ に対し $x_i \in \mathbb{Z}$ であるので，ベクトル $\mathbf{v} \in A$ は $\mathbf{b}_1, \ldots, \mathbf{b}_n$ の整数係数の線形結合でかけることが分かる．これより，$A = \mathcal{L}(\mathbf{b}_1, \ldots, \mathbf{b}_n)$ が示せた． $\square$

[79]
$\mathbf{y} \notin V_i$ かつ $\mathbf{y} \in A \cap S$ より，そのような $\mathbf{z}$ は必ず存在する．

[80]
A は加法群より，$\mathcal{L}(\mathbf{b}_1, \ldots, \mathbf{b}_n) \subseteq A$ が明らかに成り立つ．

[81]
つまり，$\mathbb{R}$-ベクトル空間として $\mathrm{span}_{\mathbb{R}}(A) = \langle \mathbf{b}_1, \ldots, \mathbf{b}_n \rangle_{\mathbb{R}}$ である．

[82]
一次独立な格子ベクトル $\mathbf{b}_1, \ldots, \mathbf{b}_n \in L$ の GSO ベクトルを $\mathbf{b}_1^*, \ldots, \mathbf{b}_n^* \in \mathbb{R}^m$ とすると，ベクトル $\mathbf{b}_n \in L$ と V_{n-1} との距離は $\|\mathbf{b}_n^*\|$ である．一方，$\mathbf{v} - \mathbf{v}' \in A$ と V_{n-1} との距離は $(x_n - \lfloor x_n \rfloor) \|\mathbf{b}_n^*\|$ であり，これは $\|\mathbf{b}_n^*\|$ より真に短い．

上記の定理と命題 1.3.3 から，格子と Euclid 空間の非自明な離散加法部分群は同じ数学的対象である．これより，以下の例のように，基底ベクトルが明示的に与えられていない集合でも格子であることが分かる：

例 1.3.7 明らかに $\mathbb{Z}^m$ は $\mathbb{R}^m$ の格子である．また，$\mathbb{Z}^m$ の任意の部分集合は離散集合なので，$\mathbb{Z}^m$ の任意の非自明な部分群は格子である．このような格子を **整数格子** (integer lattice) と呼ぶ．例えば，$(m+1)$ 個の自然数 $a_1, \ldots, a_m, \ell$ に対して，集合

$$L = \left\{ (x_1, \ldots, x_m) \in \mathbb{Z}^m : \sum_{i=1}^{m} a_i x_i \equiv 0 \pmod{\ell} \right\} \tag{1.13}$$

は $\mathbb{Z}^m$ の非自明な部分群なので整数格子である[83]．Euclid 空間 $\mathbb{R}^m$ の標準基底 $\{\mathbf{e}_1, \ldots, \mathbf{e}_m\}$ に対して[84]，すべての $1 \le i \le m$ で $\ell \mathbf{e}_i \in L$ より，L は $\mathbb{Z}^m$ の完全階数の部分格子である．格子 L の体積について，格子 $\mathbb{Z}^m$ の体積は 1 で[85]，命題 1.1.16 より

$$\mathrm{vol}(L) = [\mathbb{Z}^m : L]$$

が成り立つ．ここで群準同型写像を

$$f : \mathbb{Z}^m \to \mathbb{Z}/\ell\mathbb{Z}, \quad (x_1, \ldots, x_m) \mapsto a_1 x_1 + \cdots + a_m x_m \pmod{\ell}$$

と定めると，その核は $\mathrm{Ker}(f) = L$ である．群の準同型定理[86]より

$$\mathbb{Z}^m/L = \mathbb{Z}^m/\mathrm{Ker}(f) \simeq \mathrm{Im}(f)$$

が成り立つので，$[\mathbb{Z}^m : L] = \#\mathrm{Im}(f)$ となる．また，

$$\mathrm{Im}(f) = (a_1\mathbb{Z} + \cdots + a_m\mathbb{Z} + \ell\mathbb{Z})/\ell\mathbb{Z} = \gcd(a_1, \ldots, a_m, \ell)\mathbb{Z}/\ell\mathbb{Z}$$

が成り立つ[87]．ゆえに，

$$\mathrm{vol}(L) = \#\mathrm{Im}(f) = \frac{\ell}{\gcd(a_1, \ldots, a_m, \ell)}$$

が分かる．

上記の議論から，例えば[88]

$$\{(x_1, x_2, x_3, x_4) \in \mathbb{Z}^4 : x_1 + x_2 + x_3 + x_4 \equiv 0 \pmod{2}\} \tag{1.14}$$

は体積が 2 の 4 次元整数格子であることがすぐに分かる．

[83] この格子を生成する基底ベクトルはすぐには分からない．具体的な基底ベクトルを求める方法については，後述の 5.2.2 項を参考にしてみてほしい．

[84] 標準基底ベクトル $\mathbf{e}_i$ は i-成分が 1 で，それ以外の成分は 0 のベクトルである．

[85] 格子 $\mathbb{Z}^m$ の基底ベクトルは $\mathbf{e}_1, \ldots, \mathbf{e}_m$ より，その体積は簡単に計算できる．

[86] 例えば，[100, 2 章の定理 2.3] を参照．

[87] 2 つの自然数 a, b で生成される加法群 $a\mathbb{Z} + b\mathbb{Z}$ は $\mathbb{Z}$ 上 $\gcd(a, b)$ で生成されることに注意する．

[88] 後述の例 1.4.5 で，この整数格子の具体的な基底行列を紹介する．

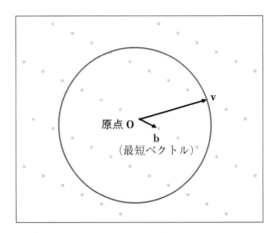

図 1.2 有界閉集合 $\bar{\mathcal{B}}(\mathbf{0}, r)$ ($r = \|\mathbf{v}\| > 0$) に含まれる格子 L のベクトルは有限個であり，その中に格子上の最短な非零ベクトル $\mathbf{b} \in L$ が必ず含まれる．

1.4 格子の逐次最小と逐次最小ベクトル

任意の格子 $L \subseteq \mathbb{R}^m$ に対して，零ベクトルでない格子ベクトル $\mathbf{v} \in L$ を1つ固定し，$r = \|\mathbf{v}\| > 0$ とする．命題 1.3.5 より，閉球 $\bar{\mathcal{B}}(\mathbf{0}, r)$ との共通部分 $L \cap \bar{\mathcal{B}}(\mathbf{0}, r)$ は格子ベクトル $\mathbf{v} \in L$ を含む有限集合である．このとき，有限集合 $L \cap \bar{\mathcal{B}}(\mathbf{0}, r)$ の中に格子 L 上の最短な非零ベクトルが存在し[89]，そのノルムを第1逐次最小と呼び，$\lambda_1(L)$ で表す（図 1.2 を参照）．本節では，第1逐次最小の自然な拡張である第 i 逐次最小 $\lambda_i(L)$ を定義し，その性質について述べる．また，格子の逐次最小ベクトルの存在性についても述べる．

1.4.1 格子の逐次最小

定義 1.4.1 n 次元格子 L に対して，各 $1 \leq i \leq n$ における**逐次最小** (successive minimum) を[90]

$$\lambda_i(L) := \min_{\mathbf{b}_1, \ldots, \mathbf{b}_i \in L} \max\{\|\mathbf{b}_1\|, \ldots, \|\mathbf{b}_i\|\}$$

と定義する．ただし，i 個の格子ベクトル $\mathbf{b}_1, \ldots, \mathbf{b}_i \in L$ は一次独立とする．

定義から $\lambda_1(L) \leq \lambda_2(L) \leq \cdots \leq \lambda_n(L)$ が明らかに成り立つ．また，逐次最小と GSO ベクトルのノルムの間に次の関係が成り立つ：

[89] 一般に格子上の最短ベクトルは複数個存在する．

[90] 逐次最小は任意のノルムに関して定義できるが，本書では Euclid ノルムに対してのみ考える．また，前述したように第1逐次最小 $\lambda_1(L)$ は格子 L の非零な最短ベクトルのノルムである．

補題 1.4.2 n 次元格子 L の基底を $\{\mathbf{b}_1, \ldots, \mathbf{b}_n\}$ とし，その GSO ベクトルを $\mathbf{b}_1^*, \ldots, \mathbf{b}_n^*$ とする．このとき，すべての $1 \leq i \leq n$ に対して，

$$\lambda_i(L) \geq \min\{\|\mathbf{b}_i^*\|, \ldots, \|\mathbf{b}_n^*\|\}$$

が成り立つ．

証明 固定した $1 \leq i \leq n$ に対して，$\lambda_i(L) = \max\{\|\mathbf{y}_1\|, \ldots, \|\mathbf{y}_i\|\}$ を満たす一次独立な格子ベクトル $\mathbf{y}_1, \ldots, \mathbf{y}_i \in L$ を考える．これらの格子ベクトルは

$$\mathbf{y}_j = \sum_{k=1}^{n} r_{k,j} \mathbf{b}_k \quad (\exists r_{k,j} \in \mathbb{Z}, 1 \leq k \leq n, 1 \leq j \leq i)$$

と一意的にかける．各 j に対して，$k(j) = \max\{1 \leq k \leq n : r_{k,j} \neq 0\}$ とおく．このとき，GSO の定義 (1.8) から

$$\mathbf{y}_j = \sum_{k=1}^{k(j)} r_{k,j} \mathbf{b}_k = \sum_{k=1}^{k(j)} r_{k,j} \sum_{\ell=1}^{k} \mu_{k,\ell} \mathbf{b}_\ell^*$$

とかき直すことができる[91]．上記等式の右辺において $\mathbf{b}_{k(j)}^*$ に着目すると，$0 \neq r_{k(j),j} \in \mathbb{Z}$ かつ $\mu_{k(j),k(j)} = 1$ より，$\|\mathbf{y}_j\|^2 \geq \|\mathbf{b}_{k(j)}^*\|^2$ $(1 \leq j \leq i)$ が成り立つことが分かる．ここで，ベクトル $\mathbf{y}_1, \ldots, \mathbf{y}_i$ の添え字を取り直すことで，$k(1) \leq k(2) \leq \cdots \leq k(i)$ としても一般性を失わない．このとき，すべての $1 \leq j \leq i$ に対して，$j \leq k(j)$ が成り立つ．実際，もしある j において $k(j) < j$ とすると，$\mathbf{y}_1, \ldots, \mathbf{y}_j$ は $\mathbf{b}_1, \ldots, \mathbf{b}_{k(j)}$ が生成するベクトル空間に含まれ，$\mathbf{y}_1, \ldots, \mathbf{y}_j$ の一次独立性に矛盾する．ここから，特に $i \leq k(i)$ より，

$$\lambda_i(L) \geq \|\mathbf{y}_i\| \geq \|\mathbf{b}_{k(i)}^*\| \geq \min\{\|\mathbf{b}_i^*\|, \ldots, \|\mathbf{b}_n^*\|\}$$

が成り立つ． $\qquad\square$

> [91]
> ただし，$\mu_{i,j}$ は GSO 係数とし，すべての $1 \leq k \leq n$ に対して $\mu_{k,k} = 1$ とおく．

▌1.4.2 格子の逐次最小ベクトルと逐次最小基底

定義 1.4.3 n 次元格子 L において，すべての $1 \leq i \leq n$ に対し $\|\mathbf{b}_i\| = \lambda_i(L)$ を満たす一次独立な格子ベクトル $\mathbf{b}_1, \ldots, \mathbf{b}_n \in L$ を格子 L の**逐次最小ベクトル**と呼ぶ．さらに，そのベクトルの組が格子 L の基底になるとき[92]，そのベクトルの組を**逐次最小基底**と呼ぶ．

定理 1.4.4 任意の格子は逐次最小ベクトルを持つ．

> [92]
> つまり，逐次最小ベクトルが格子 L を生成するときを意味する．

証明 任意の n 次元格子 $L \subseteq \mathbb{R}^m$ に対して，$r = \lambda_n(L) > 0$ とおく．このとき，命題 1.3.5 より，$S = \bar{\mathcal{B}}(\mathbf{0}, r) \cap L$ は有限集合である．まず，第 1 逐次最小は $\lambda_1(L) \leq r$ より，$\lambda_1(L) = \|\mathbf{b}_1\|$ を満たす格子ベクトル $\mathbf{b}_1 \in L$ が有限集合 S の中に存在する（図 1.2 も参照）．次に，第 2 逐次最小の定義から，$\|\mathbf{v}_1\| \leq \|\mathbf{v}_2\| = \lambda_2(L)$ を満たす一次独立な 2 つの格子ベクトル $\mathbf{v}_1, \mathbf{v}_2 \in L$ が S の中に存在する．2 つの格子ベクトル $\mathbf{v}_2$ と $\mathbf{b}_1$ が一次独立な場合は，$\mathbf{b}_2 = \mathbf{v}_2$ とする．一方，$\mathbf{v}_2$ と $\mathbf{b}_1$ が一次従属の場合，2 つの格子ベクトル $\mathbf{b}_1, \mathbf{v}_1$ は一次独立で $\|\mathbf{b}_1\| \leq \|\mathbf{v}_1\| \leq \lambda_2(L)$ を満たす．このとき，第 2 逐次最小の定義から $\|\mathbf{v}_1\| = \lambda_2(L)$ より[93]，この場合は $\mathbf{b}_2 = \mathbf{v}_1$ とする．この $\mathbf{b}_2$ の取り方により，$\|\mathbf{b}_2\| = \lambda_2(L)$ を満たす $\mathbf{b}_1$ と一次独立な格子ベクトル $\mathbf{b}_2 \in L$ が有限集合 S の中に存在することが分かる．この議論を繰り返すことで，各逐次最小ベクトル $\mathbf{b}_1, \mathbf{b}_2, \ldots, \mathbf{b}_n \in L$ が有限集合 S の中に存在することが分かる． $\square$

上記の定理から任意の格子は必ず逐次最小ベクトルを持つが，次の例で示すように，逐次最小ベクトルは格子の基底であるとは限らない．

例 1.4.5 例 1.3.7 内の式 (1.14) で定義される体積 2 の 4 次元整数格子を L とする．このとき，4×4 の整数行列

$$\mathbf{C} = \begin{pmatrix} 1 & -1 & 0 & 0 \\ 1 & 1 & 0 & 0 \\ 0 & 0 & 1 & 1 \\ 1 & 0 & 1 & 0 \end{pmatrix}$$

は格子 L の基底行列を与える[94]．実際，$\mathcal{L}(\mathbf{C}) \subseteq L$ かつ $\mathrm{vol}(\mathcal{L}(\mathbf{C})) = |\det(\mathbf{C})| = 2$ なので，命題 1.1.16 より $L = \mathcal{L}(\mathbf{C})$ が分かる[95]．また，整数行列 $\mathbf{C}$ が格子 L の基底行列なので，格子 L 上の最短ベクトルのノルムは $\sqrt{2}$ であることが分かる．さらに，$\lambda_1(L) = \cdots = \lambda_4(L) = \sqrt{2}$ であることも分かる．これより，整数行列 $\mathbf{C}$ の行ベクトルは格子 L の逐次最小基底である．
一方，4×4 の整数行列[96]

$$\mathbf{B} = \begin{pmatrix} 1 & -1 & 0 & 0 \\ 1 & 1 & 0 & 0 \\ 0 & 0 & 1 & 1 \\ 0 & 0 & 1 & -1 \end{pmatrix}$$

---

[93]
特に，この場合は $\|\mathbf{v}_1\| = \|\mathbf{v}_2\| = \lambda_2(L)$ となる．

[94]
つまり，$\mathbf{C}$ の 4 個の行ベクトルが格子 L の基底を与える．ここでは，後述の注意 1.5.14 を説明しやすくするために，$\mathbf{C}$ の行列から先に紹介した．

[95]
より直接的かつ簡単に，$\mathbf{C}$ の行ベクトルが格子 L を生成することを示すこともできる．

[96]
行列 $\mathbf{B}$ の最初の 3 行のベクトルは行列 $\mathbf{C}$ と同じである．

の行ベクトルは格子 L 上のベクトルであり，そのノルムはすべて $\sqrt{2}$ なので，格子 L の逐次最小ベクトルである．しかし，$\mathrm{vol}(\mathcal{L}(\mathbf{B})) = |\det(\mathbf{B})| = 4$ より，$\mathbf{B}$ は格子 L の基底行列ではない．

特に，4 次元以下の格子は逐次最小基底が存在することが知られている（詳しくは後述の 1.5.3 項を参照）．しかし，一般に 5 次元以上の格子は逐次最小基底を持つとは限らない．

1.5 Minkowski の定理と Hermite の定数

本節では，格子の逐次最小の上界評価に関する Minkowski の定理 [59] を紹介する[97]．より具体的には，第 1 逐次最小の上界に関する第 1 定理と，逐次最小の幾何平均（または相乗平均）の上界に関する第 2 定理を紹介する．また，Hermite の定数を定義し，その性質についても述べる．

[97]
他の参考テキストとして，[78, 1 章] を参照.

1.5.1 Minkowski の定理

Minkowski の定理を紹介する前に，Blichfeldt の定理 [13] を示しておく：

定理 1.5.1 (Blichfeldt) 任意の格子 L と体積を持つ集合 $S \subseteq \mathrm{span}_{\mathbb{R}}(L)$ に対して[98]，S の体積は $\mathrm{vol}(S) > \mathrm{vol}(L)$ を満たすとする．このとき，異なる 2 つの元 $\mathbf{z}_1, \mathbf{z}_2 \in S$ が存在し $\mathbf{z}_1 - \mathbf{z}_2 \in L$ を満たす．

[98]
厳密には，S は Lebesgue 測度における可測集合とする.

証明 格子 L の基底行列 $\mathbf{B}$ を用いて，集合 S を互いに素な領域の集合

$$S = \bigsqcup_{\mathbf{x} \in L} S_{\mathbf{x}}, \quad S_{\mathbf{x}} = S \cap (\mathcal{P}(\mathbf{B}) + \mathbf{x})$$

に分割する[99]．ただし，集合 $\mathcal{P}(\mathbf{B})$ は半開基本平行体 (1.2) とし，$\mathcal{P}(\mathbf{B}) + \mathbf{x}$ は集合 $\{\mathbf{y} + \mathbf{x} : \mathbf{y} \in \mathcal{P}(\mathbf{B})\}$ とする．特に，$\mathrm{vol}(S) = \sum_{\mathbf{x} \in L} \mathrm{vol}(S_{\mathbf{x}})$ が成り立つ[100]．また，各 $S_{\mathbf{x}}$ を平行移動させた集合を

$$S'_{\mathbf{x}} = S_{\mathbf{x}} - \mathbf{x} = (S - \mathbf{x}) \cap \mathcal{P}(\mathbf{B})$$

と定める．このとき，任意の $\mathbf{x} \in L$ に対して，集合 $S'_{\mathbf{x}}$ は $\mathcal{P}(\mathbf{B})$ に含まれる．さらに，平行移動しただけなので，$\mathrm{vol}(S_{\mathbf{x}}) = \mathrm{vol}(S'_{\mathbf{x}})$ が成り立つ．

[99]
格子基底行列の取り方により，S の分割は異なる．ここでは，格子基底行列を 1 つ固定すればよい．また，記号 $\bigsqcup$ は互いに素な集合の和集合を表す.

[100]
厳密には格子の可算性が必要（可算性は格子の離散性から従う）.

任意の異なる 2 つの格子ベクトル $\mathbf{x}, \mathbf{y} \in L$ に対して，$S'_{\mathbf{x}} \cap S'_{\mathbf{y}} = \emptyset$ である と仮定すると，

$$\sum_{\mathbf{x} \in L} \mathrm{vol}(S'_{\mathbf{x}}) = \mathrm{vol}\left(\bigsqcup_{\mathbf{x} \in L} S'_{\mathbf{x}}\right) \leq \mathrm{vol}\left(\mathcal{P}(\mathbf{B})\right)$$

が成り立つ．一方，定理の仮定から

$$\sum_{\mathbf{x} \in L} \mathrm{vol}(S'_{\mathbf{x}}) = \sum_{\mathbf{x} \in L} \mathrm{vol}(S_{\mathbf{x}}) = \mathrm{vol}(S) > \mathrm{vol}(L)$$

である．これは，$\mathrm{vol}(L) = \mathrm{vol}\left(\mathcal{P}(\mathbf{B})\right)$ であることに矛盾する．ゆえに，$S'_{\mathbf{x}} \cap S'_{\mathbf{y}} \neq \emptyset$ となる異なる 2 つの格子ベクトル $\mathbf{x}, \mathbf{y} \in L$ が存在する．ここで，$\mathbf{z}$ を空でない共通集合 $S'_{\mathbf{x}} \cap S'_{\mathbf{y}}$ の任意の元とし，

$$\begin{cases} \mathbf{z}_1 = \mathbf{z} + \mathbf{x} \in S_{\mathbf{x}} \subseteq S, \\ \mathbf{z}_2 = \mathbf{z} + \mathbf{y} \in S_{\mathbf{y}} \subseteq S \end{cases}$$

とおく．このとき，$\mathbf{x} \neq \mathbf{y}$ より $\mathbf{z}_1, \mathbf{z}_2$ は異なる 2 つの S の元であり，その差分は $\mathbf{z}_1 - \mathbf{z}_2 = \mathbf{x} - \mathbf{y} \in L$ より格子ベクトルである． □

Minkowski の定理を紹介するために，以下を定義しておく：

定義 1.5.2 集合 S を $\mathbb{R}^m$ の部分集合とする．集合 S が**原点に関して対称である** (symmetric about the origin) とは，任意の $\mathbf{x} \in S$ に対して，$-\mathbf{x}$ も S の元であるときをいう．また，集合 S が**凸である** (convex) とは，任意の $\mathbf{x}, \mathbf{y} \in S$ と任意の実数 $0 \leq t \leq 1$ に対して，$t\mathbf{x} + (1-t)\mathbf{y} \in \mathbb{R}^m$ も S の元であるときをいう[101]．

101)
つまり，$\mathbf{x}, \mathbf{y} \in S$ を結ぶ線分上の任意のベクトルも S の元であるときをいう．

定理 1.5.3（Minkowski の凸体定理） 任意の n 次元格子 L と原点に関して対称でかつ体積を持つ任意の凸集合 $S \subseteq \mathrm{span}_{\mathbb{R}}(L)$ に対して，

$$\mathrm{vol}(S) > 2^n \mathrm{vol}(L) \tag{1.15}$$

ならば，S は格子 L 上の非零ベクトルを含む[102]．

102)
さらに S が閉集合ならば，$\mathrm{vol}(S) \geq 2^n \mathrm{vol}(L)$ の場合でも成り立つ（後述の注意 1.5.4 を参照）．

証明 集合 $S' = \{\mathbf{x} \in \mathbb{R}^m : 2\mathbf{x} \in S\}$ の体積は

$$\mathrm{vol}(S') = 2^{-n} \mathrm{vol}(S) > \mathrm{vol}(L)$$

を満たす．定理 1.5.1 より，$\mathbf{z}_1 - \mathbf{z}_2 \in L$ となる異なる 2 つの元 $\mathbf{z}_1, \mathbf{z}_2 \in S'$ が存在する．集合 S' の定義から $2\mathbf{z}_1, 2\mathbf{z}_2 \in S$ であり，S の原点対称性か

ら $-2\mathbf{z}_2 \in S$ である．また，集合 S が凸であることから，2 つのベクトル $2\mathbf{z}_1, -2\mathbf{z}_2 \in S$ の中点

$$\frac{2\mathbf{z}_1 + (-2\mathbf{z}_2)}{2} = \mathbf{z}_1 - \mathbf{z}_2$$

も S に含まれる．これより，S は格子上の非零ベクトル $\mathbf{z} = \mathbf{z}_1 - \mathbf{z}_2 \in L$ を含むことを示せた[103]． □

注意 1.5.4 上記の凸体定理において，さらに集合 S が閉集合という仮定を付加すれば，不等式 (1.15) の等号成立時でも同様の結論が成り立つ．ここで，凸体定理における集合 S がさらに閉集合で $\mathrm{vol}(S) = 2^n \mathrm{vol}(L)$ を満たすと仮定する．このとき，任意の自然数 k に対して，集合 S を $\left(1 + \frac{1}{k}\right)$ 倍拡大した集合を S_k とし，その集合 S_k に対し凸体定理を適用することで[104]，格子 L 上の非零ベクトル $\mathbf{z}_k \in S_k \cap L$ が存在する．格子 L 上の無数個の非零ベクトル $\mathbf{z}_1, \mathbf{z}_2, \ldots$ はすべて集合 S_1 に含まれる一方で[105]，命題 1.3.5 より $L \cap S_1$ は有限集合である．そこで，格子 L 上の非零ベクトルの無限列 $\{\mathbf{z}_k\}_{k \geq 1}$ に無限回現れる格子ベクトル $\mathbf{z}$ は

$$\mathbf{z} \in \bigcap_{k=1}^{\infty} S_k = S$$

を満たす[106]．ゆえに，格子 L 上の非零ベクトル $\mathbf{z}$ は閉集合 S に含まれる．

定理 1.5.5（**Minkowski の第 1 定理**） 任意の n 次元格子 L に対して，

$$\lambda_1(L) < \sqrt{n}\,\mathrm{vol}(L)^{\frac{1}{n}}$$

が成り立つ．

証明 格子 L が生成する $\mathbb{R}$-ベクトル空間 $\mathrm{span}_{\mathbb{R}}(L)$ の部分集合を

$$S = \mathcal{B}\left(\mathbf{0}, \sqrt{n}\,\mathrm{vol}(L)^{\frac{1}{n}}\right) \cap \mathrm{span}_{\mathbb{R}}(L)$$

とおくと，S は原点に関して対称な凸集合である．また，S は辺の長さが $2\mathrm{vol}(L)^{\frac{1}{n}}$ である n 次元超立方体を含み[107]，その体積は $2^n \mathrm{vol}(L)$ より真に大きい．よって，定理 1.5.3 より S は格子 L 上の非零ベクトル $\mathbf{z}$ を含むので，

$$\lambda_1(L) \leq \|\mathbf{z}\| < \sqrt{n}\,\mathrm{vol}(L)^{\frac{1}{n}}$$

が成り立つ． □

103)
つまり，$\mathbf{0} \neq \mathbf{z} \in L \cap S$ となる．

104)
拡大した凸集合 S_k は不等式 (1.15) を満たすので，凸体定理を適用することができる．

105)
特に集合 S_1 は S を 2 倍拡大した集合で，任意の自然数 k に対し $S_k \subseteq S_1$ であることに注意する．

106)
これは集合 S が閉集合より成り立つ．

107)
厳密には，$r = \mathrm{vol}(L)^{\frac{1}{n}}$ としたとき，辺の長さが $2r$ の n 次元超立方体の頂点 $(\pm r, \ldots, \pm r)$ のみは集合 S に含まれない（超立方体の内部は集合 S に含まれることに注意）．

上記の定理から，n 次元格子 L の第 1 逐次最小 $\lambda_1(L)$ の上界を $\mathrm{vol}(L)^{\frac{1}{n}}$ の大きさで評価することができる．しかし，その他の逐次最小 $\lambda_i(L)$ の上界を評価することは難しい．例えば，$0 < \varepsilon < 1$ に対して，2×2 の基底行列

$$\begin{pmatrix} \varepsilon & 0 \\ 0 & 1/\varepsilon \end{pmatrix}$$

で生成される 2 次元格子 L を考える．このとき，格子 L の逐次最小は $\lambda_1(L) = \varepsilon$，$\lambda_2(L) = 1/\varepsilon$ である．常に $\mathrm{vol}(L) = 1$ であるのに対し，ε を十分小さくとることで，$\lambda_1(L)$ は任意に小さく，$\lambda_2(L)$ は任意に大きくすることができる．これより，第 2 逐次最小は $\mathrm{vol}(L)^{\frac{1}{2}}$ の大きさでは評価できない．

次に，格子の逐次最小の相乗平均の上界に関する定理を紹介する：

定理 1.5.6（Minkowski の第 2 定理） 任意の n 次元格子 L における逐次最小 $\lambda_1(L), \dots, \lambda_n(L)$ は

$$\left(\prod_{i=1}^{n} \lambda_i(L) \right)^{\frac{1}{n}} < \sqrt{n}\, \mathrm{vol}(L)^{\frac{1}{n}}$$

を満たす．

証明 簡単のため，逐次最小を $\lambda_i = \lambda_i(L)$ とかく．背理法で示すために，

$$\prod_{i=1}^{n} \lambda_i \geq \left(\sqrt{n} \right)^n \mathrm{vol}(L)$$

と仮定する．定理 1.4.4 から，格子 L は逐次最小ベクトル $\mathbf{x}_1, \dots, \mathbf{x}_n$ を持つ[108]．一次独立なベクトル $\mathbf{x}_1, \dots, \mathbf{x}_n$ に対する GSO ベクトルを $\mathbf{x}_1^*, \dots, \mathbf{x}_n^*$ とする．ここで，各 GSO ベクトル $\mathbf{x}_i^*$ を λ_i 倍拡大する変換

$$T \left(\sum_{i=1}^{n} c_i \mathbf{x}_i^* \right) = \sum_{i=1}^{n} \lambda_i c_i \mathbf{x}_i^* \quad (c_i \in \mathbb{R})$$

を考える[109]．格子 L で生成される $\mathbb{R}$-ベクトル空間 $\mathrm{span}_{\mathbb{R}}(L)$ 内の単位開球を $S = \mathcal{B}(\mathbf{0}, 1) \cap \mathrm{span}_{\mathbb{R}}(L)$ とする．集合 S を T で変換した集合 $T(S) \subseteq \mathrm{span}_{\mathbb{R}}(L)$ は原点に関して対称である凸集合である．また，その体積は

$$\mathrm{vol}(T(S)) = \left(\prod_{i=1}^{n} \lambda_i \right) \mathrm{vol}(S)$$

$$\geq \left(\sqrt{n} \right)^n \mathrm{vol}(L)\mathrm{vol}(S) = \mathrm{vol}\left(\sqrt{n} S \right) \mathrm{vol}(L)$$

---

[108] ただし，逐次最小ベクトルの組は格子の基底になるとは限らない．

[109] より具体的には，T は $\mathbb{R}$-ベクトル空間 $\mathrm{span}_{\mathbb{R}}(L)$ 上の変換である．

を満たす．ここで，$\sqrt{n}S$ は半径 $\sqrt{n}$ の n 次元開球であり，辺の長さ 2 の n 次元超立方体を含むので[110]，その体積は 2^n より真に大きい．ゆえに，

$$\mathrm{vol}\,(T(S)) > 2^n \mathrm{vol}(L)$$

が成り立つ．よって，定理 1.5.3 より，集合 $T(S)$ は格子上の非零ベクトル $\mathbf{y} = T(\mathbf{x}) \in L\ (\exists \mathbf{x} \in S)$ を含む．特に，S の定め方から，$\|\mathbf{x}\| < 1$ に注意する．

2 つのベクトル $\mathbf{x}, \mathbf{y} \in \mathrm{span}_{\mathbb{R}}(L)$ を GSO ベクトル $\mathbf{x}_1^*, \ldots, \mathbf{x}_n^*$ を用いて，

$$\begin{cases} \mathbf{x} = \displaystyle\sum_{i=1}^{n} c_i \mathbf{x}_i^* \quad (\exists c_i \in \mathbb{R}), \\[2mm] \mathbf{y} = \displaystyle\sum_{i=1}^{n} \lambda_i c_i \mathbf{x}_i^* \end{cases}$$

と表す[111]．格子ベクトル $\mathbf{y}$ は非零ベクトルより，k を $c_i \neq 0$ である最大の添え字とする．このとき，

$$\|\mathbf{y}\|^2 \leq \lambda_k^2 \sum_{i=1}^{k} c_i^2 \|\mathbf{x}_i^*\|^2 = \lambda_k^2 \|\mathbf{x}\|^2 < \lambda_k^2$$

より，$\|\mathbf{y}\| < \lambda_k$ であることが分かる．一方，$k' \leq k$ を $\lambda_{k'} = \lambda_k$ を満たす最小の添え字とすると，$c_k \neq 0$ より k' 個の格子ベクトル $\mathbf{x}_1, \ldots, \mathbf{x}_{k'-1}, \mathbf{y}$ は一次独立である．これは格子における第 k' 逐次最小 $\lambda_{k'}$ の定義に矛盾する．よって，定理を示すことができた． $\square$

1.5.2　Hermite の定数と Hermite の不等式

Minkowski の第 1 定理（定理 1.5.5）より，任意の n 次元格子 L における $\lambda_1(L)/\mathrm{vol}(L)^{\frac{1}{n}}$ の値に対して，次元 n のみに依存する上界が存在する[112]．以下で，格子次元に関する定数を定義する：

定義 1.5.7　n 次元格子全体の集合を $\mathcal{L}_n$ とする．このとき，

$$\gamma_n := \sup_{L \in \mathcal{L}_n} \frac{\lambda_1(L)^2}{\mathrm{vol}(L)^{2/n}} \tag{1.16}$$

を n 次元における **Hermite の定数** (Hermite's constant) と呼ぶ．

Minkowski の第 1 定理から，$1 \leq \gamma_n \leq n$ である[113]．Hermite の定数 γ_n を用いると，Minkowski の 2 つの定理（定理 1.5.5 と 1.5.6）における因子 $\sqrt{n}$

---

110)
定理 1.5.5 の証明と同様の議論.

111)
GSO ベクトルは $\mathbb{R}$-ベクトル空間 $\mathrm{span}_{\mathbb{R}}(L)$ の直交基底であることに注意.

112)
歴史的には Hermite [37] が初めてそのような上界の存在を示した（後述の定理 1.5.11 を参照）.

113)
格子 $L = \mathbb{Z}^n$ に対し $\lambda_1(L)^2 = \mathrm{vol}(L)^{\frac{2}{n}} = 1$ より，$\gamma_n \geq 1$ が分かる.

を $\sqrt{\gamma_n}$ に置き換えた不等式が得られる．具体的には，任意の n 次元格子 L の逐次最小に対して

$$
\begin{cases}
\lambda_1(L) \le \sqrt{\gamma_n}\mathrm{vol}(L)^{\frac{1}{n}}, \\
\left(\prod_{i=1}^{n}\lambda_i(L)\right)^{\frac{1}{n}} \le \sqrt{\gamma_n}\mathrm{vol}(L)^{\frac{1}{n}}
\end{cases}
\tag{1.17}
$$

が成り立つ[114]．特に，Hermite の定数 γ_n の上界を求めることで，第 1 逐次最小 $\lambda_1(L)$ の上界を知ることができる．Hermite の定数 γ_n の上界に関しては次の結果が知られている：

定理 1.5.8（Minkowski） 次元 n における Hermite の定数に対して，

$$
\gamma_n \le 4\nu_n^{-\frac{2}{n}}
\tag{1.18}
$$

が成り立つ[115]．ただし，ν_n は n 次元単位閉球 $\bar{\mathcal{B}}(\mathbf{0},1) \subseteq \mathbb{R}^n$ の体積とする．

証明 任意の n 次元格子 L に対して，ベクトル空間 $\mathrm{span}_{\mathbb{R}}(L)$ における中心が $\mathbf{0}$ で半径が $2\left(\dfrac{\mathrm{vol}(L)}{\nu_n}\right)^{\frac{1}{n}}$ の n 次元閉球を S とすると，

$$
\mathrm{vol}(S) = \nu_n \cdot 2^n \left(\frac{\mathrm{vol}(L)}{\nu_n}\right) = 2^n\mathrm{vol}(L)
$$

を満たす．Minkowski の凸体定理に関する注意 1.5.4 の結果から，格子 L は

$$
\|\mathbf{z}\| \le 2\left(\frac{\mathrm{vol}(L)}{\nu_n}\right)^{\frac{1}{n}}
$$

を満たす非零ベクトル $\mathbf{z}$ を含む．これより，定理が成り立つ[116]．　□

注意 1.5.9 ガンマ関数

$$
\Gamma(s) = \int_0^{\infty} t^{s-1}e^{-t}dt \quad (s > 0)
$$

を用いると，n 次単位閉球の体積は

$$
\nu_n = \frac{\pi^{n/2}}{\Gamma(1+n/2)}
$$

から求めることができる．さらに，ガンマ関数に対する Stirling の近似公式[117]

$$
\Gamma(1+n) \sim \left(\frac{n}{e}\right)^n
\tag{1.19}
$$

---

[114]
2 番目の不等式に関しては，定理 1.5.6 の証明方法ではうまくいかない．γ_n による Minkowski の第 2 定理の証明については，[54, 定理 2.6.8] を参照．

[115]
さらに，体積 ν_n の上界から $\gamma_n \le 1 + \frac{n}{4}$ が成り立つことが知られている（証明は [58] を参照）．

[116]
つまり，任意の n 次元格子 L に対して

$$
\frac{\lambda_1(L)^2}{\mathrm{vol}(L)^{2/n}} \le 4\nu_n^{-\frac{2}{n}}
$$

が成り立つ．

[117]
[96] を参照．より精密な近似として $\Gamma(1+n) \sim \sqrt{2\pi n}\left(\frac{n}{e}\right)^n$ がよく知られている．

表 1.1　現在知られている Hermite の定数 γ_n の値

n	2	3	4	5	6	7	8	24
γ_n	$\dfrac{2}{\sqrt{3}}$	$2^{\frac{1}{3}}$	$\sqrt{2}$	$8^{\frac{1}{5}}$	$\left(\dfrac{64}{3}\right)^{\frac{1}{6}}$	$64^{\frac{1}{7}}$	2	4
近似値	1.1547	1.2599	1.4142	1.5157	1.6654	1.8114	2	4

と式 (1.18) から，$\gamma_n \leq 4\nu_n^{-\frac{2}{n}} \sim \dfrac{2n}{\pi e}$ が成り立つ[118]．よって，Hermite の定数の定義から，任意の n 次元格子 L に対して，

$$\|\mathbf{z}\| \lesssim \sqrt{\frac{2n}{\pi e}} \mathrm{vol}(L)^{\frac{1}{n}}$$

を満たす格子上の非零ベクトル $\mathbf{z} \in L$ が存在することが分かる[119]．

すべての自然数 n に対して，$\gamma_n = \dfrac{\lambda_1(L)^2}{\mathrm{vol}(L)^{2/n}}$ を満たす n 次元格子 L が必ず存在する[120]．しかし，γ_n の値を求めることは非常に難しく，現在正確な γ_n の値が知られているのは表 1.1 内の値のみである[121]．また，漸近的だがより厳密な評価として

$$\frac{n}{2\pi e} + \frac{\log(\pi n)}{2\pi e} + o(1) \leq \gamma_n \leq \frac{1.744n}{2\pi e}(1 + o(1)) \tag{1.20}$$

が知られている[122]．

注意 1.5.10　$\mathbb{R}^n$ 内の完全階数の格子 L に対して，体積を持つ任意の集合 $C \subseteq \mathbb{R}^n$ との共通部分 $L \cap C$ に含まれる格子ベクトルの個数 $\#(L \cap C)$ は，おおよそ $\mathrm{vol}(C)/\mathrm{vol}(L)$ であると期待できる．これを **Gauss** のヒューリスティック[123] (Gaussian heuristic) と呼ぶ．特に，集合 C として格子 L の第 1 次逐次最小 $\lambda_1(L)$ を半径に持つ n 次元開球 $\mathcal{B}(\mathbf{0}, \lambda_1(L))$ をとると，

$$\frac{\mathrm{vol}(C)}{\mathrm{vol}(L)} \approx \#(L \cap C) \approx 1$$

が期待できる[124]．さらに，$\mathrm{vol}(C) = \nu_n \lambda_1(L)^n$ より，

$$\lambda_1(L) \approx \left(\frac{\mathrm{vol}(L)}{\nu_n}\right)^{\frac{1}{n}} \sim \sqrt{\frac{n}{2\pi e}} \mathrm{vol}(L)^{\frac{1}{n}} \tag{1.21}$$

が成り立つと期待できる[125]．

以下で，Hermite [37] による Hermite の定数に関する上界評価を紹介しておく（その証明は次章の格子基底簡約の構成の基本アイデアを含む）．

---

118)
記号 $\sim$ は $n \to \infty$ のとき両辺の比が 1 に収束することを意味する．

119)
記号 $\lesssim$ は漸近的に成立する不等号を意味する．

120)
臨界格子 (critical lattice) と呼ばれる．詳しくは [54] を参照．

121)
$2 \leq n \leq 8$ に対する証明は [54]，$n = 24$ に対しては [20] を参照．

122)
下界の証明に関しては [58]，上界に関しては [21] を参照．

123)
常に成り立つわけではないが，多くの場合成り立つと信じられている経験的知識のこと．ただし，ランダムな格子に対して成り立つことを保証する定理が知られている [77]．

124)
記号 $\sim$ は数学的な意味を持つのに対し，記号 $\approx$ は直観的に成立するおおよその等号を意味する．

125)
あくまで期待であり常に成り立つわけではない．式 (1.21) は後述の 3.5 節で紹介する SVP チャレンジの問題設定に関係する．

定理 1.5.11 （Hermite の不等式）　任意の整数 $n \geq 2$ に対して $\gamma_n \leq \gamma_2^{n-1}$ が成り立つ. 具体的には $\gamma_2 = \frac{2}{\sqrt{3}}$ より, 任意の n 次元格子 L 上の最短な非零ベクトル $\mathbf{v} \in L$ は

$$\|\mathbf{v}\| \leq \gamma_2^{\frac{n-1}{2}} \mathrm{vol}(L)^{\frac{1}{n}} = \left(\frac{4}{3}\right)^{\frac{n-1}{4}} \mathrm{vol}(L)^{\frac{1}{n}} \tag{1.22}$$

を満たす[126].

証明　格子次元 n に関する帰納法で示す. $n = 2$ の場合は明らか. $n > 2$ に対して, 任意の $(n-1)$ 次元格子において Hermite の不等式 (1.22) が成り立つと仮定する. 任意の n 次元格子 L 上の最短な非零ベクトルを $\mathbf{v}_1 \in L$ とする. 非零ベクトル $\mathbf{v}_1$ で生成される（1 次元）$\mathbb{R}$-ベクトル空間の直交補空間 $\langle \mathbf{v}_1 \rangle_\mathbb{R}^\perp$ への直交射影を π_2 とする. また, $L' = \pi_2(L)$ を射影格子とすると, L' の格子次元は $\dim(L') = n-1$ である. このとき, 帰納法の仮定より,

$$\|\pi_2(\mathbf{v}_2)\| \leq \left(\frac{4}{3}\right)^{\frac{n-2}{4}} \mathrm{vol}(L')^{\frac{1}{n-1}} \tag{1.23}$$

を満たす格子 L' 上の非零ベクトル $\pi_2(\mathbf{v}_2) \in L'$ ($\exists \mathbf{v}_2 \in L$) が存在する. 必要なら, 整数 $q = \left\lfloor \frac{\langle \mathbf{v}_2, \mathbf{v}_1 \rangle}{\|\mathbf{v}_1\|^2} \right\rceil$ に対し $\mathbf{v}_2$ を $\mathbf{v}_2 - q\mathbf{v}_1$ に取り直す[127]. この格子ベクトルの取り直しにより, $|\langle \mathbf{v}_2, \mathbf{v}_1 \rangle| \leq \frac{\|\mathbf{v}_1\|^2}{2}$ を満たすので, ベクトル $\mathbf{v}_2$ は直交直和分解

$$\mathbf{v}_2 = \pi_2(\mathbf{v}_2) + a\mathbf{v}_1 \quad \left(-\frac{1}{2} \leq a \leq \frac{1}{2}\right)$$

でかける. これより, 明らかに

$$\|\mathbf{v}_2\|^2 \leq \|\pi_2(\mathbf{v}_2)\|^2 + \frac{1}{4}\|\mathbf{v}_1\|^2$$

が成り立つ[128]. また, 格子ベクトル $\mathbf{v}_2 \in L$ が非零であることと格子ベクトル $\mathbf{v}_1 \in L$ の最短性から, $\|\mathbf{v}_1\| \leq \|\mathbf{v}_2\|$ である. 上記の不等式と (1.23) から,

$$\|\mathbf{v}_1\|^2 \leq \left(\frac{4}{3}\right) \|\pi_2(\mathbf{v}_2)\|^2 \leq \left(\frac{4}{3}\right)^{\frac{n}{2}} \mathrm{vol}(L')^{\frac{2}{n-1}}$$

が成り立つ. さらに, 命題 1.2.5 より $\mathrm{vol}(L') \cdot \|\mathbf{v}_1\| = \mathrm{vol}(L)$ なので, n 次元格子 L 上の最短な非零ベクトル $\mathbf{v}_1 \in L$ は Hermite 不等式 (1.22) を満たす. これにより, 帰納的に定理を証明できた. □

126)
Minkowski の第 1 定理（定理 1.5.5）から得られる上界が n に関する多項式であったのに対し, Hermite の不等式による上界は n に関して指数的であり, 決して厳密な上界評価ではない.

127)
$q \neq 0$ の場合, 格子ベクトル $\mathbf{v}_2 \in L$ を取り直す. この操作は**部分サイズ基底簡約**と呼ばれる（後述の 2.2 節を参照）. 特に, $\pi_2(\mathbf{v}_2 - q\mathbf{v}_1) = \pi_2(\mathbf{v}_2)$ であるので, 取り直した格子ベクトル $\pi_2(\mathbf{v}_2)$ に対しても不等式 (1.23) が成り立つことに注意する.

128)
2 つのベクトル $\mathbf{v}_1$ と $\mathbf{v}_2$ のなす角を θ とすると, $\|\pi_2(\mathbf{v}_2)\|^2 = \|\mathbf{v}_2\|^2 \sin^2 \theta$ が成り立つ. さらに, $\|\mathbf{v}_2\|^2 \cos^2 \theta \leq \frac{1}{4}\|\mathbf{v}_1\|^2$ であることより明らか.

1.5.3 補足：4次元以下の格子における逐次最小基底の存在性

ここでは，Hermite の定数の具体的な値（表 1.1）を利用して，4 次元以下の格子における逐次最小基底の存在性を示す[129]．まず，次の補題を示す：

補題 1.5.12 n 次元格子 L の逐次最小ベクトル $\mathbf{b}_1,\dots,\mathbf{b}_n$ で生成される完全階数の部分格子を M とする[130]．このとき，

$$[L:M] = \frac{\mathrm{vol}(M)}{\mathrm{vol}(L)} \leq \gamma_n^{\frac{n}{2}}$$

が成り立つ．

証明 逐次最小ベクトル $\mathbf{b}_1,\dots,\mathbf{b}_n$ の GSO ベクトルを $\mathbf{b}_1^*,\dots,\mathbf{b}_n^*$ とする．定理 1.2.2 と不等式 (1.17) より，

$$\mathrm{vol}(M) = \prod_{i=1}^{n} \|\mathbf{b}_i^*\| \leq \prod_{i=1}^{n} \|\mathbf{b}_i\| = \prod_{i=1}^{n} \lambda_i(L) \leq \gamma_n^{\frac{n}{2}} \mathrm{vol}(L)$$

が成り立つ[131]．命題 1.1.16 から $[L:M] = \dfrac{\mathrm{vol}(M)}{\mathrm{vol}(L)}$ より補題が成り立つ． $\square$

上記の補題と同様に，n 次元格子 L の逐次最小ベクトルを $\mathbf{b}_1,\dots,\mathbf{b}_n$ とし，その逐次最小ベクトルで生成される完全階数の部分格子を M とする．このとき，各 $n = 2,3,4$ に対して，以下が成り立つ：

- $n = 2,3$ のとき，Hermite の定数の値 $\gamma_2 = \frac{2}{\sqrt{3}}$，$\gamma_3 = 2^{\frac{1}{3}}$ と補題 1.5.12 から $[L:M] < 2$ が成り立つ．群 L/M の位数は整数なので，$[L:M] = 1$ である（つまり，$L = M$ である）．これより，逐次最小ベクトル $\mathbf{b}_1,\dots,\mathbf{b}_n$ は格子 L の逐次最小基底である．

- $n = 4$ のとき，$\gamma_4 = \sqrt{2}$ と補題 1.5.12 から $[L:M] \leq 2$ が成り立つ．

  - まず，$[L:M] < 2$ の場合は，上記と同様の議論から，逐次最小ベクトルは格子 L の逐次最小基底である．
  - 一方，$[L:M] = 2$ の場合は，逐次最小ベクトル $\mathbf{b}_1,\dots,\mathbf{b}_4$ は格子 L の逐次最小基底ではない．しかし，次の補題のように，この逐次最小ベクトルから逐次最小基底を構成することができる：

補題 1.5.13 4 次元格子 L の逐次最小ベクトル $\mathbf{b}_1,\mathbf{b}_2,\mathbf{b}_3,\mathbf{b}_4$ で生成される完全階数の部分格子を M とし，$[L:M] = 2$ を仮定する．このとき，

---

129) 本項はこれ以降の内容とは直接関係しないので，最初は読み飛ばしても構わない．

130) 逐次最小ベクトルは必ず存在するが，それが基底になるとは限らないことに注意する．

131) すべての $1 \leq i \leq n$ に対して，$\|\mathbf{b}_i\| = \lambda_i(L)$ が成り立つことに注意する．

$$\mathbf{v} = \frac{\mathbf{b}_1 + \mathbf{b}_2 + \mathbf{b}_3 + \mathbf{b}_4}{2}$$

は格子 L 上のベクトルで，一次独立な 4 個のベクトルの組

$$\{\mathbf{b}_1, \mathbf{b}_2, \mathbf{b}_3, \mathbf{v}\} \tag{1.24}$$

は格子 L の逐次最小基底である．

証明　仮定 $[L:M] = 2 = \gamma_4^2$ と補題 1.5.12 の証明から，すべての $1 \leq i \leq 4$ に対して $\|\mathbf{b}_i^*\| = \|\mathbf{b}_i\|$ が成り立つ．さらに，Hadamard の不等式（系 1.2.3）の等号成立条件より，逐次最小ベクトル $\mathbf{b}_1, \ldots, \mathbf{b}_4$ は互いに直交していることが分かる．他方，注意 1.1.15 の結果から，

$$\begin{cases} \mathbf{b}_1 = a_{11}\mathbf{v}_1 \\ \mathbf{b}_2 = a_{21}\mathbf{v}_1 + a_{22}\mathbf{v}_2 \\ \mathbf{b}_3 = a_{31}\mathbf{v}_1 + a_{32}\mathbf{v}_2 + a_{33}\mathbf{v}_3 \\ \mathbf{b}_4 = a_{41}\mathbf{v}_1 + a_{42}\mathbf{v}_2 + a_{43}\mathbf{v}_3 + a_{44}\mathbf{v}_4 \end{cases}$$

を満たす格子 L の基底 $\{\mathbf{v}_1, \ldots, \mathbf{v}_4\}$ と整数 a_{ij} $(1 \leq j \leq i \leq 4)$ が存在する．特に，すべての $1 \leq i \leq 4$ に対して，$a_{ii} > 0$ である．3 個のベクトル $\mathbf{v}_1, \mathbf{v}_2, \mathbf{v}_3$ で生成される部分格子を $L' \subseteq L$ とすると，$\mathbf{b}_1, \mathbf{b}_2, \mathbf{b}_3 \in L'$ である．また，$\mathbf{b}_1, \ldots, \mathbf{b}_4$ は格子 L における逐次最小ベクトルなので，$\mathbf{b}_1, \mathbf{b}_2, \mathbf{b}_3$ は 3 次元格子 L' の逐次最小ベクトルである．前述の議論から，3 次元格子の任意の逐次最小ベクトルは（逐次最小）基底となるので，格子 L' の 2 つの基底 $\{\mathbf{b}_1, \mathbf{b}_2, \mathbf{b}_3\}$ と $\{\mathbf{v}_1, \mathbf{v}_2, \mathbf{v}_3\}$ の間の変換行列

$$\begin{pmatrix} a_{11} & 0 & 0 \\ a_{21} & a_{22} & 0 \\ a_{31} & a_{32} & a_{33} \end{pmatrix}$$

はユニモジュラ行列で，$a_{11} = a_{22} = a_{33} = 1$ が成り立つ．一方，命題 1.1.16 の証明から $[L:M] = \prod_{i=1}^{4} a_{ii} = 2$ が成り立つので，$a_{44} = 2$ である．ゆえに，

$$\mathbf{v}_4 = \frac{a_{41}\mathbf{v}_1 + a_{42}\mathbf{v}_2 + a_{43}\mathbf{v}_3 - \mathbf{b}_4}{2} \in L \text{ なので，}$$

$$\mathbf{v} = \frac{x_1\mathbf{b}_1 + x_2\mathbf{b}_2 + x_3\mathbf{b}_3 + \mathbf{b}_4}{2}$$

が格子 L 上のベクトルとなる $x_1, x_2, x_3 \in \{0, 1\}$ が存在する[132]. 格子ベクトル $\mathbf{v}$ は $\mathbf{b}_1, \mathbf{b}_2, \mathbf{b}_3$ と一次独立なので[133],

$$\lambda_4(L)^2 \leq \|\mathbf{v}\|^2 \leq \frac{x_1^2 + x_2^2 + x_3^2 + 1}{4} \lambda_4(L)^2$$

が成り立つ[134]. これより, $x_1 = x_2 = x_3 = 1$ を得る. つまり,

$$\mathbf{v} = \frac{\mathbf{b}_1 + \mathbf{b}_2 + \mathbf{b}_3 + \mathbf{b}_4}{2}$$

は格子 L 上のベクトルである. また, $\|\mathbf{v}\| = \lambda_4(L)$ を満たすことも明らか. つまり, 一次独立なベクトルの組 (1.24) は格子 L 上の逐次最小ベクトルである. さらに, 逐次最小ベクトル (1.24) で生成される格子 L の完全階数の部分格子を L'' とすると,

$$\mathrm{vol}(L'') = \|\mathbf{b}_1\| \|\mathbf{b}_2\| \|\mathbf{b}_3\| \frac{\|\mathbf{b}_4\|}{2} = \mathrm{vol}(L)$$

が成り立つ. 命題 1.1.16 より $L = L''$ なので, 逐次最小ベクトル (1.24) は格子 L の基底である. これで補題が示せた. $\square$

例 1.5.14 例 1.4.5 で紹介した 4 次元の整数格子 L に対して, 行列 $\mathbf{B}$ の行ベクトル $\mathbf{b}_1, \mathbf{b}_2, \mathbf{b}_3, \mathbf{b}_4$ は格子 L の逐次最小ベクトルであるが, 基底ではない. この逐次最小ベクトル $\mathbf{b}_1, \mathbf{b}_2, \mathbf{b}_3, \mathbf{b}_4$ で生成される完全階数の部分格子を M とすると, 命題 1.1.16 より

$$[L : M] = \frac{\mathrm{vol}(M)}{\mathrm{vol}(L)} = 2$$

なので, 補題 1.5.13 の条件を満たす. ここで,

$$\mathbf{v} = \frac{\mathbf{b}_1 + \mathbf{b}_2 + \mathbf{b}_3 + \mathbf{b}_4}{2} = (1, 0, 1, 0) \in L$$

とおくと, 補題 1.5.13 より $\{\mathbf{b}_1, \mathbf{b}_2, \mathbf{b}_3, \mathbf{v}\}$ は格子 L の逐次最小基底である. 実際, 基底 $\{\mathbf{b}_1, \mathbf{b}_2, \mathbf{b}_3, \mathbf{v}\}$ による基底行列は例 1.4.5 で紹介した逐次最小基底行列 $\mathbf{C}$ と一致する.

1.6　補足：双対格子と Mordell の不等式の紹介

　本節では, 双対格子とその性質を紹介したのち, Hermite の定数の上界を与える Mordell の不等式を証明する[135].

---

[132]
少し考えてみてほしい.

[133]
これより, $1 \leq i \leq 3$ に対して $\|\mathbf{b}_i\| \leq \|\mathbf{v}\|$ であることが分かる.

[134]
ベクトル $\mathbf{b}_1, \ldots, \mathbf{b}_4$ が互いに直交していることに注意する.

[135]
参考テキストとして [54, 2.3 節] を参照. 本節は後述の 3.4 節と 5.2 節にしか関係しないので, 最初は読み飛ばして構わない.

1.6.1 双対格子とその性質

定義 1.6.1 $\mathbb{R}^m$ の格子 L に対して，集合

$$\widehat{L} := \{\mathbf{x} \in \mathrm{span}_{\mathbb{R}}(L) : \langle \mathbf{x}, \mathbf{y} \rangle \in \mathbb{Z} \ (\forall \mathbf{y} \in L)\}$$

を格子 L の**双対格子** (dual lattice) と呼ぶ.

定理 1.6.2 n 次元格子 $L \subseteq \mathbb{R}^m$ の基底を $\{\mathbf{b}_1, \ldots, \mathbf{b}_n\}$ とし，その基底行列を $\mathbf{B}$ とする．このとき，双対格子 $\widehat{L}$ は $\mathbf{D} = (\mathbf{B}\mathbf{B}^\top)^{-1}\mathbf{B}$ を基底行列に持つ n 次元格子であり [136]，

$$\mathrm{vol}(L) \times \mathrm{vol}\left(\widehat{L}\right) = 1$$

が成り立つ.

証明 $n \times m$ 行列 $\mathbf{D}$ の行ベクトルを $\mathbf{d}_1, \ldots, \mathbf{d}_n \in \mathbb{R}^m$ とする．関係式 $\mathbf{D}\mathbf{D}^\top = (\mathbf{B}\mathbf{B}^\top)^{-1}$ より，ベクトル $\mathbf{d}_1, \ldots, \mathbf{d}_n$ の Gram 行列式は

$$\Delta(\mathbf{d}_1, \ldots, \mathbf{d}_n) = \det(\mathbf{D}\mathbf{D}^\top) = \frac{1}{\det(\mathbf{B}\mathbf{B}^\top)} > 0 \tag{1.25}$$

となるので，$\mathbf{d}_1, \ldots, \mathbf{d}_n$ は一次独立である（定義 1.1.7 を参照）．また，関係式 $\mathbf{D}\mathbf{B}^\top = \mathbf{I}_n$ が成り立つので [137]，$\mathcal{L}(\mathbf{d}_1, \ldots, \mathbf{d}_n) \subseteq \widehat{L}$ が分かる [138]．一方，任意の双対格子ベクトル $\mathbf{x} \in \widehat{L}$ に対して，双対格子の定義から $\mathbf{x}\mathbf{B}^\top \in \mathbb{Z}^n$ であることが分かる．また，$\mathbf{x} \in \mathrm{span}_{\mathbb{R}}(L) = \langle \mathbf{b}_1, \ldots, \mathbf{b}_n \rangle_{\mathbb{R}}$ より，$\mathbf{x} = \mathbf{w}\mathbf{B} \ (\exists \mathbf{w} \in \mathbb{R}^n)$ とかける．よって，

$$\mathbf{x} = \mathbf{w}\mathbf{B} = \mathbf{w}\left(\mathbf{B}\mathbf{B}^\top\right)\left(\mathbf{B}\mathbf{B}^\top\right)^{-1}\mathbf{B}$$
$$= \mathbf{w}\mathbf{B}\mathbf{B}^\top\mathbf{D} = (\mathbf{x}\mathbf{B}^\top)\mathbf{D} \in \mathcal{L}(\mathbf{D}) = \mathcal{L}(\mathbf{d}_1, \ldots, \mathbf{d}_n)$$

が成り立つ．ゆえに $\widehat{L} = \mathcal{L}(\mathbf{d}_1, \ldots, \mathbf{d}_n)$ より，$\widehat{L}$ は $\{\mathbf{d}_1, \ldots, \mathbf{d}_n\}$ を基底に持つ格子である．また，関係式 (1.25) から，$\mathrm{vol}(L) \times \mathrm{vol}\left(\widehat{L}\right) = 1$ が明らかに成り立つ． $\square$

注意 1.6.3 定理 1.6.2 とその証明において，双対格子 $\widehat{L}$ の基底 $\{\mathbf{d}_1, \ldots, \mathbf{d}_n\}$ を基底 $\{\mathbf{b}_1, \ldots, \mathbf{b}_n\}$ の**双対基底** (dual basis) と呼ぶ．また，行列 $\mathbf{D}$ を基底行列 $\mathbf{B}$ の**双対基底行列**と呼ぶことにする．特に $n = m$ の場合，双対基底行列は $\mathbf{D} = \left(\mathbf{B}^\top\right)^{-1}$ で得られる．

系 1.6.4 任意の格子 L に対して，$L = \widehat{\widehat{L}}$ が成り立つ.

---

[136] 定義 1.1.7 で説明したように，格子基底行列 $\mathbf{B}$ に対して $\det\left(\mathbf{B}\mathbf{B}^\top\right) > 0$ より，Gram 行列 $\mathbf{B}\mathbf{B}^\top$ は正則であることに注意.

[137] つまり，$\langle \mathbf{d}_i, \mathbf{b}_j \rangle = \delta_{ij}$ が成り立つ．ただし，δ_{ij} を Kronecker のデルタとする.

[138] 行列 $\mathbf{D}$ の形から，$\mathbf{d}_i \in \mathrm{span}_{\mathbb{R}}(L)$ であることにも注意する.

証明 定理 1.6.2 と同じ記号を用いる．双対格子 $\widehat{L}$ における基底行列 $\mathbf{D}$ の双対基底行列は

$$
\begin{aligned}
\mathbf{E} &= \left(\mathbf{D}\mathbf{D}^\top\right)^{-1}\mathbf{D} \\
&= \left(\mathbf{D}\mathbf{D}^\top\right)^{-1}\left(\mathbf{B}\mathbf{B}^\top\right)^{-1}\mathbf{B} \\
&= \left(\mathbf{B}\mathbf{B}^\top\mathbf{D}\mathbf{D}^\top\right)^{-1}\mathbf{B}
\end{aligned}
$$

で得られる．さらに，2 つの関係式 $\mathbf{B}\mathbf{B}^\top\mathbf{D} = \mathbf{B}$ と $\mathbf{B}\mathbf{D}^\top = \mathbf{I}_n$ より，$\mathbf{E} = \mathbf{B}$ が成り立つ．これより，格子 $\widehat{L}$ の双対格子 $\widehat{\widehat{L}}$ は基底行列 $\mathbf{B}$ を基底に持つので，$L = \widehat{\widehat{L}}$ が成り立つ．$\qquad\square$

注意 1.6.5 双対基底行列 $\mathbf{D}$ の行ベクトルを $\mathbf{d}_1, \dots, \mathbf{d}_n$ とする．1.2.1 項で説明したように，格子 L の基底行列 $\mathbf{B}$ はその GSO ベクトル行列 $\mathbf{B}^*$ と GSO 係数行列 $\mathbf{U}$ の積でかける（つまり，$\mathbf{B} = \mathbf{U}\mathbf{B}^*$）．よって，基底行列 $\mathbf{B}$ の双対基底行列は

$$
\mathbf{D} = \left(\mathbf{U}^\top\right)^{-1}\left(\mathbf{B}^*(\mathbf{B}^*)^\top\right)^{-1}\mathbf{B}^* = \left(\mathbf{U}^\top\right)^{-1}\begin{pmatrix} \dfrac{\mathbf{b}_1^*}{\|\mathbf{b}_1^*\|^2} \\ \vdots \\ \dfrac{\mathbf{b}_n^*}{\|\mathbf{b}_n^*\|^2} \end{pmatrix}
$$

とかける[139]．ただし，基底 $\{\mathbf{b}_1, \dots, \mathbf{b}_n\}$ の GSO ベクトルを $\mathbf{b}_1^*, \dots, \mathbf{b}_n^*$ とする．すべての対角成分が 1 の上半三角行列 $\mathbf{U}^\top$ の逆行列も対角成分が 1 の上半三角行列であることに注意すると，双対基底ベクトル $\mathbf{d}_n$ に関して

$$
\mathbf{d}_n = \frac{\mathbf{b}_n^*}{\|\mathbf{b}_n^*\|^2} \in \widehat{L}
$$

が成り立つ[140]．また，これより $\|\mathbf{d}_n\| = \dfrac{1}{\|\mathbf{b}_n^*\|}$ が成り立つ．

1.6.2 Mordell の不等式

Mordell の不等式 [60] を証明するために，次の補題を示しておく[141]：

補題 1.6.6 n 次元格子 L の双対格子 $\widehat{L}$ 上の最短な非零ベクトルを $\mathbf{v}$ とする．双対格子ベクトル $\mathbf{v} \in \widehat{L}$ で生成される $\mathbb{R}$-ベクトル空間の直交補空間を $H \subseteq \mathrm{span}_{\mathbb{R}}\left(\widehat{L}\right)$ とする（つまり，$H = \langle\mathbf{v}\rangle_{\mathbb{R}}^{\perp} \cap \mathrm{span}_{\mathbb{R}}\left(\widehat{L}\right)$ とする）．このと

---

[139]
GSO ベクトルの直交性から Gram 行列 $\mathbf{B}^*(\mathbf{B}^*)^\top$ は $\|\mathbf{b}_i^*\|^2 > 0$ を対角成分に持つ対角行列であることに注意する．

[140]
一般に，その他の双対基底ベクトル $\mathbf{d}_i$ はこのような形ではかけない．

[141]
より一般の結果として，[54, 系 1.3.5] を参照．

き，格子 L と $\mathbb{R}$-ベクトル空間 H との共通部分 $M = L \cap H$ は $(n-1)$ 次元格子で，$\mathrm{vol}(M) = \mathrm{vol}(L) \times \|\mathbf{v}\|$ が成り立つ．

証明　$\mathbb{R}$-ベクトル空間 H の直交補空間 $H^{\perp}$ と双対格子 $\widehat{L}$ との共通部分を $N = H^{\perp} \cap \widehat{L}$ とおく．このとき，明らかに $N = \mathbb{Z}\mathbf{v}$ より，有限生成 $\mathbb{Z}$-加群 $\widehat{L}/N$ はねじれを持たないことが分かる[142]．これより，$\widehat{L}/N$ は有限生成自由 $\mathbb{Z}$-加群であり，

$$\widehat{L}/N = \mathbb{Z}[\mathbf{d_2}]_N + \cdots + \mathbb{Z}[\mathbf{d}_n]_N \quad (\exists \mathbf{d}_i \in \widehat{L} \setminus N)$$

とかける．ただし，$[\mathbf{d}_i]_N \in \widehat{L}/N$ は $\mathbf{d}_i \in \widehat{L}$ の N-同値類とする[143]．このとき，ベクトルの組 $\{\mathbf{v}, \mathbf{d}_2, \ldots, \mathbf{d}_n\}$ は双対格子 $\widehat{L}$ の基底であり，その基底行列を $\mathbf{D}$ とする．基底行列 $\mathbf{D}$ の双対基底行列を $\mathbf{B}$ とすると，系 1.6.4 から $L = \widehat{\widehat{L}}$ より，$\mathbf{B}$ は格子 L の基底行列である．格子 L の基底行列 $\mathbf{B}$ の行ベクトルを $\mathbf{b}_1, \ldots, \mathbf{b}_n$ としたとき，関係式 $\mathbf{B}\mathbf{D}^{\top} = \mathbf{I}_n$ より，$M = L \cap H = \mathcal{L}(\mathbf{b}_2, \ldots, \mathbf{b}_n)$ であることが容易に分かる．よって，M は $(n-1)$ 個のベクトルの組 $\{\mathbf{b}_2, \ldots, \mathbf{b}_n\}$ を基底に持つ $(n-1)$ 次元格子である．さらに，格子 M の基底 $\{\mathbf{b}_2, \ldots, \mathbf{b}_n\}$ の双対基底は $\{\mathbf{d}_2, \ldots, \mathbf{d}_n\}$ であること[144]と定理 1.6.2 から，

$$\mathrm{vol}(M)^2 = \frac{1}{\Delta(\mathbf{d}_2, \ldots, \mathbf{d}_n)} = \frac{\|\mathbf{v}\|^2}{\mathrm{vol}\left(\widehat{L}\right)^2} = \mathrm{vol}(L)^2 \times \|\mathbf{v}\|^2$$

が成り立つ．これで補題が示せた．　$\square$

以下に，Hermite の定数の上界を与える Mordell の不等式を紹介する：

定理 1.6.7 （Mordell の不等式）　$2 \leq k \leq n$ を満たす任意の 2 つの整数 k と n における 2 つの Hermite の定数に対して，

$$\gamma_n \leq \gamma_k^{\frac{n-1}{k-1}} \tag{1.26}$$

が成り立つ[145]．つまり，任意の n 次元格子 L 上の最短な非零ベクトル $\mathbf{v}$ に対して，

$$\|\mathbf{v}\| \leq \sqrt{\gamma_k}^{\frac{n-1}{k-1}} \mathrm{vol}(L)^{\frac{1}{n}} \quad (2 \leq \forall k \leq n)$$

が成り立つ．

証明　まず，$k = n-1$ の場合のみ示せば十分であることに注意する．実際，$k = n-1$ の場合の不等式を再帰的に利用することで，任意の $2 \leq k \leq n$ に

---

[142]
有限生成加群やねじれ元については [100, IV 章] を参照．

[143]
部分格子による同値類について 1.1.3.2 項を参照．

[144]
$\mathbf{v}$ と $\mathbf{d}_i$ が互いに直交することに注意して，Gram 行列 $\mathbf{D}\mathbf{D}^{\top}$ を計算してみると分かる．

[145]
つまり，$\left\{\gamma_n^{\frac{1}{n-1}}\right\}_{n \geq 2}$ は単調減少数列である．表 1.1 にある具体的な γ_n に対して，その数列の単調減少性を確かめてみてほしい．

おける Mordell の不等式 (1.26) が簡単に示せる．次に，$k = n - 1$ の場合の不等式 (1.26) を示す．任意の n 次元格子 L の双対格子 $\widehat{L}$ 上の最短な非零ベクトルを $\mathbf{v} \in \widehat{L}$ とする．補題 1.6.6 から，双対格子ベクトル $\mathbf{v} \in \widehat{L}$ で生成される $\mathbb{R}$-ベクトル空間の直交補空間 $H = \langle \mathbf{v} \rangle_{\mathbb{R}}^{\perp} \subseteq \mathrm{span}_{\mathbb{R}}\left(\widehat{L}\right)$ と格子 L との共通部分 $M = L \cap H$ は $(n - 1)$ 次元格子で $\mathrm{vol}(M) = \mathrm{vol}(L) \times \|\mathbf{v}\|$ を満たす．一方，定理 1.6.2 より

$$\|\mathbf{v}\| \leq \sqrt{\gamma_n} \mathrm{vol}\left(\widehat{L}\right)^{\frac{1}{n}} = \sqrt{\gamma_n} \mathrm{vol}(L)^{-\frac{1}{n}}$$

が成り立つ．これより，$\mathrm{vol}(M) \leq \sqrt{\gamma_n} \mathrm{vol}(L)^{1 - \frac{1}{n}}$ が成り立つ．さらに，$\lambda_1(L) \leq \lambda_1(M)$ と $\lambda_1(M) \leq \sqrt{\gamma_{n-1}} \mathrm{vol}(M)^{\frac{1}{n-1}}$ より，

$$\lambda_1(L) \leq \lambda_1(M) \leq \sqrt{\gamma_{n-1}} \left(\sqrt{\gamma_n} \mathrm{vol}(L)^{1 - \frac{1}{n}}\right)^{\frac{1}{n-1}}$$
$$= \sqrt{\gamma_{n-1}} \sqrt{\gamma_n}^{\frac{1}{n-1}} \mathrm{vol}(L)^{\frac{1}{n}}$$

が分かる．ゆえに，$\sqrt{\gamma_n} \leq \sqrt{\gamma_{n-1}} \sqrt{\gamma_n}^{\frac{1}{n-1}}$ が成り立つので，$k = n - 1$ の場合の不等式 (1.26) が示せた．□

注意 1.6.8 表 1.1 内の値 $\gamma_3 = 2^{\frac{1}{3}}$ と $(n, k) = (4, 3)$ における Mordell の不等式 (1.26) から，$\gamma_4 \leq \gamma_3^{\frac{3}{2}} = \sqrt{2}$ が分かる．一方，例 1.4.5 で紹介した 4 次元の整数格子 L に対して[146]，$\frac{\lambda_1(L)^2}{\mathrm{vol}(L)^{2/4}} = \sqrt{2}$ が成り立つことから，$\gamma_4 = \sqrt{2}$ ことが分かる．

1.7 格子問題の紹介

本節では，格子暗号の安全性と深く関連する格子上の計算問題である**格子問題** (lattice problem) をいくつか紹介する[147]．格子暗号では主に整数格子を扱うので，ここでは整数格子上における格子問題を紹介する．まず，最も有名な格子問題は以下である：

定義 1.7.1（**最短ベクトル問題 (Shortest Vector Problem, SVP)**）n 次元の整数格子 $L \subseteq \mathbb{Z}^m$ の基底 $\{\mathbf{b}_1, \ldots, \mathbf{b}_n\}$ が与えられたとき[148]，

$$\|\mathbf{v}\| = \lambda_1(L)$$

を満たす格子上の非零ベクトル $\mathbf{v} \in L$ を見つけよ[149]（図 0.1 を参照）．

---

[146] つまり，例 1.4.5 で紹介した格子 L は 4 次元における臨界格子である．

[147] 序章では最短ベクトル問題と最近ベクトル問題を紹介したが，本節ではもう少し詳しく紹介する．

[148] 整数格子に限らない任意の格子に対しても定義してもよい．

[149] つまり，$\mathbf{v} \in L$ は格子上の最短な非零ベクトルである（最短ベクトルは複数存在するが，その内の 1 つを求めればよい）．

現在までのところ，高次元の格子における最短ベクトル問題を解くための効率的なアルゴリズムは知られていない．実際，Minkowski の第 1 定理（定理 1.5.5）の上界 $\sqrt{n}\mathrm{vol}(L)^{\frac{1}{n}}$ より短いノルムを持つ格子上の非零ベクトル $\mathbf{v} \in L$ を効率的にどう見つけるのかさえ分かっていない[150]．以下では，指定した近似因子 $\gamma(n)$ に対して[151]，$\gamma(n)\lambda_1(L)$ 以下のノルムを持つ格子 L 上の非零ベクトルを見つける近似版の最短ベクトル問題を定義しておく：

定義 1.7.2 （近似版の SVP(Approximate SVP)） n 次元の整数格子 $L \subseteq \mathbb{Z}^m$ の基底 $\{\mathbf{b}_1,\ldots,\mathbf{b}_n\}$ と近似因子 $\gamma(n) \geq 1$ が与えられたとき，

$$\|\mathbf{v}\| \leq \gamma(n)\lambda_1(L)$$

を満たす格子上の非零ベクトル $\mathbf{v} \in L$ を見つけよ．

後述の第 2, 3 章で，ある大きな近似因子における近似版の SVP を効率的に解くことができる格子基底簡約アルゴリズムを紹介する[152]．また，後述の第 4 章では，アルゴリズム内部で乱数を用いて短い格子ベクトルを発見するランダムサンプリングアルゴリズムを紹介する．

以下で，効率的な解法が知られていない有名な格子問題をもう 1 つ紹介する：

定義 1.7.3 （最近ベクトル問題 (Closest Vector Problem, CVP)）
n 次元の整数格子 $L \subseteq \mathbb{Z}^m$ の基底 $\{\mathbf{b}_1,\ldots,\mathbf{b}_n\}$ と目標ベクトル $\mathbf{w} \in \mathbb{Z}^m$ が与えられたとき，$\mathbf{w}$ に最も近い格子ベクトル $\mathbf{v} \in L$ を見つけよ．つまり，目標ベクトル $\mathbf{w}$ との Euclid 距離 $d(\mathbf{w},\mathbf{v}) = \|\mathbf{w} - \mathbf{v}\|$ を最小にする格子ベクトル $\mathbf{v} \in L$ を見つけよ．

定義 1.7.4 （近似版の CVP(Approximate CVP)） n 次元の整数格子 $L \subseteq \mathbb{Z}^m$ の基底 $\{\mathbf{b}_1,\ldots,\mathbf{b}_n\}$ と目標ベクトル $\mathbf{w} \in \mathbb{Z}^m$ が与えられたとする．与えられた近似因子 $\gamma(n) \geq 1$ に対して[153]

$$\|\mathbf{w} - \mathbf{v}\| \leq \gamma(n)\|\mathbf{w} - \mathbf{u}\| \quad (\forall \mathbf{u} \in L)$$

を満たす格子ベクトル $\mathbf{v} \in L$ を見つけよ（後述の図 5.1 を参照）．

後述の第 5 章では，近似因子 $\gamma(n) = 2^{\frac{n}{2}}$ における近似版の CVP を効率的に解くことができる Babai の最近平面アルゴリズムを紹介する[154]．

また，最短ベクトル問題や最近ベクトル問題に関連するその他の格子問題については [55,61] などを参照してほしい（最短ベクトル問題の計算量困難性については [42,67] などを参照）．

---

[150]
定理 1.5.5 の証明が構成的でないため，短い格子ベクトルを見つける方法は何も与えてくれない．

[151]
近似因子は次元 n の関数で表現した．

[152]
例えば，次の第 2 章で紹介する LLL 基底簡約は $\gamma(n) = \alpha^{\frac{n-1}{2}}$ の因子に対する近似版の SVP を解くアルゴリズムである．（ただし，簡約パラメータ $\frac{1}{4} < \delta < 1$ に対して，$\alpha = \frac{4}{4\delta-1}$ とする．）詳しくは後述の定理 2.3.2 を参照．

[153]
特に，下式の $\mathbf{u} \in L$ として目標ベクトル $\mathbf{w}$ に最も近い格子ベクトルがとれる．

[154]
詳細は後述の定理 5.1.4 を参照．

2 LLL基底簡約とその改良

　格子 L の基底 $\{\mathbf{b}_1, \ldots, \mathbf{b}_n\}$ が与えられたとき，それぞれの基底ベクトルが短くかつ互いの基底ベクトルが直交に近い同じ格子 L の基底[1] に変換する操作を**格子基底簡約** (lattice basis reduction) と呼ぶ（図 0.2 を参照）．LLL(Lenstra-Lenstra-Lovász) 基底簡約 [49] は最も有名かつ代表的な格子基底簡約アルゴリズムで，n 次元格子上の SVP を近似的に解く効率的なアルゴリズムである[2]．本章では，LLL 基底簡約アルゴリズムとその改良アルゴリズムを紹介する（LLL 基底簡約アルゴリズムの歴史については [80] を参照）．具体的には，まず 2 次元格子における SVP 解法である Lagrange 基底簡約アルゴリズム [48] を紹介し，その一般次元への拡張である LLL 基底簡約アルゴリズムを紹介する．特に，LLL 基底簡約アルゴリズムは，格子基底に対する 3 種類の基本変形（定義 1.1.6）の組合せのみで構成される．簡単のため，本章では整数格子 $L \subseteq \mathbb{Z}^m$ のみを扱う．

2.1　2次元格子における SVP 解法

　本節では，2 次元格子上の SVP を解く効率的なアルゴリズムを紹介する[3]．ここで紹介するアルゴリズムは Lagrange[48] によって初めて示され，その後 Gauss が [32] で紹介した．一般に「Gauss 基底簡約アルゴリズム」と呼ばれることが多いが，ここでは [63] に従い「Lagrange 基底簡約アルゴリズム」と呼ぶ[4]．Lagrange 基底簡約アルゴリズムは，入力する 2 次元格子 L の任意の基底から，格子 L の逐次最小基底 $\{\mathbf{b}_1, \mathbf{b}_2\}$ を出力する（つまり，$\|\mathbf{b}_1\| = \lambda_1(L)$ かつ $\|\mathbf{b}_2\| = \lambda_2(L)$ を満たす）．Lagrange 基底簡約アルゴリズムは，2 つの整数の最大公約数を求める Euclid の互除法[5] に類似しているため，Euclid の互除法の 2 次元格子に対する拡張アルゴリズムとみなすこともできる．

[1]
序章でも述べたが，このような格子基底を**良い基底** (good basis) と呼ぶ．一方，それぞれの基底ベクトルが長くかつ互いの基底ベクトルが平行に近い格子基底を**悪い基底** (bad basis) と呼ぶ．

[2]
LLL 基底簡約アルゴリズムは，格子 L 上の最短な非零ベクトルを必ず見つけるわけではなく，第 1 逐次最小 $\lambda_1(L)$ にある指数因子を掛けた値より小さいノルムを持つ格子ベクトルを見つけるアルゴリズムである．

[3]
他の参考テキストとして，[14, 2 章]，[28, 17.1 節]，[55, 2 章] などを参照．

[4]
例えば [28, 17.1 節] では「Lagrange-Gauss 簡約アルゴリズム」と呼んでいる．

[5]
例えば [43, 1 章の 2 節] や [44, 2 章の 3.3 節] などを参照．

2.1.1 Lagrange 簡約基底とその性質

Lagrange 基底簡約アルゴリズムを紹介する前に，Lagrange による簡約基底の概念を定義し，逐次最小性との関連性を述べる．

定義 2.1.1 任意の $q \in \mathbb{Z}$ に対して $\|\mathbf{b}_1\| \leq \|\mathbf{b}_2\| \leq \|\mathbf{b}_2 + q\mathbf{b}_1\|$ を満たすとき，2 次元格子の（順序付き）基底 $\{\mathbf{b}_1, \mathbf{b}_2\}$ は **Lagrange 簡約されている** (Lagrange-reduced) という[6]．

定理 2.1.2 2 次元格子 L の基底を $\{\mathbf{b}_1, \mathbf{b}_2\}$ とする．このとき，次の 2 つの条件は同値である：

(1) 基底 $\{\mathbf{b}_1, \mathbf{b}_2\}$ は Lagrange 簡約されている．

(2) 基底 $\{\mathbf{b}_1, \mathbf{b}_2\}$ は格子 L の逐次最小基底である．すなわち，$\|\mathbf{b}_1\| = \lambda_1(L)$ と $\|\mathbf{b}_2\| = \lambda_2(L)$ を満たす．

証明 (1) $\Rightarrow$ (2) まず，$\|\mathbf{b}_1\| = \lambda_1(L)$ を示す．つまり，格子 L 上の任意の非零ベクトル $\mathbf{v} = x_1\mathbf{b}_1 + x_2\mathbf{b}_2$ $(x_1, x_2 \in \mathbb{Z})$ に対して，$\|\mathbf{v}\| \geq \|\mathbf{b}_1\|$ であることを示せばよい．$x_2 = 0$ の場合，$x_1 \neq 0$ より $\|\mathbf{v}\| = |x_1|\|\mathbf{b}_1\| \geq \|\mathbf{b}_1\|$ が成り立つ．$x_2 \neq 0$ の場合，格子の対称性から $x_2 > 0$ のみ考えれば十分で，整数 x_1 を x_2 で割ったときの商と余りをそれぞれ $q, r \in \mathbb{Z}$ とすると，

$$x_1 = qx_2 + r \quad (0 \leq r < x_2)$$

が成り立つ．(1) の仮定から $\|\mathbf{b}_2 + q\mathbf{b}_1\| \geq \|\mathbf{b}_2\| \geq \|\mathbf{b}_1\|$ に注意すると，

$$
\begin{aligned}
\|\mathbf{v}\| &= \|r\mathbf{b}_1 + x_2(\mathbf{b}_2 + q\mathbf{b}_1)\| \\
&\geq x_2\|\mathbf{b}_2 + q\mathbf{b}_1\| - r\|\mathbf{b}_1\| \quad (\text{三角不等式より}) \\
&= (x_2 - r)\|\mathbf{b}_2 + q\mathbf{b}_1\| + r(\|\mathbf{b}_2 + q\mathbf{b}_1\| - \|\mathbf{b}_1\|) \\
&\geq \|\mathbf{b}_2 + q\mathbf{b}_1\| \geq \|\mathbf{b}_2\| \geq \|\mathbf{b}_1\|
\end{aligned}
$$

が成り立つ．これより $\|\mathbf{b}_1\| = \lambda_1(L)$ である．また，上記の不等式から $\mathbf{b}_1$ と一次独立な任意の $\mathbf{v} \in L$ は $\|\mathbf{v}\| \geq \|\mathbf{b}_2\|$ を満たすので，$\|\mathbf{b}_2\| = \lambda_2(L)$ である．(2) $\Rightarrow$ (1) まず，$\|\mathbf{b}_1\| \leq \|\mathbf{b}_2\|$ は明らか．また，任意の $q \in \mathbb{Z}$ に対して，$\mathbf{b}_1$ と $\mathbf{b}_2 + q\mathbf{b}_1$ は一次独立なので，

$$\|\mathbf{b}_2\| = \lambda_2(L) \leq \max\{\|\mathbf{b}_1\|, \|\mathbf{b}_2 + q\mathbf{b}_1\|\} = \|\mathbf{b}_2 + q\mathbf{b}_1\|$$

が成り立つ．これより $\{\mathbf{b}_1, \mathbf{b}_2\}$ は Lagrange 簡約基底である． $\square$

---

[6] 定義 1.1.6 で説明したように，格子基底を順序付き集合とみなす．

アルゴリズム 2 Lagrange 基底簡約アルゴリズム [48]

Input: 2 次元格子 $L \subseteq \mathbb{Z}^m$ の基底 $\{\mathbf{b}_1, \mathbf{b}_2\}$
Output: 格子 L の Lagrange 簡約基底 $\{\mathbf{b}_1, \mathbf{b}_2\}$

1: **if** $\|\mathbf{b}_1\| > \|\mathbf{b}_2\|$ **then**
2:     $\mathbf{v} \leftarrow \mathbf{b}_1, \mathbf{b}_1 \leftarrow \mathbf{b}_2, \mathbf{b}_2 \leftarrow \mathbf{v}$ /* $\mathbf{b}_1$ と $\mathbf{b}_2$ を交換（$\|\mathbf{b}_1\| \leq \|\mathbf{b}_2\|$ を満たす） */
3: **end if**
4: **do**
5:     $q = -\left\lfloor \frac{\langle \mathbf{b}_1, \mathbf{b}_2 \rangle}{\|\mathbf{b}_1\|^2} \right\rceil \in \mathbb{Z}$ に対し，$\mathbf{v} \leftarrow \mathbf{b}_2 + q\mathbf{b}_1$
6:     $\mathbf{b}_2 \leftarrow \mathbf{b}_1, \mathbf{b}_1 \leftarrow \mathbf{v}$ /* （順序付き）基底 $\{\mathbf{b}_1, \mathbf{b}_2\}$ の取り直し */
7: **while** $\|\mathbf{b}_1\| < \|\mathbf{b}_2\|$
8: $\mathbf{v} \leftarrow \mathbf{b}_1, \mathbf{b}_1 \leftarrow \mathbf{b}_2, \mathbf{b}_2 \leftarrow \mathbf{v}$ /* $\mathbf{b}_1$ と $\mathbf{b}_2$ を交換（$\|\mathbf{b}_1\| \leq \|\mathbf{b}_2\|$ を満たす） */

注意 2.1.3 2 次元格子 L の基底 $\{\mathbf{b}_1, \mathbf{b}_2\}$ に対して，

$$\|\mathbf{b}_1\| \leq \|\mathbf{b}_2\| \leq \|\mathbf{b}_1 \pm \mathbf{b}_2\| \tag{2.1}$$

を満たすとき，その基底は Lagrange 簡約されていることが分かる．実際，整数 q に関する関数 $\|\mathbf{b}_2 + q\mathbf{b}_1\|^2$ は $q = -\left\lfloor \frac{\langle \mathbf{b}_1, \mathbf{b}_2 \rangle}{\|\mathbf{b}_1\|^2} \right\rceil$ のとき最小値をとる．条件 (2.1) を満たすとき，その q の値は $0, \pm 1$ のいずれかとなるので $\{\mathbf{b}_1, \mathbf{b}_2\}$ は Lagrange 簡約基底であることが分かる．一方，基底 $\{\mathbf{b}_1, \mathbf{b}_2\}$ が Lagrange 簡約されているならば，明らかに条件 (2.1) を満たす．ゆえに，基底 $\{\mathbf{b}_1, \mathbf{b}_2\}$ が Lagrange 簡約されていることと，条件 (2.1) を満たすことは同値である．

2.1.2 Lagrange 基底簡約アルゴリズム

アルゴリズム 2 に Lagrange 基底簡約アルゴリズムを示す[7]．Lagrange 基底簡約アルゴリズムは，入力する 2 次元格子 L の任意の基底に対して，格子 L の Lagrange 簡約基底を出力する[8]．以下では，Lagrange 基底簡約アルゴリズムが Lagrange 簡約基底を出力する原理を示したのちに，Lagrange 基底簡約アルゴリズムの停止性について述べる．

補題 2.1.4 2 次元格子 L の基底 $\{\mathbf{b}_1, \mathbf{b}_2\}$ が $\|\mathbf{b}_1\| \leq \|\mathbf{b}_2\|$ を満たすとする．整数 $q = -\left\lfloor \frac{\langle \mathbf{b}_1, \mathbf{b}_2 \rangle}{\|\mathbf{b}_1\|^2} \right\rceil$ に対し $\|\mathbf{b}_1\| \leq \|\mathbf{b}_2 + q\mathbf{b}_1\|$ が成り立つならば，格子 L の基底 $\{\mathbf{b}_1, \mathbf{b}_2 + q\mathbf{b}_1\}$ は Lagrange 簡約基底である．

証明 任意の $x \in \mathbb{Z}$ に対し $\|\mathbf{b}_2 + q\mathbf{b}_1\| \leq \|\mathbf{b}_2 + x\mathbf{b}_1\|$ より明らか． $\square$

[7] 定義 1.1.6 で紹介した格子基底の基本変形の組合せで構成されており，格子 L の基底を出力する．また，アルゴリズム内の / * ⋯ * / は処理に対するコメントを表す．

[8] 定理 2.1.2 より，出力された基底は格子 L の逐次最小基底である．

ここでは，2次元格子 L の基底 $\{\mathbf{b}_1, \mathbf{b}_2\}$ に対するアルゴリズム 2 の説明を行う．$\|\mathbf{b}_1\| > \|\mathbf{b}_2\|$ の場合，アルゴリズム 2 のステップ 2 のように $\mathbf{b}_1$ と $\mathbf{b}_2$ を入れ替えることで，$\|\mathbf{b}_1\| \le \|\mathbf{b}_2\|$ と仮定してよい．補題 2.1.4 における整数 q に対して，$\|\mathbf{b}_1\| \le \|\mathbf{b}_2 + q\mathbf{b}_1\|$ が成り立つ場合，格子 L の Lagrange 簡約基底 $\{\mathbf{b}_1, \mathbf{b}_2 + q\mathbf{b}_1\}$ が得られる．一方，$\|\mathbf{b}_1\| > \|\mathbf{b}_2 + q\mathbf{b}_1\|$ の場合，

$$\mathbf{v} \leftarrow \mathbf{b}_2 + q\mathbf{b}_1, \quad \mathbf{b}_2 \leftarrow \mathbf{b}_1, \quad \mathbf{b}_1 \leftarrow \mathbf{v}$$

と新たに取り直すことで，元の基底ベクトルより短い格子ベクトルで構成された格子 L の基底 $\{\mathbf{b}_1, \mathbf{b}_2\}$ を得ることができる．この操作を繰り返すことで，基底ベクトル $\mathbf{b}_1, \mathbf{b}_2$ を常に短く取り直すことができる．特に，下記の定理で示すように，Lagrange 基底簡約アルゴリズムは有限回の操作で停止し，格子 L の Lagrange 簡約基底を出力する．実際，アルゴリズム 2 の **do while** 内の処理が終了する直前の基底 $\{\mathbf{b}_1, \mathbf{b}_2\}$ は，**do while** 文の終了条件から補題 2.1.4 の整数 q に対して $\|\mathbf{b}_1\| \le \|\mathbf{b}_2 + q\mathbf{b}_1\|$ を満たすので，補題 2.1.4 より出力基底 $\{\mathbf{b}_1, \mathbf{b}_2 + q\mathbf{b}_1\}$ は Lagrange 簡約基底であることが分かる．

Lagrange 基底簡約アルゴリズムの停止性について，下記が成り立つ：

定理 2.1.5 Lagrange 基底簡約アルゴリズム（アルゴリズム 2）に対して，格子 L の基底 $\{\mathbf{b}_1, \mathbf{b}_2\}$ を入力したとする．このとき，

$$M = \max\{\|\mathbf{b}_1\|, \|\mathbf{b}_2\|\}$$

とすると，アルゴリズム 2 全体を通してステップ 5–6 を行う回数は高々 $O(\log M)$ である[9]．つまり，Lagrange 基底簡約アルゴリズムは有限回の操作で必ず停止する．

この定理を証明する前に，次の補題を示す：

補題 2.1.6 アルゴリズム 2 において，ステップ 5–6 を行う直前の基底を $\{\mathbf{b}_1, \mathbf{b}_2\}$ とする．このとき，ステップ 5 で計算される整数 q に対して，

$$\|\mathbf{b}_1\|^2 < 3\|\mathbf{b}_2 + q\mathbf{b}_1\|^2$$

を満たすならば，**do while** 文内の処理の繰返しは高々 2 回で終了する．

証明 格子ベクトルを $\mathbf{v} = \mathbf{b}_2 + q\mathbf{b}_1$ とおき，$\|\mathbf{b}_1\|^2 < 3\|\mathbf{v}\|^2$ を満たすとする．1 巡目のステップ 5–6 により，基底は $\{\mathbf{v}, \mathbf{b}_1\}$ に更新される．この基底が **do while** 文の終了条件を満たさなければ（つまり，$\|\mathbf{v}\| < \|\mathbf{b}_1\|$ を満たす場

---

[9] オーダー記法より，対数の底には依存しない．

合），2 巡目のステップ 5 での整数 q' が

$$q' = -\left\lfloor \frac{\langle \mathbf{v}, \mathbf{b}_1 \rangle}{\|\mathbf{v}\|^2} \right\rceil$$

と計算される（議論を分かりやすくするため，2 巡目のステップ 5 で求める
整数 q は q' と表した）．1 巡目の整数 q の取り方[10] と仮定から，

$$|\langle \mathbf{v}, \mathbf{b}_1 \rangle| = \left| \frac{\langle \mathbf{b}_2, \mathbf{b}_1 \rangle}{\|\mathbf{b}_1\|^2} + q \right| \|\mathbf{b}_1\|^2 \le \frac{1}{2}\|\mathbf{b}_1\|^2 < \frac{3}{2}\|\mathbf{v}\|^2 \qquad (2.2)$$

が成り立つので，$q' = 0$ または $q' = \pm 1$ となる．

- $q' = 0$ の場合，2 巡目のステップ 6 で取り直された基底 $\{\mathbf{b}_1, \mathbf{v}\}$ は **do while** 文の終了条件を満たす[11]．
- 次に，$q' = \pm 1$ の場合を考える．2 巡目のステップ 6 で取り直された基底 は $\{\mathbf{b}_1 + q'\mathbf{v}, \mathbf{v}\}$ となる．不等式 (2.2) より $|\langle \mathbf{v}, \mathbf{b}_1 \rangle| \le \frac{1}{2}\|\mathbf{b}_1\|^2$ が成り立つので，$\|\mathbf{b}_1 + q'\mathbf{v}\|^2 \ge \|\mathbf{v}\|^2$ となる．よって，2 巡目で取り直された基底 $\{\mathbf{b}_1 + q'\mathbf{v}, \mathbf{v}\}$ は **do while** 文の終了条件を満たす． □

証明 （定理 2.1.5 の証明）　アルゴリズム 2 において，**do while** 文における初期の格子基底を $\left\{\mathbf{b}_1^{(0)}, \mathbf{b}_2^{(0)}\right\}$ とし，i 巡目のステップ 5 で $q_i \in \mathbb{Z}$ が計算され，ステップ 6 で基底が $\left\{\mathbf{b}_1^{(i)}, \mathbf{b}_2^{(i)}\right\}$ に更新されたとする．このとき，任意の $i \ge 1$ に対して

$$\begin{cases} \mathbf{b}_1^{(i)} = \mathbf{b}_2^{(i-1)} + q_i \mathbf{b}_1^{(i-1)}, \\ \mathbf{b}_2^{(i)} = \mathbf{b}_1^{(i-1)} \end{cases}$$

が成り立つ．アルゴリズム 2 が停止しないと仮定すると，補題 2.1.6 より任意の $i \ge 1$ に対して

$$\left\|\mathbf{b}_1^{(i)}\right\|^2 \le \frac{1}{3}\left\|\mathbf{b}_1^{(i-1)}\right\|^2 \qquad (2.3)$$

が成り立つ[12]．ゆえに，任意の $i \ge 1$ に対して，

$$\left\|\mathbf{b}_1^{(i)}\right\|^2 \le \frac{1}{3}\left\|\mathbf{b}_1^{(i-1)}\right\|^2 \le \cdots \le \left(\frac{1}{3}\right)^i \left\|\mathbf{b}_1^{(0)}\right\|^2 \le \left(\frac{1}{3}\right)^i M^2 \qquad (2.4)$$

が成り立つ．一方，$\left(\frac{1}{3}\right)^\ell M^2 < \lambda_1(L)^2$ を満たす自然数 ℓ が存在する．このとき，不等式 (2.4) より $\left\|\mathbf{b}_1^{(\ell)}\right\|^2 < \lambda_1(L)^2$ を満たすので，矛盾する[13]．よって，アルゴリズム 2 の **do while** 内の処理は有限回の繰返しで終了する．

[10]
$q = -\left\lfloor \dfrac{\langle \mathbf{b}_1, \mathbf{b}_2 \rangle}{\|\mathbf{b}_1\|^2} \right\rceil \in \mathbb{Z}$
と取る．

[11]
$\|\mathbf{b}_1\| > \|\mathbf{v}\|$ を満たす場合を考えているので，終了条件を満たす．

[12]
つまり，ステップ 5–6 ごとに第 1 基底ベクトルの 2 乗ノルム $\left\|\mathbf{b}_1^{(i)}\right\|^2$ が $\frac{1}{3}$ 倍以下で小さくなる．

[13]
格子ベクトル $\mathbf{b}_1^{(\ell)}$ は非零であることに注意する．

56 2 LLL 基底簡約とその改良

14)
補題 2.1.6 より,ある $i \geq 1$ において不等式 (2.3) を満たさなければ,$i+2$ までに **do while** 内の処理が終了するため.

次に,**do while** 内の処理の繰返し総回数を N とする.$N > 2$ であれば,補題 2.1.6 より任意の $1 \leq i \leq N-2$ に対して不等式 (2.3) を満たす[14].特に,$i = N-2$ に対し不等式 (2.4) が成り立つので,

$$\lambda_1(L)^2 \leq \left(\frac{1}{3}\right)^{N-2} M^2 \Longleftrightarrow N \leq \frac{2\log M - 2\log \lambda_1(L)}{\log 3} + 2$$

である.これより総回数 N は高々 $O(\log M)$ である[15]. □

15)
本章では整数格子のみを扱うので,$\lambda_1(L) \geq 1$ を満たすことに注意.

例 2.1.7 2 次元格子 $L \subseteq \mathbb{Z}^3$ の基底行列を

$$\mathbf{B} = \begin{pmatrix} \mathbf{b}_1 \\ \mathbf{b}_2 \end{pmatrix} = \begin{pmatrix} -7 & -4 & -10 \\ 9 & 5 & 12 \end{pmatrix}$$

16)
つまり,格子 L は基底行列 $\mathbf{B}$ の行ベクトル $\mathbf{b}_1, \mathbf{b}_2$ で生成される.

とする[16].基底行列 $\mathbf{B}$ に対して Lagrange 基底簡約アルゴリズムを適用することで,格子 L の Lagrange 簡約基底行列を求めてみる.$\|\mathbf{b}_1\| < \|\mathbf{b}_2\|$ なので,Lagrange 基底簡約アルゴリズム(アルゴリズム 2)のステップ 1–3 では基底行列 $\mathbf{B}$ は変化しない.1 巡目のステップ 5 と 6 によって,

$$\begin{cases} q = -\left\lfloor \dfrac{\langle \mathbf{b}_1, \mathbf{b}_2 \rangle}{\|\mathbf{b}_1\|^2} \right\rceil = -\left\lfloor \dfrac{-203}{165} \right\rceil = 1, \\ \mathbf{b}_1 \leftarrow \mathbf{b}_2 + q\mathbf{b}_1 = (9, 5, 12) + (-7, -4, -10) = (2, 1, 2), \\ \mathbf{b}_2 \leftarrow (-7, -4, -10) \end{cases}$$

が計算され,基底行列は

$$\mathbf{B} = \begin{pmatrix} 2 & 1 & 2 \\ -7 & -4 & -10 \end{pmatrix}$$

に更新される.2 巡目以降で,基底行列は以下のように更新される:

- 2 巡目:$q = -\left\lfloor \dfrac{-38}{9} \right\rceil = 4,\quad \mathbf{B} = \begin{pmatrix} 1 & 0 & -2 \\ 2 & 1 & 2 \end{pmatrix}$

- 3 巡目:$q = -\left\lfloor \dfrac{-2}{5} \right\rceil = 0,\quad \mathbf{B} = \begin{pmatrix} 2 & 1 & 2 \\ 1 & 0 & -2 \end{pmatrix}$

3 巡目で得られた基底行列の行ベクトル $\mathbf{b}_1, \mathbf{b}_2$ は $\|\mathbf{b}_1\| > \|\mathbf{b}_2\|$ を満たすので,アルゴリズム 2 の **do while** 文の終了条件を満たす.最後のステップ 8 で $\mathbf{b}_1$ と $\mathbf{b}_2$ が入れ替えられて,最終的に

$$\mathbf{B} = \begin{pmatrix} 1 & 0 & -2 \\ 2 & 1 & 2 \end{pmatrix}$$

が出力される. 格子 L の Lagrange 簡約基底ベクトルとして $\mathbf{b}_1 = (1, 0, -2)$ と $\mathbf{b}_2 = (2, 1, 2)$ が求まる. これより $\lambda_1(L) = \sqrt{5}$, $\lambda_2(L) = 3$ が分かる.

例 2.1.8 2 次元格子 $L \subseteq \mathbb{Z}^4$ の基底行列を

$$\mathbf{B} = \begin{pmatrix} 230 & -651 & 609 & -366 \\ 301 & -852 & 797 & -479 \end{pmatrix}$$

とする. 基底行列 $\mathbf{B}$ に対して Lagrange 基底簡約アルゴリズムを適用すると,

$$\mathbf{B} = \begin{pmatrix} -1 & -3 & -2 & -1 \\ 2 & -3 & 5 & -2 \end{pmatrix}$$

が出力される.

2.1.3 Lagrange 基底簡約アルゴリズムと Euclid の互除法

Euclid の互除法は 2 つの整数 a, b の最大公約数 $\gcd(a, b)$ を求める方法で,

$$as_i + bt_i = r_i, \quad |r_i t_i| < |a|, \quad |r_i s_i| < |b| \tag{2.5}$$

を満たす整数の組 (r_i, s_i, t_i) を計算して最大公約数を求める. 簡単のため, こ
こでは $a > b > 0$ と仮定する. 具体的な計算手順として, 初期値を

$$r_{-1} = a, \quad r_0 = b, \quad s_{-1} = 1, \quad s_0 = 0, \quad t_{-1} = 0, \quad t_0 = 1$$

とおき, 漸化式

$$\begin{cases} r_{i+1} = r_{i-1} - qr_i & \left(q = \left\lfloor \dfrac{r_{i-1}}{r_i} \right\rfloor \in \mathbb{Z} \right), \\ s_{i+1} = s_{i-1} - qs_i, \\ t_{i+1} = t_{i-1} - qt_i \end{cases} \tag{2.6}$$

により整数の組 (r_i, s_i, t_i) を計算する. 特に, 漸化式 $r_{i-1} = qr_i + r_{i+1}$ と
$q \in \mathbb{Z}$ の構成から, q は r_{i-1} を r_i で割った商で, r_{i+1} はその余りである. こ
れより $0 \leq r_{i+1} < r_i$ が成り立つので, 数列 $\{r_i\}_{i \geq -1}$ は単調減少し, ある整

数 n で $r_{n+1} = 0$ を満たす. さらに, 漸化式 (2.6) の構成から

$$\gcd(a, b) = \gcd(r_0, r_1) = \cdots = \gcd(r_n, r_{n+1}) = r_n > 0$$

が成り立つので, 整数 a, b の最大公約数 $\gcd(a, b)$ は $r_n \in \mathbb{Z}$ と一致する.

次に, 2×2 行列

$$\mathbf{B} = \begin{pmatrix} s_0 & r_0 \\ s_{-1} & r_{-1} \end{pmatrix} = \begin{pmatrix} 0 & b \\ 1 & a \end{pmatrix} \tag{2.7}$$

を考える. このとき, 式 (2.5) から $(s_i, r_i) = (t_i, s_i)\mathbf{B}$ が成り立つ. 2 次元格子 $L = \mathcal{L}(\mathbf{B}) \subseteq \mathbb{Z}^2$ を考えると, $(s_i, r_i) \in \mathbb{Z}^2$ は格子 L 上のベクトルである. また, 各 i に対して $s_i \ll r_i$ の場合, 格子 L の基底行列 $\mathbf{B}$ に対する Lagrange 基底簡約アルゴリズム (アルゴリズム 2) の **do while** 文内の 1 回の処理は Euclid の互除法における漸化式 (2.6) とほぼ一致する[17]. 実際, Lagrange 基底簡約アルゴリズムで更新された基底行列を

17) 具体的には, 整数 q の求め方が少し異なる.

$$\mathbf{B} = \begin{pmatrix} \mathbf{b}_1 \\ \mathbf{b}_2 \end{pmatrix} = \begin{pmatrix} s_i & r_i \\ s_{i-1} & r_{i-1} \end{pmatrix}$$

としたとき, $s_{i-1} \ll r_{i-1}$ かつ $s_i \ll r_i$ であれば

$$\frac{\langle \mathbf{b}_1, \mathbf{b}_2 \rangle}{\|\mathbf{b}_1\|^2} = \frac{s_i s_{i-1} + r_i r_{i-1}}{s_i^2 + r_i^2} \approx \frac{r_i r_{i-1}}{r_i^2} = \frac{r_{i-1}}{r_i}$$

となる. よって, アルゴリズム 2 の **do while** 文内の処理で, 基底行列は

$$\begin{pmatrix} s_{i-1} - qs_i & r_{i-1} - qr_i \\ s_i & r_i \end{pmatrix} = \begin{pmatrix} s_{i+1} & r_{i+1} \\ s_i & r_i \end{pmatrix}, \quad q = \left\lfloor \frac{r_{i-1}}{r_i} \right\rceil \in \mathbb{Z}$$

に更新される. ただし, $s_i \not\ll r_i$ の場合は漸化式 (2.6) とは一致しない.

注意 2.1.9 Euclid の互除法の漸化式 (2.6) を行列で表すと

$$\begin{pmatrix} t_{i+1} & s_{i+1} & r_{i+1} \\ t_i & s_i & r_i \end{pmatrix} = \begin{pmatrix} -q & 1 \\ 1 & 0 \end{pmatrix} \begin{pmatrix} t_i & s_i & r_i \\ t_{i-1} & s_{i-1} & r_{i-1} \end{pmatrix} \tag{2.8}$$

であり, その初期条件は

$$\begin{pmatrix} t_0 & s_0 & r_0 \\ t_{-1} & s_{-1} & r_{-1} \end{pmatrix} = \begin{pmatrix} 1 & 0 & b \\ 0 & 1 & a \end{pmatrix}$$

である．ここで，この初期条件の行列を基底行列とする $\mathbb{R}^3$ の 2 次元格子を $\bar{L}$ とする．まず，(2.8) の行列間の関係はユニモジュラ変換なので，格子 $\bar{L}$ はすべてのベクトル $(t_i, s_i, r_i) \in \mathbb{Z}^3$ を含む[18]．また，格子 $\bar{L}$ はベクトル $\mathbf{v} = (b, a, -1)$ と直交する整数格子[19]

$$\left\{ \mathbf{w} = (t, s, r) \in \mathbb{Z}^3 : \langle \mathbf{v}, \mathbf{w} \rangle = bt + as - r = 0 \right\}$$

に一致することが容易に分かる．したがって，格子 $\bar{L}$ 上のベクトル (t_i, s_i, r_i) はベクトル $\mathbf{v}$ と直交するので，$as_i + bt_i = r_i$ を満たすことが分かる．

2.2 サイズ基底簡約

本節以降，一般次元の格子基底に対する基底簡約アルゴリズムを紹介する．ここでは，様々な格子基底簡約アルゴリズムの基本的な構成要素であるサイズ基底簡約アルゴリズムを紹介する．まず，Hermite [37] が紹介した次の簡約基底の概念を定義する：

定義 2.2.1 n 次元格子 L の基底 $\{\mathbf{b}_1, \ldots, \mathbf{b}_n\}$ の GSO 係数 $\mu_{i,j}$ が[20]，

$$|\mu_{i,j}| \leq \frac{1}{2} \quad (1 \leq \forall j < \forall i \leq n) \tag{2.9}$$

を満たすとき，その基底は**サイズ簡約されている** (size-reduced) という．

n 次元格子 L のサイズ簡約基底 $\{\mathbf{b}_1, \ldots, \mathbf{b}_n\}$ に対し，その GSO ベクトルを $\mathbf{b}_1^*, \ldots, \mathbf{b}_n^*$，GSO 係数を $\mu_{i,j}$ $(1 \leq j < i \leq n)$ とする．このとき幾何的には，任意の $2 \leq i \leq n$ に対して，基底ベクトル $\mathbf{b}_1, \ldots, \mathbf{b}_{i-1}$ で生成される $\mathbb{R}$-ベクトル空間 $V = \langle \mathbf{b}_1, \ldots, \mathbf{b}_{i-1} \rangle_{\mathbb{R}}$ に対する $\mathbf{b}_i$ の射影 $\mathbf{b}_i - \mathbf{b}_i^* \in V$ は平行体

$$\left\{ \sum_{j=1}^{i-1} x_j \mathbf{b}_j^* : x_j \in \mathbb{R}, |x_j| \leq \frac{1}{2} \right\}$$

に含まれる．また，任意の $1 \leq i \leq n$ に対して，

$$\|\mathbf{b}_i\|^2 = \|\mathbf{b}_i^*\|^2 + \sum_{j=1}^{i-1} \mu_{i,j}^2 \|\mathbf{b}_j^*\|^2 \leq \|\mathbf{b}_i^*\|^2 + \frac{1}{4} \sum_{j=1}^{i-1} \|\mathbf{b}_j^*\|^2$$

が成り立つ．これにより，すべての GSO ベクトル $\mathbf{b}_j^*$ が短ければ，各基底ベクトル $\mathbf{b}_i$ も短くなる傾向にあることが分かる[21]．

[18]
式 (2.7) の行列 $\mathbf{B}$ で生成される 2 次元格子 L はベクトル (s_i, r_i) を含み，そのベクトルは格子 $\bar{L}$ の元 (t_i, s_i, r_i) と対応する．つまり，$\bar{L}$ は $\mathbb{R}^2$ の格子 L を $\mathbb{R}^3$ の空間に持ち上げた格子である．

[19]
この集合は $\mathbb{R}^3$ の非自明な離散加法部分群なので，定理 1.3.6 より格子である（特に直交格子と呼ばれる）．

[20]
GSO を考える場合は，必ず $\{\mathbf{b}_1, \ldots, \mathbf{b}_n\}$ を順序付き基底として考える必要がある．

[21]
後述の LLL 基底簡約やその改良は各基底ベクトル $\mathbf{b}_i$ を短くするアルゴリズムである．

アルゴリズム 3 Size-reduce(i, j): 部分サイズ基底簡約アルゴリズム

Input: n 次元格子 $L \subseteq \mathbb{Z}^m$ の基底 $\{\mathbf{b}_1, \ldots, \mathbf{b}_n\}$ とその GSO 係数 $\mu_{k,\ell}$, 2 つの自然数 $1 \leq j < i \leq n$ (すべての GSO 係数は事前に計算されているとする)

Output: $|\mu_{i,j}| \leq \frac{1}{2}$ を満たす格子 L の基底 $\{\mathbf{b}_1, \ldots, \mathbf{b}_n\}$ とその GSO 係数 $\mu_{k,\ell}$

1: **if** $|\mu_{i,j}| > \frac{1}{2}$ **then**
2: $\quad q \leftarrow \lfloor \mu_{i,j} \rceil$, $\mathbf{b}_i \leftarrow \mathbf{b}_i - q\mathbf{b}_j$ /* $|\mu_{i,j}| \leq \frac{1}{2}$ となるように $\mathbf{b}_i$ を取り直す */
3: $\quad$ **for** $\ell = 1$ to j **do**
4: $\quad\quad \mu_{i,\ell} \leftarrow \mu_{i,\ell} - q\mu_{j,\ell}$ /* GSO 係数の更新 (常に $\mu_{j,j} = 1$ とする) */
5: $\quad$ **end for**
6: **end if**

[22)]
部分サイズ基底簡約アルゴリズムは, 後述のサイズ基底簡約アルゴリズムにおいてサブルーチンとして用いられる.

アルゴリズム 3 に部分サイズ基底簡約アルゴリズムを示す[22)]. アルゴリズム 3 では, 入力する n 次元の格子基底 $\{\mathbf{b}_1, \ldots, \mathbf{b}_n\}$ に対して, 事前にすべての GSO 係数 $\mu_{k,\ell}$ $(1 \leq \ell < k \leq n)$ が計算されているものとする. 入力する 2 つの自然数 $1 \leq j < i \leq n$ に対して, アルゴリズム 3 は $|\mu_{i,j}| \leq \frac{1}{2}$ となるように基底ベクトル $\mathbf{b}_i$ のみを取り直し, それにあわせて GSO 係数 $\mu_{i,\ell}$ $(1 \leq \ell \leq j)$ を更新する. 部分サイズ基底簡約アルゴリズムに関して, 次の性質が成り立つ:

命題 2.2.2 n 次元格子 L の基底を $\{\mathbf{b}_1, \ldots, \mathbf{b}_n\}$ とし, その GSO ベクトルを $\mathbf{b}_1^*, \ldots, \mathbf{b}_n^*$, GSO 係数を $\mu_{k,\ell}$ $(1 \leq \ell < k \leq n)$ とする. 入力する 2 つの自然数 $1 \leq j < i \leq n$ と基底 $\{\mathbf{b}_1, \ldots, \mathbf{b}_n\}$ に対する部分サイズ基底簡約アルゴリズムの出力基底を $\{\mathbf{c}_1, \ldots, \mathbf{c}_n\}$ とする. つまり,

$$\mathbf{c}_i = \mathbf{b}_i - \lfloor \mu_{i,j} \rceil \mathbf{b}_j, \quad \mathbf{c}_k = \mathbf{b}_k \quad (k \neq i)$$

を満たす. 出力基底 $\{\mathbf{c}_1, \ldots, \mathbf{c}_n\}$ の GSO ベクトルを $\mathbf{c}_1^*, \ldots, \mathbf{c}_n^*$, GSO 係数を $\nu_{k,\ell}$ $(1 \leq \ell < k \leq n)$ としたとき, 以下が成り立つ:

(1) 部分サイズ基底簡約アルゴリズムによって GSO ベクトルは変化しない. つまり, $\mathbf{c}_k^* = \mathbf{b}_k^*$ $(1 \leq k \leq n)$ が成り立つ.

(2) 任意の $1 \leq \ell \leq j$ に対して, $\nu_{i,\ell} = \mu_{i,\ell} - \lfloor \mu_{i,j} \rceil \mu_{j,\ell}$ が成り立つ (ただし, $\mu_{j,j} = 1$ とする). 特に, 明らかに $|\nu_{i,j}| \leq \frac{1}{2}$ が成り立つ. 一方, その他の GSO 係数は変化しない.

証明 (1) $2 \leq k \leq n$ に対し π_k, π_k' をそれぞれ $\langle \mathbf{b}_1, \ldots, \mathbf{b}_{k-1} \rangle_{\mathbb{R}}$ および $\langle \mathbf{c}_1, \ldots, \mathbf{c}_{k-1} \rangle_{\mathbb{R}}$ の直交補空間への射影とし[23)], $\pi_1 = \pi_1' = \mathrm{id}$ とする. このとき, $\mathbf{c}_i = \mathbf{b}_i - \lfloor \mu_{i,j} \rceil \mathbf{b}_j$ かつ $\mathbf{c}_k = \mathbf{b}_k$ $(k \neq i)$ より, 任意の $1 \leq k \leq n$ に対し

[23)]
直交射影は基底の取り方に依存することに注意.

アルゴリズム 4 Size-reduce：サイズ基底簡約アルゴリズム

Input: n 次元格子 $L \subseteq \mathbb{Z}^m$ の基底 $\{\mathbf{b}_1, \dots, \mathbf{b}_n\}$
Output: サイズ簡約基底 $\{\mathbf{b}_1, \dots, \mathbf{b}_n\}$ とその GSO 係数 $\mu_{i,j}$ $(1 \le j < i \le n)$
 1: GSO 係数 $\mu_{i,j}$ $(1 \le j < i \le n)$ を計算（アルゴリズム 1 を参照）
 2: **for** $i = 2$ to n **do**
 3:    **for** $j = i - 1$ downto 1 **do**
 4:       Size-reduce(i, j) /∗ 部分サイズ基底簡約アルゴリズムを適用 ∗/
 5:    **end for**
 6: **end for**

$\pi_k = \pi_k'$ が成り立つ．よって，$k \ne i$ に対して，$\mathbf{c}_k^* = \pi_k'(\mathbf{c}_k) = \pi_k(\mathbf{b}_k) = \mathbf{b}_k^*$ が成り立つ．また，$\mathbf{c}_i^* = \pi_i'(\mathbf{c}_i) = \pi_i(\mathbf{b}_i - \lfloor \mu_{i,j} \rceil \mathbf{b}_j) = \pi_i(\mathbf{b}_i) = \mathbf{b}_i^*$ が成り立つ．

(2) (1) と $\mathbf{c}_i$ の定義より，任意の $1 \le \ell \le j$ に対して

$$\nu_{i,\ell} = \frac{\langle \mathbf{c}_i, \mathbf{c}_\ell^* \rangle}{\|\mathbf{c}_\ell^*\|^2} = \frac{\langle \mathbf{b}_i - \lfloor \mu_{i,j} \rceil \mathbf{b}_j, \mathbf{b}_\ell^* \rangle}{\|\mathbf{b}_\ell^*\|^2} = \mu_{i,\ell} - \lfloor \mu_{i,j} \rceil \mu_{j,\ell}$$

が成り立つ．その他の GSO 係数が変化しないことは，(1) と $\mathbf{c}_k = \mathbf{b}_k$ $(k \ne i)$ から明らかに分かる． □

アルゴリズム 4 にサイズ基底簡約アルゴリズムを示す[24]．入力する n 次元格子基底 $\{\mathbf{b}_1, \dots, \mathbf{b}_n\}$ に対して，すべての $1 \le j < i \le n$ に関する部分サイズ基底簡約アルゴリズムを行うことで，サイズ簡約基底を出力する[25]．命題 2.2.2 より入力基底の GSO ベクトルを一切変えることなく，GSO 係数が小さくなるように基底変換し基底ベクトルを短くすることができる．

例 2.2.3 3 次元格子 $L \subseteq \mathbb{Z}^3$ の基底行列を

$$\mathbf{B} = \begin{pmatrix} \mathbf{b}_1 \\ \mathbf{b}_2 \\ \mathbf{b}_3 \end{pmatrix} = \begin{pmatrix} 5 & -3 & -7 \\ 2 & -7 & -7 \\ 3 & -10 & 0 \end{pmatrix}$$

とする．基底行列 $\mathbf{B}$ に対してサイズ基底簡約アルゴリズムを適用することで，サイズ簡約基底行列を求めてみる．基底行列 $\mathbf{B}$ の GSO 係数行列は

$$(\mu_{i,j}) = \begin{pmatrix} 1 & 0 & 0 \\ 0.96385 & 1 & 0 \\ 0.54216 & 1.3107 & 1 \end{pmatrix}$$

---

24)
アルゴリズム 4 のステップ 2,3 の (i, j)-順序で部分サイズ基底簡約していくことが重要である．

25)
サイズ基底簡約アルゴリズムの計算量については，[61, p.43] などを参照．

となる. 基底行列 $\mathbf{B}$ と GSO 係数行列 $(\mu_{i,j})$ はサイズ基底簡約アルゴリズム (アルゴリズム 4) により以下のように更新される:

1. まず, $(i,j) = (2,1)$ で部分サイズ基底簡約され, 以下のようになる:

$$\mathbf{B} = \begin{pmatrix} 5 & -3 & -7 \\ -3 & -4 & 0 \\ 3 & -10 & 0 \end{pmatrix}, \quad (\mu_{i,j}) = \begin{pmatrix} 1 & 0 & 0 \\ -0.03614 & 1 & 0 \\ 0.54216 & 1.3107 & 1 \end{pmatrix}$$

2. 次に, $(i,j) = (3,2)$ で部分サイズ基底簡約され, 以下のようになる:

$$\mathbf{B} = \begin{pmatrix} 5 & -3 & -7 \\ -3 & -4 & 0 \\ 6 & -6 & 0 \end{pmatrix}, \quad (\mu_{i,j}) = \begin{pmatrix} 1 & 0 & 0 \\ -0.03614 & 1 & 0 \\ 0.57831 & 0.31074 & 1 \end{pmatrix}$$

3. 最後に, $(i,j) = (3,1)$ で部分サイズ基底簡約され, 以下が出力される:

$$\mathbf{B} = \begin{pmatrix} \mathbf{b}_1 \\ \mathbf{b}_2 \\ \mathbf{b}_3 \end{pmatrix} = \begin{pmatrix} 5 & -3 & -7 \\ -3 & -4 & 0 \\ 1 & -3 & 7 \end{pmatrix}, \quad (\mu_{i,j}) = \begin{pmatrix} 1 & 0 & 0 \\ -0.03614 & 1 & 0 \\ -0.42168 & 0.31074 & 1 \end{pmatrix}$$

出力された基底はサイズ簡約基底の条件 (2.9) を満たす. また, 出力された基底ベクトル $\mathbf{b}_2, \mathbf{b}_3$ は元の基底ベクトルより短くなっていることに注意する[26].

[26]
例えば, 元の第 2 基底ベクトル $\mathbf{b}_2 = (2, -7, -7)$ のノルム $\sqrt{102} \approx 10.1$ に対して, 出力された第 2 基底ベクトル $\mathbf{b}_2 = (-3, 4, 0)$ のノルムは 5 と短くなっている.

2.3 LLL 基底簡約

本節では, 2 次元格子上の効率的な SVP 解法である Lagrange 基底簡約アルゴリズム (アルゴリズム 2) の一般次元への拡張である LLL 基底簡約アルゴリズム [49] について紹介する. Lagrange 基底簡約アルゴリズムは 2 次元格子上の最短な非零ベクトルを見つけ出すのに対して, LLL 基底簡約は一般次元の格子上の最短ベクトルを必ず見つけ出すわけではない. 具体的には, LLL 基底簡約アルゴリズムは n 次元格子 L の第 1 次逐次最小 $\lambda_1(L)$ にある指数因子をかけた値より小さいノルムを持つ格子ベクトルを効率的に見つけ出すアルゴリズムである. つまり, LLL 基底簡約はある指数因子による近似版の最短ベクトル問題 (定義 1.7.2) を効率的に解くアルゴリズムである.

2.3.1 LLL 簡約基底とその性質

定義 2.3.1 n 次元格子 L の基底 $\{\mathbf{b}_1, \ldots, \mathbf{b}_n\}$ の GSO ベクトルを $\mathbf{b}_1^*, \ldots, \mathbf{b}_n^*$, GSO 係数を $\mu_{i,j}$ $(1 \leq j < i \leq n)$ とする. 簡約パラメータ $\frac{1}{4} < \delta < 1$ に関する次の 2 つの条件を満たすとき, その基底は δ に関して **LLL 簡約されている** (Lenstra-Lenstra-Lovász (LLL)-reduced) という:

(i) 基底 $\{\mathbf{b}_1, \ldots, \mathbf{b}_n\}$ はサイズ簡約されている（定義 2.2.1）.

(ii) 任意の $2 \leq k \leq n$ に対して, $\delta \left\| \mathbf{b}_{k-1}^* \right\|^2 \leq \left\| \pi_{k-1}(\mathbf{b}_k) \right\|^2$ を満たす（これを **Lovász 条件** と呼ぶ）. ただし, 各 $1 \leq \ell \leq n$ に対して, π_ℓ は $\mathbb{R}$-ベクトル空間 $\langle \mathbf{b}_1, \ldots, \mathbf{b}_{\ell-1} \rangle_{\mathbb{R}}$ の直交補空間への直交射影とする（ただし, π_1 は恒等写像とする）.

直交射影 π_{k-1} の定義より, 上記の Lovász 条件の不等式は

$$\|\mathbf{b}_k^*\|^2 \geq (\delta - \mu_{k,k-1}^2)\|\mathbf{b}_{k-1}^*\|^2 \tag{2.10}$$

とかき直すことができる. LLL 簡約基底は以下の性質を持つ:

定理 2.3.2 n 次元格子 L の基底 $\{\mathbf{b}_1, \ldots, \mathbf{b}_n\}$ が簡約パラメータ $\frac{1}{4} < \delta < 1$ に関して LLL 簡約されているとする. このとき,

$$\alpha = \frac{4}{4\delta - 1}$$

とおくと, 次が成り立つ:

(1) 任意の $1 \leq j \leq i \leq n$ に対して, $\|\mathbf{b}_j^*\|^2 \leq \alpha^{i-j}\|\mathbf{b}_i^*\|^2$ が成り立つ.

(2) 不等式 $\|\mathbf{b}_1\| \leq \alpha^{\frac{n-1}{4}} \mathrm{vol}(L)^{\frac{1}{n}}$ が成り立つ.

(3) 任意の $1 \leq i \leq n$ に対して, $\|\mathbf{b}_i\| \leq \alpha^{\frac{n-1}{2}} \lambda_i(L)$ が成り立つ.

(4) 不等式 $\prod_{i=1}^{n} \|\mathbf{b}_i\| \leq \alpha^{\frac{n(n-1)}{4}} \mathrm{vol}(L)$ が成り立つ.

証明 (1) 任意の $2 \leq k \leq n$ に対して, 不等式 (2.10) とサイズ基底簡約の条件 (2.9) より

$$\|\mathbf{b}_k^*\|^2 \geq (\delta - \mu_{k,k-1}^2)\|\mathbf{b}_{k-1}^*\|^2 \geq \left(\delta - \frac{1}{4}\right)\|\mathbf{b}_{k-1}^*\|^2$$

が成り立つ. これより, $\|\mathbf{b}_{k-1}^*\|^2 \leq \alpha\|\mathbf{b}_k^*\|^2$ が成り立つ. よって, 任意の

$1 \leq j \leq i \leq n$ に対して，$\|\mathbf{b}_j^*\|^2 \leq \alpha \|\mathbf{b}_{j+1}^*\|^2 \leq \cdots \leq \alpha^{i-j}\|\mathbf{b}_i^*\|^2$ が成り立つ．
(2) 任意の $1 \leq i \leq n$ に対して，(1) より $\|\mathbf{b}_1\|^2 \leq \alpha^{i-1}\|\mathbf{b}_i^*\|^2$ が成り立つ．すべての $1 \leq i \leq n$ に関するこれらの不等式の両辺をかけ合わせることで，

$$\|\mathbf{b}_1\|^{2n} \leq \prod_{i=1}^{n} \alpha^{i-1}\|\mathbf{b}_i^*\|^2 = \alpha^{\frac{n(n-1)}{2}} \mathrm{vol}(L)^2$$

が得られる．これより，性質 (2) が成り立つ．
(3) 任意の $1 \leq i \leq n$ に対して，(1) より

$$\|\mathbf{b}_i\|^2 \leq \|\mathbf{b}_i^*\|^2 + \frac{1}{4}\sum_{j=1}^{i-1}\|\mathbf{b}_j^*\|^2$$

$$\leq \|\mathbf{b}_i^*\|^2 + \frac{1}{4}\sum_{j=1}^{i-1}\alpha^{i-j}\|\mathbf{b}_i^*\|^2$$

$$= \left(1 + \frac{\alpha^i - \alpha}{4(\alpha-1)}\right)\|\mathbf{b}_i^*\|^2$$

が成り立つ．ここで，任意の $1 \leq i \leq n$ に対して，

$$1 + \frac{\alpha^i - \alpha}{4(\alpha-1)} \leq \alpha^{i-1} \tag{2.11}$$

を示す．まず，$3\alpha \geq 4$ より $\dfrac{\alpha}{4(\alpha-1)} \leq 1$ が成り立つ．これより，

$$\frac{\alpha^i - \alpha}{4(\alpha-1)} = \frac{\alpha(\alpha^{i-1}-1)}{4(\alpha-1)} \leq \alpha^{i-1} - 1$$

であるので，不等式 (2.11) が成り立つことを示せた．

不等式 (2.11) から，任意の $1 \leq i \leq n$ に対して，

$$\|\mathbf{b}_i\|^2 \leq \alpha^{i-1}\|\mathbf{b}_i^*\|^2 \tag{2.12}$$

が成り立つ．さらに (1) より，任意の $i \leq k \leq n$ に対して，

$$\|\mathbf{b}_i\|^2 \leq \alpha^{i-1}\|\mathbf{b}_i^*\|^2$$

$$\leq \alpha^{i-1}\alpha^{k-i}\|\mathbf{b}_k^*\|^2 \leq \alpha^{n-1}\|\mathbf{b}_k^*\|^2$$

である．よって，補題 1.4.2 より

$$\|\mathbf{b}_i\| \leq \alpha^{\frac{n-1}{2}} \min\{\|\mathbf{b}_i^*\|, \ldots, \|\mathbf{b}_n^*\|\} \leq \alpha^{\frac{n-1}{2}}\lambda_i(L)$$

が成り立つ．

(4) すべての $1 \leq i \leq n$ に関する不等式 (2.12) の両辺をかけ合わせることで,

$$\prod_{i=1}^{n} \|\mathbf{b}_i\|^2 \leq \left(\prod_{i=1}^{n} \alpha^{i-1}\right) \mathrm{vol}(L)^2 = \alpha^{\frac{n(n-1)}{2}} \mathrm{vol}(L)^2$$

が成り立つ. これですべての性質が示せた. $\qquad\square$

注意 2.3.3　n 次元格子 L の $\frac{1}{4} < \delta < 1$ に関する LLL 簡約基底を $\{\mathbf{b}_1, \dots, \mathbf{b}_n\}$ とする. 定理 2.3.2 と同様に, $\alpha = \frac{4}{4\delta-1} > \frac{4}{3}$ とおく. 任意の $1 \leq j \leq i \leq n$ に対して, 不等式 (2.12) と定理 2.3.2 (1) より $\|\mathbf{b}_j\|^2 \leq \alpha^{j-1}\|\mathbf{b}_j^*\|^2 \leq \alpha^{i-1}\|\mathbf{b}_i^*\|^2$ である. よって, 定理 1.2.2 (2) より, $\alpha^{1-i}\|\mathbf{b}_j\|^2 \leq \|\mathbf{b}_i^*\|^2 \leq \|\mathbf{b}_i\|^2$ が成り立つ. ゆえに, $\mathbf{b}_1, \dots, \mathbf{b}_i \in L$ が一次独立であることに注意すると,

$$\alpha^{1-i}\lambda_i(L)^2 \leq \alpha^{1-i}\max\{\|\mathbf{b}_1\|^2, \dots, \|\mathbf{b}_i\|^2\} \leq \|\mathbf{b}_i\|^2$$

が成り立つことが分かる. 定理 2.3.2 (3) の不等式とあわせることで, 任意の $1 \leq i \leq n$ に対して,

$$\alpha^{\frac{1-i}{2}}\lambda_i(L) \leq \|\mathbf{b}_i\| \leq \alpha^{\frac{n-1}{2}}\lambda_i(L)$$

が成り立つ. これより, LLL 簡約基底ベクトルのノルム $\|\mathbf{b}_i\|$ と逐次最小 $\lambda_i(L)$ の隔たりは高々 $\alpha^{\frac{n-1}{2}}$ であることが分かる[27].

[27]
つまり, $\|\mathbf{b}_i\|$ と $\lambda_i(L)$ の隔たりは格子次元 n に関して高々指数的である.

2.3.2　LLL 基底簡約アルゴリズム

アルゴリズム 5 に LLL 基底簡約アルゴリズムを示す[28]. LLL 基底簡約アルゴリズムは, 入力する n 次元格子 L の基底 $\{\mathbf{b}_1, \dots, \mathbf{b}_n\}$ と簡約パラメータ $\frac{1}{4} < \delta < 1$ に対して, 格子 L の δ に関する LLL 簡約基底を出力する. 2 次元格子上の Lagrange 基底簡約アルゴリズムとは異なり, LLL 簡約基底では入力基底 $\{\mathbf{b}_1, \dots, \mathbf{b}_n\}$ の GSO 係数 $\mu_{i,j}$ $(1 \leq j < i \leq n)$ と GSO ベクトルの 2 乗ノルム $B_i = \|\mathbf{b}_i^*\|^2$ $(1 \leq i \leq n)$ の値を利用して基底の更新を行う[29]. 具体的には, すべての $2 \leq k \leq n$ に対して, 次の 2 つのステップを行う:

1. （サイズ基底簡約）すべての $1 \leq j \leq k-1$ に対して, $\mathbf{b}_k \leftarrow \mathbf{b}_k - q\mathbf{b}_j$ を行う（ただし, $q = \lfloor \mu_{k,j} \rceil \in \mathbb{Z}$ とする）.

2. （基底ベクトルの交換）隣り合う基底ベクトル $\mathbf{b}_{k-1}, \mathbf{b}_k$ が Lovász 条件 (2.10) を満たさない場合, 基底ベクトル $\mathbf{b}_{k-1}, \mathbf{b}_k$ を交換する.

[28]
浮動小数点数演算による LLL 基底簡約の実装に関する注意点について, [81] を参照.

[29]
実装上は, 入力する格子基底に対して, その基底行列 $\mathbf{B}$ と GSO 係数行列 $(\mu_{i,j})$ と GSO ベクトルの 2 乗ノルム B_i の 3 つの情報を格納しておき, 基底行列と GSO 情報の更新を行うとよい（さらに, GSO 係数行列の対角成分に 1 を固定しておくと有用である）.

アルゴリズム 5 LLL：LLL 基底簡約アルゴリズム [49]

Input: n 次元格子 L の基底 $\{\mathbf{b}_1,\ldots,\mathbf{b}_n\}$ とパラメータ $\frac{1}{4} < \delta < 1$
Output: 格子 L の δ に関する LLL 簡約基底 $\{\mathbf{b}_1,\ldots,\mathbf{b}_n\}$
 1: 入力基底の GSO ベクトル $\mathbf{b}_i^*$ $(1 \le i \le n)$ と GSO 係数 $\mu_{i,j}$ $(1 \le j < i \le n)$ を
    計算 /∗ Gram-Schmidt アルゴリズム（アルゴリズム 1）で計算 ∗/
 2: $B_i \leftarrow \|\mathbf{b}_i^*\|^2$ $(1 \le i \le n)$
 3: $k \leftarrow 2$
 4: **while** $k \le n$ **do**
 5:     **for** $j = k-1$ downto 1 **do**
 6:         Size-reduce(k, j) /∗ 部分サイズ基底簡約（アルゴリズム 3）∗/
 7:     **end for**
 8:     **if** $B_k \ge (\delta - \mu_{k,k-1}^2)B_{k-1}$ **then**
 9:         $k \leftarrow k+1$ /∗ Lovász 条件を満たす場合 ∗/
10:     **else**
11:         $\mathbf{v} \leftarrow \mathbf{b}_{k-1}, \mathbf{b}_{k-1} \leftarrow \mathbf{b}_k, \mathbf{b}_k \leftarrow \mathbf{v}$ /∗ 基底ベクトル $\mathbf{b}_{k-1}, \mathbf{b}_k$ の交換 ∗/
12:         GSOUpdate-LLL(k) /∗ 隣り合う基底ベクトルの交換後，$B_{k-1}, B_k, \mu_{k,k-1}$,
             $\mu_{k-1,j}, \mu_{k,j}$ $(1 \le j \le k-2)$ と $\mu_{i,k-1}, \mu_{i,k}$ $(k+1 \le i \le n)$ を更新（後述
             のアルゴリズム 6 を参照）∗/
13:         $k \leftarrow \max\{k-1, 2\}$
14:     **end if**
15: **end while**

上記の基底ベクトル交換ステップにおいて，$\mathbf{b}_{k-1}, \mathbf{b}_k$ が Lovász 条件 (2.10) を満たさない場合，その基底ベクトルを交換した新しい基底を

$$\{\mathbf{c}_1,\ldots,\mathbf{c}_n\} = \{\mathbf{b}_1,\ldots,\mathbf{b}_{k-2},\mathbf{b}_k,\mathbf{b}_{k-1},\mathbf{b}_{k+1},\ldots,\mathbf{b}_n\} \tag{2.13}$$

30)
基底における基底ベクトルの順序は，その GSO 情報に影響を与える（後述の補題 2.3.6 を参照）．

とする[30]（ここでは，元の基底 $\{\mathbf{b}_1,\ldots,\mathbf{b}_n\}$ に対して，新しい基底を $\{\mathbf{c}_1,\ldots,\mathbf{c}_n\}$ と表す）．つまり，$\mathbf{c}_{k-1} = \mathbf{b}_k, \mathbf{c}_k = \mathbf{b}_{k-1}, \mathbf{c}_i = \mathbf{b}_i$ $(i \ne k-1, k)$ を満たす．新しい基底の GSO ベクトルを $\mathbf{c}_1^*,\ldots,\mathbf{c}_n^*$ とし，その 2 乗ノルムを $C_i = \|\mathbf{c}_i^*\|^2$ $(1 \le i \le n)$ とする．このとき，後述の補題 2.3.6 から，

$$\begin{cases} C_{k-1} = B_k + \mu_{k,k-1}^2 B_{k-1}, \quad C_k = \dfrac{B_{k-1}B_k}{C_{k-1}}, \\[2mm] C_i = B_i \ (i \ne k, k-1) \end{cases} \tag{2.14}$$

が成り立つ．隣り合う基底ベクトル $\mathbf{b}_{k-1}, \mathbf{b}_k$ が Lovász 条件 (2.10) を満たさないことより（つまり，$B_k < (\delta - \mu_{k,k-1}^2)B_{k-1}$ より），明らかに

$$C_{k-1} < \delta B_{k-1} \tag{2.15}$$

が成り立つ．つまり，基底ベクトル交換ステップにより，前半の GSO ベクトルの 2 乗ノルム B_{k-1} を少なくとも δ 倍ずつ短くできる．命題 2.2.2 よりサイ

ズ基底簡約ステップでは GSO ベクトルは変化しないので，LLL 簡約基底ア
ルゴリズムは入力基底の GSO ベクトルのノルムを前方から短くしていく．

もし LLL 基底簡約アルゴリズムが停止すれば，出力基底は LLL 簡約され
ていることは明らか．アルゴリズムの停止性については，以下が成り立つ：

定理 2.3.4 LLL 基底簡約アルゴリズム（アルゴリズム 5）に n 次元格子
$L \subseteq \mathbb{Z}^m$ の基底 $\{\mathbf{b}_1, \ldots, \mathbf{b}_n\}$ と簡約パラメータ $\frac{1}{4} < \delta < 1$ を入力したとする．
このとき，$X = \max_{1 \leq i \leq n} \|\mathbf{b}_i\|^2$ とおくと，アルゴリズム 5 の **while** 文内の
処理は高々 $O(n^2 \log X)$ の繰返しで停止する．つまり，LLL 簡約基底アルゴ
リズムは格子次元 n の多項式時間の繰返しで停止する[31]．

証明 入力基底の GSO ベクトルを $\mathbf{b}_1^*, \ldots, \mathbf{b}_n^*$ とし，その 2 乗ノルムを
$B_i = \|\mathbf{b}_i^*\|^2$ $(1 \leq i \leq n)$ とする．各 $1 \leq \ell \leq n$ に対して，$d_\ell = \prod_{i=1}^{\ell} B_i$
とおく．定理 1.2.2 (2) から任意の $1 \leq i \leq n$ に対して $\|\mathbf{b}_i^*\|^2 \leq \|\mathbf{b}_i\|^2 \leq X$ が
成り立つので，$d_\ell \leq X^\ell$ となる．また，命題 1.2.4 と仮定 $\mathbf{b}_i \in \mathbb{Z}^m$ $(1 \leq i \leq n)$
より，$d_\ell \in \mathbb{Z}$ $(1 \leq \ell \leq n)$ が成り立つ[32]．ここで[33]

$$D = \prod_{\ell=1}^{n-1} d_\ell = \prod_{i=1}^{n-1} B_i^{n-i} \in \mathbb{Z}$$

とおくと，明らかに $1 \leq D \leq X^{\frac{n(n-1)}{2}}$ が成り立つ．

アルゴリズム 5 の **while** 文内はサイズ基底簡約ステップと基底ベクトル交
換ステップで構成されている[34]．命題 2.2.2 よりサイズ基底簡約ステップで
は GSO ベクトルは変化しないので，D の値は変化しない．次に，基底ベクト
ル交換ステップによる D の値の変化を考える．(2.13) と同様に，隣り合う基
底ベクトル $\mathbf{b}_{k-1}$ と $\mathbf{b}_k$ の交換で得られる新しい基底を $\{\mathbf{c}_1, \ldots, \mathbf{c}_n\}$ とする．
新しい基底の GSO ベクトルの 2 乗ノルムを $C_i = \|\mathbf{c}_i^*\|^2$ $(1 \leq i \leq n)$ とし，
各 $1 \leq \ell \leq n$ に対して $d'_\ell = \prod_{i=1}^{\ell} C_i$ とおく[35]．式 (2.14) より，$\ell \neq k-1$ に
対して $d_\ell = d'_\ell$ が成り立つ．一方，$\ell = k-1$ に対しては不等式 (2.15) より
$d'_{k-1} < \delta d_{k-1}$ が成り立つ．これより，基底ベクトル交換ステップにより D の
値は少なくとも δ 倍ずつ減少していく．ゆえに，有限回の繰返しで，LLL 基
底簡約アルゴリズムは必ず停止する．アルゴリズム 5 の **while** 文内における
基底ベクトル交換ステップの総回数を N とすると，$1 \leq \delta^N D$ を満たすので

$$N \leq -\log_\delta(D) = \log_{1/\delta}(D) \leq \log_{1/\delta}\left(X^{\frac{n(n-1)}{2}}\right)$$

が成り立つ．ゆえに，総回数 N は高々 $O\left(n^2 \log X\right)$ である． □

[31]
LLL 簡約基底アルゴリズ
ムの計算量については，
[14, 4.3 節] や [28, 系
17.5.4] などを参照．

[32]
命題 1.2.4 の前の説明に
注意してほしい．

[33]
各 $1 \leq \ell \leq n-1$ に対し，
$\{\mathbf{b}_1, \ldots, \mathbf{b}_\ell\}$ で生成され
る格子 L の部分格子を
L_ℓ とおくと，$d_\ell = $
$\mathrm{vol}(L_\ell)^2$ となる．これよ
り，$D = \prod_{\ell=1}^{n-1} \mathrm{vol}(L_\ell)^2$
とも表せる．

[34]
それぞれアルゴリズム 5
のステップ 6 と 11 に対
応する．

[35]
すべての $1 \leq i \leq n$ に対
し $\mathbf{c}_i \in \mathbb{Z}^m$ より，$d'_\ell \in \mathbb{Z}$
に注意する．

注意 2.3.5　2 次元格子基底 $\{\mathbf{b}_1, \mathbf{b}_2\}$ に対する Lagrange 基底簡約アルゴリズム（アルゴリズム 2）は本質的には以下の 2 つのステップを行う：

1.　（サイズ基底簡約）$\mathbf{b}_2 \leftarrow \mathbf{b}_2 + q\mathbf{b}_1$（ただし，$q = -\left\lfloor \dfrac{\langle \mathbf{b}_1, \mathbf{b}_2 \rangle}{\|\mathbf{b}_1\|^2} \right\rceil$ とする）

2.　（基底ベクトルの交換）$\|\mathbf{b}_1\| > \|\mathbf{b}_2\|$ の場合，$\mathbf{b}_1, \mathbf{b}_2$ を交換する．

この類似から，LLL 基底簡約アルゴリズムの Lovász 条件 (2.10) に対応する Lagrange 基底簡約アルゴリズム内の条件は $\|\mathbf{b}_1\| \leq \|\mathbf{b}_2\|$ であることが分かる．一方，明らかにこの条件は $\delta = 1$ の場合の Lovász 条件 (2.10) である[36]．

2.3.3　LLL 基底簡約における効率的な GSO 更新

入力する n 次元格子基底 $\{\mathbf{b}_1, \ldots, \mathbf{b}_n\}$ に対して，LLL 基底簡約アルゴリズム（アルゴリズム 5）はすべての $2 \leq k \leq n$ において隣り合う基底ベクトル $\mathbf{b}_{k-1}, \mathbf{b}_k$ が Lovász 条件 (2.10) を満たすまで基底ベクトルの交換を行い，基底を更新する．隣り合う基底ベクトル $\mathbf{b}_{k-1}, \mathbf{b}_k$ の交換が行われるたびに，アルゴリズム 5 のステップ 12 において新しい基底の GSO 情報を更新する必要がある[37]．GSO 情報を更新する際に，Gram-Schmidt アルゴリズム（アルゴリズム 1）を適用できるが，GSO 情報をすべて再計算するため効率的ではない．ここでは，GSO 情報の再利用による効率的な更新方法を紹介する[38]．

補題 2.3.6　n 次元格子基底 $\{\mathbf{b}_1, \ldots, \mathbf{b}_n\}$ の GSO ベクトルを $\mathbf{b}_1^*, \ldots, \mathbf{b}_n^*$，GSO 係数を $\mu_{i,j}$ $(1 \leq j < i \leq n)$ とする．整数 $2 \leq k \leq n$ に対して，基底 $\{\mathbf{b}_1, \ldots, \mathbf{b}_n\}$ の隣り合う基底ベクトル $\mathbf{b}_{k-1}, \mathbf{b}_k$ が交換された新しい基底を (2.13) と同様に $\{\mathbf{c}_1, \ldots, \mathbf{c}_n\}$ とする．その新しい基底の GSO ベクトルを $\mathbf{c}_1^*, \ldots, \mathbf{c}_n^*$ とする．各 $1 \leq i \leq n$ に対して，$B_i = \|\mathbf{b}_i^*\|^2, C_i = \|\mathbf{c}_i^*\|^2$ とおく．このとき，$\mathbf{c}_i^* = \mathbf{b}_i^*$ $(i \neq k-1, k)$ と

$$\begin{cases} \mathbf{c}_{k-1}^* = \mathbf{b}_k^* + \mu_{k,k-1}\mathbf{b}_{k-1}^*, \\[2mm] \mathbf{c}_k^* = \dfrac{B_k}{C_{k-1}}\mathbf{b}_{k-1}^* - \dfrac{\mu_{k,k-1}B_{k-1}}{C_{k-1}}\mathbf{b}_k^* \end{cases} \tag{2.16}$$

が成り立つ．さらに，$C_i = B_i$ $(i \neq k-1, k)$ と

$$C_{k-1} = B_k + \mu_{k,k-1}^2 B_{k-1}, \quad C_k = \frac{B_{k-1}B_k}{C_{k-1}}$$

が成り立つ．

---

[36]　しかし，$\delta = 1$ のときの LLL 簡約基底アルゴリズムが格子次元の多項式時間で停止するかどうかは証明されていない．

[37]　後述の補題 2.3.6 で示すように，基底ベクトルの交換により GSO 情報が変化するため，基底更新のたびに GSO 情報も更新していく必要がある．

[38]　下記の補題 2.3.6 で，新しい基底 $\{\mathbf{c}_1, \ldots, \mathbf{c}_n\}$ の GSO 情報は元の基底 $\{\mathbf{b}_1, \ldots, \mathbf{b}_n\}$ の GSO 情報から計算できる．

証明 各 $1 \leq i \leq n$ に対して，π_i と π_i' をそれぞれ $\mathbb{R}$-ベクトル空間 $V_i = \langle \mathbf{b}_1, \ldots, \mathbf{b}_{i-1} \rangle_{\mathbb{R}}$ と $W_i = \langle \mathbf{c}_1, \ldots, \mathbf{c}_{i-1} \rangle_{\mathbb{R}}$ の直交補空間への直交射影とする[39]（ただし，π_1, π_1' は恒等写像とする）．$\mathbf{c}_{k-1} = \mathbf{b}_k$，$\mathbf{c}_k = \mathbf{b}_{k-1}$，$\mathbf{c}_i = \mathbf{b}_i$ $(i \neq k-1, k)$ より，すべての $i \neq k$ に対して $V_i = W_i$ なので，$\pi_i = \pi_i'$ が成り立つ．よって，$i \neq k-1, k$ のとき，$\mathbf{c}_i^* = \pi_i'(\mathbf{c}_i) = \pi_i(\mathbf{b}_i) = \mathbf{b}_i^*$ が成り立ち，$C_i = B_i$ となる．また，

$$\mathbf{c}_{k-1}^* = \pi_{k-1}'(\mathbf{c}_{k-1}) = \pi_{k-1}(\mathbf{b}_k) = \mathbf{b}_k^* + \mu_{k,k-1} \mathbf{b}_{k-1}^*$$

> [39]
> GSO 情報と同様に，直交射影も基底に依存することに注意する．

が成り立ち，$C_{k-1} = B_k + \mu_{k,k-1}^2 B_{k-1}$ となる．さらに，定義 (1.8) から，

$$
\begin{aligned}
\mathbf{c}_k^* &= \mathbf{c}_k - \sum_{i=1}^{k-1} \frac{\langle \mathbf{c}_k, \mathbf{c}_i^* \rangle}{C_i} \mathbf{c}_i^* \\
&= \mathbf{b}_{k-1} - \sum_{i=1}^{k-2} \frac{\langle \mathbf{b}_{k-1}, \mathbf{b}_i^* \rangle}{B_i} \mathbf{b}_i^* - \frac{\langle \mathbf{b}_{k-1}, \mathbf{c}_{k-1}^* \rangle}{C_{k-1}} \mathbf{c}_{k-1}^* \\
&= \mathbf{b}_{k-1}^* - \frac{\langle \mathbf{b}_{k-1}, \mathbf{c}_{k-1}^* \rangle}{C_{k-1}} \mathbf{c}_{k-1}^* \\
&= \mathbf{b}_{k-1}^* - \frac{\langle \mathbf{b}_{k-1}, \mathbf{b}_k^* + \mu_{k,k-1} \mathbf{b}_{k-1}^* \rangle}{C_{k-1}} \left(\mathbf{b}_k^* + \mu_{k,k-1} \mathbf{b}_{k-1}^* \right) \\
&= \mathbf{b}_{k-1}^* - \frac{\mu_{k,k-1} B_{k-1}}{C_{k-1}} \left(\mathbf{b}_k^* + \mu_{k,k-1} \mathbf{b}_{k-1}^* \right) \\
&= \frac{C_{k-1} - \mu_{k,k-1}^2 B_{k-1}}{C_{k-1}} \mathbf{b}_{k-1}^* - \frac{\mu_{k,k-1} B_{k-1}}{C_{k-1}} \mathbf{b}_k^* \\
&= \frac{B_k}{C_{k-1}} \mathbf{b}_{k-1}^* - \frac{\mu_{k,k-1} B_{k-1}}{C_{k-1}} \mathbf{b}_k^*
\end{aligned}
$$

が成り立つ．また，GSO ベクトル $\mathbf{c}_k^*$ の 2 乗ノルム C_k については，

$$
\begin{aligned}
C_k &= \frac{B_{k-1} B_k^2}{C_{k-1}^2} + \frac{\mu_{k,k-1}^2 B_{k-1}^2 B_k}{C_{k-1}^2} \\
&= \frac{B_{k-1} B_k}{C_{k-1}^2} \left(B_k + \mu_{k,k-1}^2 B_{k-1} \right) = \frac{B_{k-1} B_k}{C_{k-1}}
\end{aligned}
$$

が成り立つ． $\square$

補題 2.3.7 補題 2.3.6 において，基底 $\{\mathbf{c}_1, \ldots, \mathbf{c}_n\}$ の GSO 係数を

$$\nu_{i,j} = \frac{\langle \mathbf{c}_i, \mathbf{c}_j^* \rangle}{C_j} \quad (1 \leq j < i \leq n)$$

アルゴリズム 6 GSOUpdate-LLL(k)：k での LLL 内の GSO 更新アルゴリズム

Input: n 次元格子基底 $\{\mathbf{b}_1,\ldots,\mathbf{b}_n\}$ の GSO 係数行列 $(\mu_{i,j})_{1\le i,j\le n}$，GSO ベクトルの 2 乗ノルム $B_i = \|\mathbf{b}_i^*\|^2$ $(1 \le i \le n)$ と整数 $2 \le k \le n$

Output: 隣り合う基底ベクトル $\mathbf{b}_{k-1}, \mathbf{b}_k$ が交換された新しい基底

$$\{\mathbf{b}_1,\ldots,\mathbf{b}_n\} \leftarrow \{\mathbf{b}_1,\ldots,\mathbf{b}_{k-2},\mathbf{b}_k,\mathbf{b}_{k-1},\mathbf{b}_{k+1},\ldots,\mathbf{b}_n\}$$

の GSO 係数行列 $(\mu_{i,j})_{1\le i,j\le n}$ と GSO ベクトルの 2 乗ノルム B_i $(1 \le i \le n)$

1: $\nu \leftarrow \mu_{k,k-1}$, $B \leftarrow B_k + \nu^2 B_{k-1}$
2: $\mu_{k,k-1} \leftarrow \nu B_{k-1}/B$, $B_k \leftarrow B_k B_{k-1}/B$, $B_{k-1} \leftarrow B$ /* $\mu_{k,k-1}, B_{k-1}, B_k$ の更新 */
3: **for** $j = 1$ to $k-2$ **do**
4:      $t \leftarrow \mu_{k-1,j}, \mu_{k-1,j} \leftarrow \mu_{k,j}, \mu_{k,j} \leftarrow t$ /* $\mu_{k-1,j}, \mu_{k,j}$ $(1 \le j \le k-2)$ の更新 */
5: **end for**
6: **for** $i = k+1$ to n **do**
7:      $t \leftarrow \mu_{i,k}, \mu_{i,k} \leftarrow \mu_{i,k-1} - \nu t$ /* $\mu_{i,k}$ $(k+1 \le i \le n)$ の更新 */
8:      $\mu_{i,k-1} \leftarrow t + \mu_{k,k-1}\mu_{i,k}$ /* $\mu_{i,k-1}$ $(k+1 \le i \le n)$ の更新 */
9: **end for**

とする．このとき，以下が成り立つ：

(1) $\nu_{k,k-1} = \dfrac{\mu_{k,k-1} B_{k-1}}{C_{k-1}}$．

(2)   各 $1 \le j \le k-2$ に対して，$\nu_{k-1,j} = \mu_{k,j}$ かつ $\nu_{k,j} = \mu_{k-1,j}$．

(3)   各 $k+1 \le i \le n$ に対して，

$$\nu_{i,k} = \mu_{i,k-1} - \mu_{k,k-1}\mu_{i,k} \text{ かつ } \nu_{i,k-1} = \mu_{i,k} + \nu_{k,k-1}\nu_{i,k}.$$

(4)   その他の $1 \le j < i \le n$ に対しては GSO 係数は変化しない．

証明   補題 2.3.6 より明らか．   □

アルゴリズム 6 に，隣り合う基底ベクトルの交換で得られる新しい基底における GSO 情報を効率的に更新するアルゴリズムを示す（アルゴリズムの正当性は補題 2.3.6 と 2.3.7 から従う）．特に，アルゴリズム 6 におけるステップ 7 と 8 は必ずこの順番どおりに行う必要がある．

注意 2.3.8   補題 2.3.7 において，各 $k+1 \le i \le n$ に対し

$$\begin{pmatrix} \nu_{i,k-1} \\ \nu_{i,k} \end{pmatrix} = \begin{pmatrix} 1 & \nu_{k,k-1} \\ 0 & 1 \end{pmatrix} \begin{pmatrix} 0 & 1 \\ 1 & -\mu_{k,k-1} \end{pmatrix} \begin{pmatrix} \mu_{i,k-1} \\ \mu_{i,k} \end{pmatrix}$$

が成り立つ．これより，アルゴリズム 6 のステップ 7 と 8 の正当性が成り立つ．

例 2.3.9 3 次元格子 $L \subseteq \mathbb{Z}^3$ の基底行列を

$$\mathbf{B} = \begin{pmatrix} \mathbf{b}_1 \\ \mathbf{b}_2 \\ \mathbf{b}_3 \end{pmatrix} = \begin{pmatrix} 9 & 2 & 7 \\ 8 & 6 & 1 \\ 3 & 2 & 6 \end{pmatrix}$$

とする．基底行列 $\mathbf{B}$ に対して LLL 基底簡約アルゴリズム（アルゴリズム 5）を適用して，LLL 簡約基底行列を求めてみる．ここでは簡約パラメータを $\delta = 0.75$ とする．まず，入力基底行列 $\mathbf{B}$ の GSO 係数行列 $(\mu_{i,j})$ と GSO ベクトル $\mathbf{b}_1^*, \mathbf{b}_2^*, \mathbf{b}_3^*$ の 2 乗ノルム $B_i = \|\mathbf{b}_i^*\|^2$ $(1 \le i \le 3)$ は

$$(\mu_{i,j}) = \begin{pmatrix} 1 & 0 & 0 \\ 0.6791 & 1 & 0 \\ 0.5448 & -0.1932 & 1 \end{pmatrix}, \quad \begin{pmatrix} B_1 \\ B_2 \\ B_3 \end{pmatrix} = \begin{pmatrix} 134 \\ 39.2 \\ 7.768 \end{pmatrix}$$

である．LLL 基底簡約アルゴリズムにより，基底行列 $\mathbf{B}$ と対応する $(\mu_{i,j})$ と B_i は以下のように更新される（左から順に基底行列 $\mathbf{B}$, GSO 係数行列 $(\mu_{i,j})$, 2 乗ノルム B_i を表す）：

1. $(k, j) = (2, 1)$ で部分サイズ基底簡約：

$$\begin{pmatrix} 9 & 2 & 7 \\ -1 & 4 & -6 \\ 3 & 2 & 6 \end{pmatrix}, \quad \begin{pmatrix} 1 & 0 & 0 \\ -0.3209 & 1 & 0 \\ 0.5448 & -0.1932 & 1 \end{pmatrix}, \quad \begin{pmatrix} 134 \\ 39.2 \\ 7.768 \end{pmatrix}$$

2. 基底ベクトル $\mathbf{b}_1, \mathbf{b}_2$ を交換（対応する $(\mu_{i,j})$ と B_i も更新）：

$$\begin{pmatrix} -1 & 4 & -6 \\ 9 & 2 & 7 \\ 3 & 2 & 6 \end{pmatrix}, \quad \begin{pmatrix} 1 & 0 & 0 \\ -0.8113 & 1 & 0 \\ -0.5849 & 0.4828 & 1 \end{pmatrix}, \quad \begin{pmatrix} 53 \\ 99.11 \\ 7.768 \end{pmatrix}$$

3. $(k, j) = (2, 1)$ で部分サイズ基底簡約：

$$\begin{pmatrix} -1 & 4 & -6 \\ 8 & 6 & 1 \\ 3 & 2 & 6 \end{pmatrix}, \quad \begin{pmatrix} 1 & 0 & 0 \\ 0.1887 & 1 & 0 \\ -0.5849 & 0.4828 & 1 \end{pmatrix}, \quad \begin{pmatrix} 53 \\ 99.11 \\ 7.768 \end{pmatrix}$$

4. $(k, j) = (3, 1)$ で部分サイズ基底簡約：

$$
\begin{pmatrix} -1 & 4 & -6 \\ 8 & 6 & 1 \\ 2 & 6 & 0 \end{pmatrix}, \quad
\begin{pmatrix} 1 & 0 & 0 \\ 0.1887 & 1 & 0 \\ 0.4151 & 0.4828 & 1 \end{pmatrix}, \quad
\begin{pmatrix} 53 \\ 99.11 \\ 7.768 \end{pmatrix}
$$

5. 基底ベクトル $\mathbf{b}_2, \mathbf{b}_3$ を交換：

$$
\begin{pmatrix} -1 & 4 & -6 \\ 2 & 6 & 0 \\ 8 & 6 & 1 \end{pmatrix}, \quad
\begin{pmatrix} 1 & 0 & 0 \\ 0.4151 & 1 & 0 \\ 0.1887 & 1.55 & 1 \end{pmatrix}, \quad
\begin{pmatrix} 53 \\ 30.87 \\ 24.94 \end{pmatrix}
$$

6. $(k, j) = (3, 2)$ で部分サイズ基底簡約：

$$
\begin{pmatrix} -1 & 4 & -6 \\ 2 & 6 & 0 \\ 4 & -6 & 1 \end{pmatrix}, \quad
\begin{pmatrix} 1 & 0 & 0 \\ 0.4151 & 1 & 0 \\ -0.6415 & -0.4499 & 1 \end{pmatrix}, \quad
\begin{pmatrix} 53 \\ 30.87 \\ 24.94 \end{pmatrix}
$$

7. $(k, j) = (3, 1)$ で部分サイズ基底簡約：

$$
\begin{pmatrix} -1 & 4 & -6 \\ 2 & 6 & 0 \\ 3 & -2 & -5 \end{pmatrix}, \quad
\begin{pmatrix} 1 & 0 & 0 \\ 0.4151 & 1 & 0 \\ 0.3585 & -0.4499 & 1 \end{pmatrix}, \quad
\begin{pmatrix} 53 \\ 30.87 \\ 24.94 \end{pmatrix}
$$

最後に，上記の基底行列が出力される．この基底行列が $\delta = 0.75$ に関して LLL 簡約されていることは簡単に確かめることができる．

簡約パラメータを $\delta = 0.99$ として LLL 基底簡約アルゴリズムを適用してみると，出力基底行列 $\mathbf{B}$ とそれに対応する $(\mu_{i,j})$ と B_i はそれぞれ

$$
\begin{pmatrix} 6 & 0 & 1 \\ 3 & -2 & -5 \\ 2 & 6 & 0 \end{pmatrix}, \quad
\begin{pmatrix} 1 & 0 & 0 \\ 0.3514 & 1 & 0 \\ 0.3243 & -0.3056 & 1 \end{pmatrix}, \quad
\begin{pmatrix} 37 \\ 33.43 \\ 32.99 \end{pmatrix}
$$

となる．$\delta = 0.75$ における LLL 基底簡約アルゴリズムの出力基底と比較すると，第 1 基底ベクトル $\mathbf{b}_1$ が短くなっていることに注意する（実際，$\delta = 0.75$ の場合の第 1 基底ベクトル $(-1, 4, -6)$ の 2 乗ノルムが 53 であったのに対し

て，$\delta = 0.99$ の場合の第 1 基底ベクトル $(6, 0, 1)$ の 2 乗ノルムが 37 と短く
なっている）．つまり，簡約パラメータ δ を十分 1 に近い値に設定すること
で，より短い格子ベクトルを見つけることができる．

例 2.3.10 4 次元格子 $L \subseteq \mathbb{Z}^4$ の基底行列

$$
\mathbf{B} = \begin{pmatrix} \mathbf{b}_1 \\ \mathbf{b}_2 \\ \mathbf{b}_3 \\ \mathbf{b}_4 \end{pmatrix} = \begin{pmatrix} -2 & 7 & 7 & -5 \\ 3 & -2 & 6 & -1 \\ 2 & -8 & -9 & -7 \\ 8 & -9 & 6 & -4 \end{pmatrix}
$$

に LLL 基底簡約アルゴリズムを適用してみる．ここでは簡約パラメータの限
界値 $\delta = 1$ を使ってみる．入力する基底行列 $\mathbf{B}$ の GSO 係数行列 $(\mu_{i,j})$, GSO
ベクトルの 2 乗ノルム $B_i = \|\mathbf{b}_i^*\|^2$ $(1 \leq i \leq 4)$ は

$$
(\mu_{i,j}) = \begin{pmatrix} 1 & 0 & 0 & 0 \\ 0.2126 & 1 & 0 & 0 \\ -0.6929 & -0.1421 & 1 & 0 \\ -0.1339 & 1.934 & 0.4583 & 1 \end{pmatrix}, \quad \begin{pmatrix} B_1 \\ B_2 \\ B_3 \\ B_4 \end{pmatrix} = \begin{pmatrix} 127 \\ 44.26 \\ 136.1 \\ 0.522 \end{pmatrix}
$$

である．LLL 基底簡約アルゴリズムの最初の数ステップは以下のように計算
される（左から順に基底行列 $\mathbf{B}$, GSO 係数行列 $(\mu_{i,j})$, 2 乗ノルム B_i を表す）：

1. 基底ベクトル $\mathbf{b}_1, \mathbf{b}_2$ を交換：

$$
\begin{pmatrix} 3 & -2 & 6 & -1 \\ -2 & 7 & 7 & -5 \\ 2 & -8 & -9 & -7 \\ 8 & -9 & 6 & -4 \end{pmatrix}, \quad \begin{pmatrix} 1 & 0 & 0 & 0 \\ 0.54 & 1 & 0 & 0 \\ -0.5 & -0.6627 & 1 & 0 \\ 1.64 & -0.5451 & 0.4583 & 1 \end{pmatrix}, \quad \begin{pmatrix} 50 \\ 112.4 \\ 136.1 \\ 0.522 \end{pmatrix}
$$

2. $(k, j) = (2, 1)$ で部分サイズ基底簡約：

$$
\begin{pmatrix} 3 & -2 & 6 & -1 \\ -5 & 9 & 1 & -4 \\ 2 & -8 & -9 & -7 \\ 8 & -9 & 6 & -4 \end{pmatrix}, \quad \begin{pmatrix} 1 & 0 & 0 & 0 \\ -0.46 & 1 & 0 & 0 \\ -0.5 & -0.6627 & 1 & 0 \\ 1.64 & -0.5451 & 0.4583 & 1 \end{pmatrix}, \quad \begin{pmatrix} 50 \\ 112.4 \\ 136.1 \\ 0.522 \end{pmatrix}
$$

最後のステップで

$$
\mathbf{B} = \begin{pmatrix} 2 & 3 & 1 & 1 \\ 2 & 0 & -2 & -4 \\ -2 & 2 & 3 & -3 \\ 3 & -2 & 6 & -1 \end{pmatrix}, \quad \begin{pmatrix} 1 & 0 & 0 & 0 \\ -0.1333 & 1 & 0 & 0 \\ 0.1333 & 0.09551 & 1 & 0 \\ 0.3333 & -0.05618 & 0.41 & 1 \end{pmatrix}, \quad \begin{pmatrix} 15 \\ 23.73 \\ 25.52 \\ 43.97 \end{pmatrix}
$$

が計算され，上記の基底行列 $\mathbf{B}$ が出力される．入力基底の第 1 基底ベクトル $\mathbf{b}_1 = (-2, 7, 7, 5)$ に対して，LLL 基底簡約アルゴリズムの出力基底の第 1 基底ベクトル $\mathbf{b}_1 = (2, 3, 1, 1)$ は明らかに短くなっている．

2.4 DeepLLL 基底簡約

本節では，LLL 基底簡約アルゴリズムの基底ベクトル交換ステップ部分を改良した DeepLLL 基底簡約アルゴリズム (LLL with deep insertions [74]) を紹介する[40]．n 次元の格子基底 $\{\mathbf{b}_1, \ldots, \mathbf{b}_n\}$ に対する GSO ベクトルを $\mathbf{b}_1^*, \ldots, \mathbf{b}_n^*$，GSO 係数を $\mu_{i,j}$ $(1 \le j < i \le n)$ とし，各 $1 \le \ell \le n$ に対して $\mathbb{R}$-ベクトル空間 $\langle \mathbf{b}_1, \ldots, \mathbf{b}_{\ell-1} \rangle_{\mathbb{R}}$ の直交補空間への直交射影を π_ℓ とする（ただし，π_1 は恒等写像とする）．LLL 基底簡約アルゴリズムでは隣り合う基底ベクトルの交換のみを行うが，DeepLLL 基底簡約アルゴリズムでは隣り合わない基底ベクトルの順序の入れ替えも行う．具体的には，簡約パラメータ $\frac{1}{4} < \delta < 1$ に対して，$1 \le i < k \le n$ を満たす整数の組 (i, k) において

$$
\|\pi_i(\mathbf{b}_k)\|^2 < \delta \|\mathbf{b}_i^*\|^2 \tag{2.17}
$$

を満たすとき[41]，基底ベクトル $\mathbf{b}_k$ を $\mathbf{b}_i$ の前に挿入する：

$$
\begin{aligned}
\sigma_{i,k}(\{\mathbf{b}_1, \ldots, \mathbf{b}_n\}) \\
:= \{\mathbf{b}_1, \ldots, \mathbf{b}_{i-1}, \mathbf{b}_k, \mathbf{b}_i, \ldots, \mathbf{b}_{k-1}, \mathbf{b}_{k+1}, \ldots, \mathbf{b}_n\}
\end{aligned} \tag{2.18}
$$

この基底ベクトル順序の入れ替え操作を **deep insertion** と呼び，ここでは $\sigma_{i,k}$ で表す[42]．特に $i = k-1$ のとき，条件 (2.17) は Lovász 条件 (2.10) が成り立たないことと同値であり，その時の deep insertion $\sigma_{k-1,k}$ は隣り合う基底ベクトル $\mathbf{b}_{k-1}, \mathbf{b}_k$ の交換操作である．ゆえに，DeepLLL 基底簡約アルゴリズムは LLL 基底簡約の自然な拡張である（表 2.1 を参照）．

[40] 別の呼び方として，[30] では簡潔に "DEEP" と呼んでいる．

[41] これを **deep exchange 条件**と呼ぶ．

[42] 別の見方として，$\sigma_{i,k}$ を n 個の基底ベクトル上の置換ともみなせる．

表 2.1 LLL 基底簡約と DeepLLL 基底簡約における格子基底更新の条件と方法

	LLL 基底簡約 （アルゴリズム 5)	DeepLLL 基底簡約 （アルゴリズム 7)
格子基底の 更新条件	Lovász 条件 (2.10) を満たさない場合	deep exchange 条件 (2.17) を満たす場合
格子基底の 更新方法	隣り合う基底ベクトルの交換 (2.13)	deep insertion による基底ベクトル順序の入れ替え (2.18)

2.4.1　DeepLLL 基底簡約アルゴリズム

アルゴリズム 7 に DeepLLL 基底簡約アルゴリズムを示す[43]．入力する n 次元格子 L の基底 $\{\mathbf{b}_1,\ldots,\mathbf{b}_n\}$ と簡約パラメータ $\frac{1}{4} < \delta < 1$ に対して，DeepLLL 基底簡約アルゴリズムは格子 L の δ に関する DeepLLL 簡約基底（下記の定義）を出力する．

定義 2.4.1　n 次元格子 L の基底 $\{\mathbf{b}_1,\ldots,\mathbf{b}_n\}$ が簡約パラメータ $\frac{1}{4} < \delta < 1$ に関する次の 2 つの条件を満たすとき，その基底は δ に関して **DeepLLL 簡約されている** (DeepLLL-reduced) という：

(i)　基底 $\{\mathbf{b}_1,\ldots,\mathbf{b}_n\}$ はサイズ簡約されている（定義 2.2.1）．

(ii)　任意の $1 \le i < k \le n$ に対して，$\delta\|\mathbf{b}_i^*\|^2 \le \|\pi_i(\mathbf{b}_k)\|^2$ を満たす．

DeepLLL 簡約基底は LLL 簡約基底であるので，定理 2.3.2 の性質を満たす[44]．アルゴリズム 7 から分かるように，DeepLLL 基底簡約アルゴリズムはすべての $2 \le k \le n$ に対して次の 2 ステップを行う：

1.　（サイズ基底簡約）すべての $1 \le j \le k-1$ に対して，$\mathbf{b}_k \leftarrow \mathbf{b}_k - q\mathbf{b}_j$ を行う[45]（ただし，$q = \lfloor \mu_{k,j} \rceil \in \mathbb{Z}$ とする）．

2.　（基底ベクトル順序の入れ替え）ある $1 \le i < k \le n$ に対して条件 (2.17) が成り立つ場合，deep insertion $\sigma_{i,k}$ により格子基底の更新を行う．

ある $1 \le i < k \le n$ に対し条件 (2.17) が成り立つ場合，上記のステップ 2 の deep insertion 操作

$$\{\mathbf{c}_1,\ldots,\mathbf{c}_n\} = \sigma_{i,k}\left(\{\mathbf{b}_1,\ldots,\mathbf{b}_n\}\right) \tag{2.19}$$

を行う[46]（ここでは，元の基底 $\{\mathbf{b}_1,\ldots,\mathbf{b}_n\}$ に対して，deep insertion 操作後の新しい基底を $\{\mathbf{c}_1,\ldots,\mathbf{c}_n\}$ と表す）．つまり，$\mathbf{c}_i = \mathbf{b}_k$，$\mathbf{c}_j = \mathbf{b}_{j-1}$ $(i+1 \le$

[43] 他の参考テキストとして，[14, 5 章] や [19, 2 章の 2.6.2 節] を参照（また，[73] も参考になる）．

[44] DeepLLL 簡約基底はより強い簡約条件を満たすので，より良い性質を持つ．詳しくは [87] を参照．

[45] つまり，(k,j) における部分サイズ基底簡約を行う．

[46] 基底ベクトル $\mathbf{b}_{i-1}$ と $\mathbf{b}_i$ の間に $\mathbf{b}_k$ を挿入する（(2.18) を参照）．

アルゴリズム 7 DeepLLL：DeepLLL 基底簡約アルゴリズム [74]

Input: n 次元格子 $L \subseteq \mathbb{Z}^m$ の基底 $\{\mathbf{b}_1, \ldots, \mathbf{b}_n\}$ とパラメータ $\frac{1}{4} < \delta < 1$

Output: 格子 L の δ に関する DeepLLL 簡約基底 $\{\mathbf{b}_1, \ldots, \mathbf{b}_n\}$

1: 入力基底の GSO ベクトル $\mathbf{b}_i^*$ $(1 \leq i \leq n)$ と GSO 係数 $\mu_{i,j}$ $(1 \leq j < i \leq n)$ を計算 /* Gram-Schmidt アルゴリズム（アルゴリズム 1）で計算 */
2: $B_i \leftarrow \|\mathbf{b}_i^*\|^2$ $(1 \leq i \leq n)$
3: $k \leftarrow 2$
4: **while** $k \leq n$ **do**
5:     **for** $j = k - 1$ downto 1 **do**
6:         Size-reduce(k, j) /* 部分サイズ基底簡約（アルゴリズム 3） */
7:     **end for**
8:     $C \leftarrow \|\mathbf{b}_k\|^2$, $i \leftarrow 1$
9:     **while** $i < k$ **do**
10:        **if** $C \geq \delta B_i$ **then**
11:           $C \leftarrow C - \mu_{k,i}^2 B_i$, $i \leftarrow i + 1$ /* $C = \|\pi_i(\mathbf{b}_k)\|^2$ を計算 */
12:        **else**
13:           $\mathbf{v} \leftarrow \mathbf{b}_k$
14:           **for** $j = k$ downto $i + 1$ **do**
15:             $\mathbf{b}_j \leftarrow \mathbf{b}_{j-1}$, $\mathbf{b}_i \leftarrow \mathbf{v}$ /* deep insertion $\sigma_{i,k}$ */
16:           **end for**
17:           GSOUpdate-DeepLLL(i, k) /* deep insertion 後の基底の GSO 情報を更新（後述のアルゴリズム 8 を参照） */
18:           $k \leftarrow \max\{i, 2\} - 1$
19:        **end if**
20:     **end while**
21:     $k \leftarrow k + 1$
22: **end while**

$j \leq k)$ を満たし，それ以外では $\mathbf{c}_\ell = \mathbf{b}_\ell$ である．それぞれの基底の GSO ベクトルの 2 乗ノルムを $B_j = \|\mathbf{b}_j^*\|^2, C_j = \|\mathbf{c}_j^*\|^2$ $(1 \leq j \leq n)$ とする．このとき，定義 (1.8) から $C_i = \|\pi_i(\mathbf{b}_k)\|^2$ となり，条件 (2.17) のもとで $C_i < \delta B_i$ が成り立つ．つまり，基底ベクトル順序入れ替えステップにより，i 番目の GSO ベクトルの 2 乗ノルム B_i を少なくとも δ 倍ずつ短くしていくことができる．さらに，$C_\ell = B_\ell$ $(1 \leq \ell \leq i - 1)$ に注意すると，LLL 基底簡約アルゴリズムと同様，DeepLLL 基底簡約アルゴリズムは入力基底の GSO ベクトルの長さを前方から短くしていく．特に，$C_i = \|\pi_i(\mathbf{b}_k)\|^2$ は以下を満たす：

$$
\begin{cases}
C_1 = \|\mathbf{b}_k\|^2, \\
C_2 = \|\mathbf{b}_k\|^2 - \mu_{k,1}^2 B_1, \\
\quad \vdots \\
C_{k-1} = \|\mathbf{b}_k\|^2 - \mu_{k,1}^2 B_1 - \mu_{k,2}^2 B_2 - \cdots - \mu_{k,k-2}^2 B_{k-2}.
\end{cases}
$$

ここで，$\mu_{i,j}$ $(1 \leq j < i \leq n)$ は元の基底 $\{\mathbf{b}_1,\ldots,\mathbf{b}_n\}$ の GSO 係数とする．アルゴリズム 7 のステップ 11 では，これらの等式を利用して $C_i = \|\pi_i(\mathbf{b}_k)\|^2$ $(1 \leq i \leq k-1)$ を効率的に計算することができる．

もし DeepLLL 基底簡約アルゴリズムが停止すれば，出力される基底は DeepLLL 簡約されていることは明らかである．LLL 基底簡約アルゴリズムが格子次元 n の多項式時間の繰返しで停止すると証明されているのに対し（定理 2.3.4），DeepLLL 基底簡約アルゴリズムは次元 n の多項式時間で停止するかは証明されていない[47]．DeepLLL 基底簡約アルゴリズムを効率的に動作させるために，[74] では固定した定数 γ に対して，$1 \leq i \leq \gamma$ または $k-i \leq \gamma$ の場合に限り deep insertion を行う制限方法を提案している[48]．また，LLL や DeepLLL を含む基底簡約アルゴリズムの処理時間や出力基底の短さに関する実験データは [9,30] などに示されている．特に [30] では，高次元 $n \geq 100$ の格子において DeepLLL 基底簡約アルゴリズムは LLL 基底簡約よりもかなり短い基底ベクトルを出力することが実験的に示されている．

2.4.2　DeepLLL 基底簡約における効率的な GSO 更新

LLL 基底簡約アルゴリズムの場合と同様，DeepLLL 基底簡約アルゴリズムにおいても deep insertion $\sigma_{i,k}$ による基底の順序入れ替え (2.18) が行われるたびに，格子基底の GSO 情報を効率的に更新する必要がある[49]．ここでは，[86] で示されている GSO 情報の効率的な更新方法を紹介する[50]（下記で示すように，LLL 基底簡約アルゴリズムにおける基底ベクトル交換の場合と比べて，deep insertion $\sigma_{i,k}$ 後の基底の GSO ベクトルは複雑に変化する）．

補題 2.4.2　n 次元格子基底 $\{\mathbf{b}_1,\ldots,\mathbf{b}_n\}$ の GSO ベクトルを $\mathbf{b}_1^*,\ldots,\mathbf{b}_n^*$，GSO 係数を $\mu_{i,j}$ $(1 \leq j < i \leq n)$ とする．2 つの整数 $1 \leq i < k \leq n$ に対して，基底 $\{\mathbf{b}_1,\ldots,\mathbf{b}_n\}$ の deep insertion $\sigma_{i,k}$ 後の新しい基底を (2.19) と同様に $\{\mathbf{c}_1,\ldots,\mathbf{c}_n\}$ とする．その新しい基底の GSO ベクトルを $\mathbf{c}_1^*,\ldots,\mathbf{c}_n^*$ とし，$B_j = \|\mathbf{b}_j^*\|^2, C_j = \|\mathbf{c}_j^*\|^2$ $(1 \leq j \leq n)$ とおく．このとき，$\mathbf{c}_j^* = \mathbf{b}_j^*$ $(1 \leq j \leq i-1$ または $k+1 \leq j \leq n)$ であり，$\mathbf{c}_i^* = \pi_i(\mathbf{b}_k)$ と

$$\mathbf{c}_j^* = \frac{D_j}{D_{j-1}}\mathbf{b}_{j-1}^* - \frac{\mu_{k,j-1}B_{j-1}}{D_{j-1}}\sum_{\ell=j}^{k}\mu_{k,\ell}\mathbf{b}_\ell^* \quad (i+1 \leq j \leq k) \qquad (2.20)$$

が成り立つ（$\mu_{k,k} = 1$ とする）．ただし，各 $i \leq \ell \leq k$ に対して π_ℓ を $\mathbb{R}$-ベク

[47]
[30, 2.3 節] によると，潜在的に格子次元 n に関する超指数的な計算量を持つとのこと．

[48]
小さな γ による deep insertion の制限を導入すると，実験的には LLL 基底簡約アルゴリズムと同じように実用的な処理性能を持つ．ただし一方で，LLL 基底簡約より短い基底ベクトルを出力する確率が低くなる．

[49]
LLL 基底簡約の場合と同じように，DeepLLL 基底簡約アルゴリズムの実装においても，入力する格子基底の基底行列 $\mathbf{B}$ と GSO 係数行列 $(\mu_{i,j})$ と GSO ベクトルの 2 乗ノルム $B_i = \|\mathbf{b}_i^*\|^2$ の 3 つの情報を格納し，基底行列の更新とそれに伴う GSO 情報の更新を行うとよい．

[50]
Gram-Schmidt アルゴリズムの一部を利用した GSO 情報の更新方法が [14, 19] で示されているが，[86] に比べて効率的ではない．

トル空間 $\langle \mathbf{b}_1, \ldots, \mathbf{b}_{\ell-1} \rangle_{\mathbb{R}}$ の直交補空間への直交射影とし，$D_\ell = \|\pi_\ell(\mathbf{b}_k)\|^2$ とする．また，$C_j = B_j$ $(1 \leq j \leq i-1, k+1 \leq j \leq n)$ であり，$C_i = D_i$ と

$$C_j = \frac{D_j B_{j-1}}{D_{j-1}} \quad (i+1 \leq j \leq k) \tag{2.21}$$

が成り立つ.

証明 GSO の定義 (1.8) から，$\mathbf{c}_j^* = \mathbf{b}_j^*$ $(1 \leq j \leq i-1, \ k+1 \leq j \leq n)$ と $\mathbf{c}_i^* = \pi_i(\mathbf{b}_k)$ は明らか．式 (2.20) を $i = k-1, \ldots, 1$ に関する帰納法で示す．$i = k-1$ のとき，式 (2.20) は LLL 基底簡約アルゴリズムに関する式 (2.16) に一致するため成立する．次に，$1 \leq i \leq k-2$ に対して，$i+1$ のとき式 (2.20) が成立すると仮定する．つまり，基底 $\{\mathbf{b}_1, \ldots, \mathbf{b}_n\}$ に対する deep insertion $\sigma_{i+1,k}$ で得られる新しい基底を $\{\mathbf{g}_1, \ldots, \mathbf{g}_n\}$ とし，その基底の GSO ベクトル $\mathbf{g}_1^*, \ldots, \mathbf{g}_n^*$ は

$$\begin{cases} \mathbf{g}_j^* = \mathbf{b}_j^* \quad (1 \leq j \leq i, \ k+1 \leq j \leq n), \\ \mathbf{g}_{i+1}^* = \pi_{i+1}(\mathbf{b}_k), \\ \mathbf{g}_j^* = \dfrac{D_j}{D_{j-1}} \mathbf{b}_{j-1}^* - \dfrac{\mu_{k,j-1} B_{j-1}}{D_{j-1}} \sum_{\ell=j}^k \mu_{k,\ell} \mathbf{b}_\ell^* \quad (i+2 \leq j \leq k) \end{cases}$$

を満たすと仮定する（3 番目の等式以外は GSO の定義 (1.8) から明らかに成立）．基底 $\{\mathbf{g}_1, \ldots, \mathbf{g}_n\}$ の GSO 係数を $\mu'_{i,j}$ $(1 \leq j < i \leq n)$ とし，各 $1 \leq \ell \leq n$ に対し $G_\ell = \|\mathbf{g}_\ell^*\|^2$ とし，$\mathbb{R}$-ベクトル空間 $\langle \mathbf{g}_1, \ldots, \mathbf{g}_{\ell-1} \rangle_{\mathbb{R}}$ の直交補空間への直交射影を π'_ℓ とする．ここで，deep insertion $\sigma_{i,k}$ は $\sigma_{i,i+1}$ と $\sigma_{i+1,k}$ の合成操作より（つまり，$\sigma_{i,k} = \sigma_{i,i+1} \circ \sigma_{i+1,k}$ より），基底 $\{\mathbf{c}_1, \ldots, \mathbf{c}_n\}$ は基底 $\{\mathbf{g}_1, \ldots, \mathbf{g}_n\}$ の隣り合う基底ベクトル $\mathbf{g}_i, \mathbf{g}_{i+1}$ の交換から得られるので，補題 2.3.6 から

$$\begin{cases} \mathbf{c}_j^* = \mathbf{g}_j^* \quad (1 \leq j \leq i-1, \ i+2 \leq j \leq n) \\ \mathbf{c}_i^* = \pi'_i(\mathbf{g}_{i+1}) \\ \mathbf{c}_{i+1}^* = \dfrac{G_{i+1}}{C_i} \mathbf{g}_i^* - \dfrac{\mu'_{i+1,i} G_i}{C_i} \mathbf{g}_{i+1}^* \end{cases}$$

が成り立つ．これより，$i+2 \leq j \leq k$ に対して $\mathbf{c}_j^*$ は式 (2.20) に一致することは明らかに分かる．残りの $j = i+1$ に対しては，

$$\mu'_{i+1,i} G_i = \langle \mathbf{g}_{i+1}, \mathbf{g}_i^* \rangle = \langle \mathbf{b}_k, \mathbf{b}_i^* \rangle = \mu_{k,i} B_i$$

かつ $C_i = D_i, G_{i+1} = D_{i+1}$ なので，

$$\mathbf{c}_{i+1}^* = \frac{D_{i+1}}{D_i}\mathbf{b}_i^* - \frac{\mu_{k,i}B_i}{D_i}\sum_{\ell=i+1}^{k}\mu_{k,\ell}\mathbf{b}_\ell^*$$

が成り立つ．上記の議論より，帰納的に式 (2.20) が成り立つことを証明できた．

最後に式 (2.21) を示す．実際，任意の $i+1 \leq j \leq k$ に対して

$$C_j = \frac{D_j^2}{D_{j-1}^2}B_{j-1} + \frac{\mu_{k,j-1}^2 B_{j-1}^2}{D_{j-1}^2}\sum_{\ell=j}^{k}\mu_{k,\ell}^2 B_\ell$$

$$= \frac{D_j B_{j-1}}{D_{j-1}^2}(D_j + \mu_{k,j-1}^2 B_{j-1}) = \frac{D_j B_{j-1}}{D_{j-1}}$$

となることから分かる（$D_j = \sum_{\ell=j}^{k}\mu_{k,\ell}^2 B_\ell$ に注意する）． $\square$

補題 2.4.3 補題 2.4.2 において，基底 $\{\mathbf{c}_1,\ldots,\mathbf{c}_n\}$ の GSO 係数を

$$\nu_{\ell,j} = \frac{\langle \mathbf{c}_\ell, \mathbf{c}_j^* \rangle}{C_j} \qquad (1 \leq j < \ell \leq n)$$

とする．このとき，以下が成り立つ：

(1) 任意の $i+1 \leq j \leq k$ に対して，

$$\nu_{\ell,j} = \begin{cases} \mu_{\ell-1,j-1} - \dfrac{\mu_{k,j-1}}{D_j}\displaystyle\sum_{m=j}^{\ell-1}\mu_{k,m}\mu_{\ell-1,m}B_m & (j+1 \leq \ell \leq k), \\[3mm] \mu_{\ell,j-1} - \dfrac{\mu_{k,j-1}}{D_j}\displaystyle\sum_{m=j}^{k}\mu_{k,m}\mu_{\ell,m}B_m & (k+1 \leq \ell \leq n). \end{cases}$$

(2) $j = i$ に対して，

$$\nu_{\ell,i} = \begin{cases} \dfrac{1}{D_i}\displaystyle\sum_{m=i}^{\ell-1}\mu_{k,m}\mu_{\ell-1,m}B_m & (i+1 \leq \ell \leq k), \\[3mm] \dfrac{1}{D_i}\displaystyle\sum_{m=i}^{k}\mu_{k,m}\mu_{\ell,m}B_m & (k+1 \leq \ell \leq n). \end{cases}$$

(3) $\ell = i$ に対して，$\nu_{i,j} = \mu_{k,j}$ $(1 \leq j \leq i-1)$．

(4) 任意の $i+1 \leq \ell \leq k$ に対して，$\nu_{\ell,j} = \mu_{\ell-1,j}$ $(1 \leq j \leq i-1)$．

(5) その他の $1 \leq j < \ell \leq n$ に対して，$\nu_{\ell,j} = \mu_{\ell,j}$．

証明 補題 2.4.2 より明らか. □

アルゴリズム 8 に，deep insertion により基底ベクトルの順序が入れ替えられた新しい基底の GSO 情報を効率的に更新するアルゴリズムを示す（アルゴリズムの正当性は補題 2.4.2 と 2.4.3 から従う）．

例 2.4.4 例 2.3.9 と同じ 3 次元格子の基底行列 $\mathbf{B}$ に DeepLLL 基底簡約アルゴリズムを適用してみる．簡約パラメータを $\delta = 0.75$ とする．入力する基底行列 $\mathbf{B}$ の GSO 係数行列 $(\mu_{i,j})$, GSO ベクトルの 2 乗ノルム B_i $(1 \le i \le 3)$ は，DeepLLL 基底簡約アルゴリズムの最初の数ステップで以下のように更新される（左から順に基底行列 $\mathbf{B}$, GSO 係数行列 $(\mu_{i,j})$, 2 乗ノルム B_i を表す）:

1. $(k, j) = (2, 1)$ で部分サイズ基底簡約:

$$
\begin{pmatrix} 9 & 2 & 7 \\ -1 & 4 & -6 \\ 3 & 2 & 6 \end{pmatrix}, \quad
\begin{pmatrix} 1 & 0 & 0 \\ -0.3209 & 1 & 0 \\ 0.5448 & -0.1932 & 1 \end{pmatrix}, \quad
\begin{pmatrix} 134 \\ 39.2 \\ 7.768 \end{pmatrix}
$$

2. deep insertion $\sigma_{1,2}$ による基底ベクトル順序の入れ替え:

$$
\begin{pmatrix} -1 & 4 & -6 \\ 9 & 2 & 7 \\ 3 & 2 & 6 \end{pmatrix}, \quad
\begin{pmatrix} 1 & 0 & 0 \\ -0.8113 & 1 & 0 \\ -0.5849 & 0.4828 & 1 \end{pmatrix}, \quad
\begin{pmatrix} 53 \\ 99.11 \\ 7.768 \end{pmatrix}
$$

3. $(k, j) = (2, 1)$ で部分サイズ基底簡約:

$$
\begin{pmatrix} -1 & 4 & -6 \\ 8 & 6 & 1 \\ 3 & 2 & 6 \end{pmatrix}, \quad
\begin{pmatrix} 1 & 0 & 0 \\ 0.1887 & 1 & 0 \\ -0.5849 & 0.4828 & 1 \end{pmatrix}, \quad
\begin{pmatrix} 53 \\ 99.11 \\ 7.768 \end{pmatrix}
$$

4. $(k, j) = (3, 1)$ で部分サイズ基底簡約:

$$
\begin{pmatrix} -1 & 4 & -6 \\ 8 & 6 & 1 \\ 2 & 6 & 0 \end{pmatrix}, \quad
\begin{pmatrix} 1 & 0 & 0 \\ 0.1887 & 1 & 0 \\ 0.4151 & 0.4828 & 1 \end{pmatrix}, \quad
\begin{pmatrix} 53 \\ 99.11 \\ 7.768 \end{pmatrix}
$$

5. deep insertion $\sigma_{2,3}$ による基底ベクトル順序の入れ替え:

$$
\begin{pmatrix} -1 & 4 & -6 \\ 2 & 6 & 0 \\ 8 & 6 & 1 \end{pmatrix}, \quad
\begin{pmatrix} 1 & 0 & 0 \\ 0.4151 & 1 & 0 \\ 0.1887 & 1.55 & 1 \end{pmatrix}, \quad
\begin{pmatrix} 53 \\ 30.87 \\ 24.94 \end{pmatrix}
$$

6. $(k, j) = (3, 2)$ で部分サイズ基底簡約：

$$
\begin{pmatrix} -1 & 4 & -6 \\ 2 & 6 & 0 \\ 4 & -6 & 1 \end{pmatrix}, \quad
\begin{pmatrix} 1 & 0 & 0 \\ 0.4151 & 1 & 0 \\ -0.6415 & -0.4499 & 1 \end{pmatrix}, \quad
\begin{pmatrix} 53 \\ 30.87 \\ 24.94 \end{pmatrix}
$$

7. $(k, j) = (3, 1)$ で部分サイズ基底簡約：

$$
\begin{pmatrix} -1 & 4 & -6 \\ 2 & 6 & 0 \\ 3 & -2 & -5 \end{pmatrix}, \quad
\begin{pmatrix} 1 & 0 & 0 \\ 0.4151 & 1 & 0 \\ 0.3585 & -0.4499 & 1 \end{pmatrix}, \quad
\begin{pmatrix} 53 \\ 30.87 \\ 24.94 \end{pmatrix}
$$

8. deep insertion $\sigma_{1,3}$ による基底ベクトル順序の入れ替え：

$$
\begin{pmatrix} 3 & -2 & -5 \\ -1 & 4 & -6 \\ 2 & 6 & 0 \end{pmatrix}, \quad
\begin{pmatrix} 1 & 0 & 0 \\ 0.5 & 1 & 0 \\ -0.1579 & 0.5747 & 1 \end{pmatrix}, \quad
\begin{pmatrix} 38 \\ 43.5 \\ 24.68 \end{pmatrix}
$$

最後のステップで

$$
\mathbf{B} =
\begin{pmatrix} 3 & -2 & -5 \\ 6 & 0 & 1 \\ 2 & 6 & 0 \end{pmatrix}, \quad
\begin{pmatrix} 1 & 0 & 0 \\ 0.3421 & 1 & 0 \\ -0.1579 & 0.4317 & 1 \end{pmatrix}, \quad
\begin{pmatrix} 38 \\ 32.55 \\ 32.99 \end{pmatrix}
$$

が計算され，上記の基底行列 $\mathbf{B}$ が出力される．この基底行列が $\delta = 0.75$ に関して DeepLLL 簡約されていることは簡単に確かめることができる．

　一方，簡約パラメータを $\delta = 0.99$ とした場合，DeepLLL 基底簡約アルゴリズムにより下記の基底行列 $\mathbf{B}$ が出力される：

$$\mathbf{B} = \begin{pmatrix} 6 & 0 & 1 \\ 3 & -2 & -5 \\ 2 & 6 & 0 \end{pmatrix}, \quad \begin{pmatrix} 1 & 0 & 0 \\ 0.3514 & 1 & 0 \\ 0.3243 & -0.3056 & 1 \end{pmatrix}, \quad \begin{pmatrix} 37 \\ 33.43 \\ 32.99 \end{pmatrix}$$

LLL 基底簡約アルゴリズムの例 2.3.9 でも言及したように，DeepLLL 基底簡約アルゴリズムにおいても十分 1 に近い簡約パラメータ δ を利用することで，より短い格子ベクトルを見つけることができる．実際，$\delta = 0.75$ の場合の第 1 基底ベクトル $(3, -2, -5)$ の 2 乗ノルム 38 に対して，$\delta = 0.99$ の場合の基底ベクトル $(6, 0, 1)$ の 2 乗ノルムが 37 と少し短くなっている．

例 2.4.5 4 次元格子 $L \subseteq \mathbb{Z}^4$ の基底行列

$$\begin{pmatrix} 84 & 3 & 34 & 17 \\ 20 & 48 & 66 & 19 \\ 69 & 14 & 63 & 78 \\ 28 & 72 & 36 & 57 \end{pmatrix}$$

に簡約パラメータ $\delta = 0.75$ に関する DeepLLL 基底簡約アルゴリズムを適用してみると，次の基底行列が出力される：

$$\begin{pmatrix} 8 & 24 & -30 & 38 \\ -43 & -61 & -7 & 4 \\ -23 & -13 & 59 & 23 \\ 41 & -58 & 27 & 21 \end{pmatrix}$$

注意 2.4.6 Hermite の不等式 (1.22) の証明を基に，Hermite [37] は格子上の簡約基底の概念をいくつか示している[51]．n 次元格子 L の基底 $\{\mathbf{b}_1, \dots, \mathbf{b}_n\}$ が次の 2 つの条件を満たすとき，その基底は **H2 簡約されている**という：

(i) 　基底 $\{\mathbf{b}_1, \dots, \mathbf{b}_n\}$ はサイズ簡約されている（定義 2.2.1）.

(ii) 　任意の $1 \leq i < k \leq n$ に対し，$\|\mathbf{b}_i^*\| \leq \|\pi_i(\mathbf{b}_k)\|$ を満たす.

定義 2.4.1 と比較すると，DeepLLL 簡約基底の概念は H2 簡約基底を簡約パラメータ $\frac{1}{4} < \delta < 1$ で弱めた概念であることが分かる．

---

[51]
H1 簡約基底などの他の概念については [61] を参照.

アルゴリズム 8 GSOUpdate-DeepLLL(i, k): DeepLLL 内の GSO 更新 [86]

Input: n 次元格子基底 $\{\mathbf{b}_1, \ldots, \mathbf{b}_n\}$ の GSO 係数行列 $(\mu_{\ell,j})_{1 \le \ell, j \le n}$, GSO ベクトルの 2 乗ノルム $B_j = \|\mathbf{b}_j^*\|^2$ $(1 \le j \le n)$ と 2 つの整数 $1 \le i < k \le n$

Output: (2.18) のように deep insertion $\sigma_{i,k}$ で基底ベクトルの順序を入れ替えた新しい基底 $\{\mathbf{b}_1, \ldots, \mathbf{b}_n\} \leftarrow \sigma_{i,k}(\{\mathbf{b}_1, \ldots, \mathbf{b}_n\})$ における GSO 係数行列 $(\mu_{\ell,j})_{1 \le \ell, j \le n}$, GSO ベクトルの 2 乗ノルム B_j $(1 \le j \le n)$

1: $P_k \leftarrow B_k$, $D_k \leftarrow B_k$
2: **for** $j = k - 1$ downto i **do**
3:    $P_j \leftarrow \mu_{k,j} B_j$
4:    $D_j \leftarrow D_{j+1} + \mu_{k,j} P_j$ /* $D_j = \|\pi_j(\mathbf{b}_k)\|^2 = B_k + \sum_{m=j}^{k-1} \mu_{k,m}^2 B_m$ */
5: **end for**
6: $S_{i+2} = S_{i+3} = \cdots = S_n = 0$
7: **for** $j = k$ downto $i + 1$ **do**
8:    $T \leftarrow \dfrac{\mu_{k,j-1}}{D_j}$
9:    **for** $\ell = n$ downto $k + 1$ **do**
10:       $S_\ell \leftarrow S_\ell + \mu_{\ell,j} P_j$, $\mu_{\ell,j} \leftarrow \mu_{\ell,j-1} - T S_\ell$ /* 補題 2.4.3 (1) */
11:    **end for**
12:    **for** $\ell = k$ downto $j + 1$ **do**
13:       $S_\ell \leftarrow S_\ell + \mu_{\ell-1,j} P_j$, $\mu_{\ell,j} \leftarrow \mu_{\ell-1,j-1} - T S_\ell$ /* 補題 2.4.3 (1) */
14:    **end for**
15: **end for**
16: $T \leftarrow \dfrac{1}{D_i}$
17: **for** $\ell = n$ downto $k + 1$ **do**
18:    $\mu_{\ell,i} \leftarrow T(S_\ell + \mu_{\ell,i} P_i)$ /* 補題 2.4.3 (2) */
19: **end for**
20: **for** $\ell = k$ downto $i + 2$ **do**
21:    $\mu_{\ell,i} \leftarrow T(S_\ell + \mu_{\ell-1,i} P_i)$ /* 補題 2.4.3 (2) */
22: **end for**
23: $\mu_{i+1,i} \leftarrow T P_i$ /* 補題 2.4.3 (2) */
24: **for** $j = 1$ to $i - 1$ **do**
25:    $\varepsilon \leftarrow \mu_{k,j}$
26:    **for** $\ell = k$ downto $i + 1$ **do**
27:       $\mu_{\ell,j} \leftarrow \mu_{\ell-1,j}$ /* 補題 2.4.3 (4) */
28:    **end for**
29:    $\mu_{i,j} \leftarrow \varepsilon$ /* 補題 2.4.3 (3) */
30: **end for**
31: **for** $j = k$ downto $i + 1$ **do**
32:    $B_j \leftarrow \dfrac{D_j B_{j-1}}{D_{j-1}}$ /* 補題 2.4.2 */
33: **end for**
34: $B_i \leftarrow D_i$ /* 補題 2.4.2 */

2.5　一次従属ベクトルに対する LLL 基底簡約

本節では，Pohst [64] が提案した一次従属ベクトルを入力可能とする LLL 基底簡約の改良である MLLL 基底簡約アルゴリズム[52] を紹介する．格子 L を生成する（必ずしも一次独立とは限らない）ベクトルの組に対して，MLLL 基底簡約アルゴリズムは格子 L の LLL 簡約基底を出力する[53]．

2.5.1　MLLL 基底簡約における GSO 情報の計算

LLL 基底簡約アルゴリズムと同様に，MLLL 基底簡約アルゴリズムもサイズ基底簡約ステップと基底ベクトル交換ステップの組合せで LLL 簡約基底を求める．しかし，入力する格子の生成ベクトルの GSO 情報[54] がはじめにすべて計算可能かどうかで，2 つのアルゴリズムの処理は大きく異なる：

- LLL 基底簡約アルゴリズムの場合は，入力するベクトルは格子の基底であるため，アルゴリズムのはじめに GSO 情報をすべて計算することができる．（実際，アルゴリズム 5 のステップ 1 と 2 で GSO 情報を計算する．）
- 一方，MLLL 基底簡約アルゴリズムの場合は，入力として一次従属ベクトルを許すため，はじめに GSO 情報をすべて計算できない．実際，一次従属なベクトル $\mathbf{b}_1, \ldots, \mathbf{b}_h$ に対して Gram-Schmidt アルゴリズム（アルゴリズム 1）を適用した場合，ある $1 \leq t \leq h$ で $\mathbf{b}_t^* = \mathbf{0}$ となり（定理 1.2.2 (3) を参照），それ以降の GSO ベクトルが計算できない．そのため，GSO ベクトルが零ベクトルになっているか確認しながら GSO 情報を計算していく必要があるため，MLLL 基底簡約アルゴリズムは複雑な構造を持つ．

2.5.2　MLLL 基底簡約アルゴリズム

アルゴリズム 9 に Sims[79, 8.7 節] によって簡易化された Pohst による MLLL 基底簡約アルゴリズムを示す（GSO 情報更新に対しては [19, 2.6.4 節] を参考にした[55]）．入力する n 次元格子 $L \subseteq \mathbb{Z}^m$ の生成ベクトル $\mathbf{b}_1, \ldots, \mathbf{b}_h$ ($h \geq n$) と簡約パラメータ $\frac{1}{4} < \delta < 1$ に対して，アルゴリズム 9 は格子 L の δ に関する LLL 簡約基底を出力する．アルゴリズム 9 では，以下のパラメータで GSO 計算を制御する：

---

[52] MLLL は改良 LLL を意味する "Modified LLL" の略．他の参考テキストとして，[14, 6 章]，[19, 2.6.4 項]，[79, 8.7 節] を参照（$\mathbf{b}_1, \ldots, \mathbf{b}_{n+1}$ の前半 n 個のベクトルが一次独立という簡単な場合は [65, 3.3 節] を参照）．

[53] 後述の BKZ 基底簡約アルゴリズム（3.3.2 項）において，MLLL 基底簡約アルゴリズムを利用する．

[54] GSO ベクトル・GSO 係数・GSO ベクトルの 2 乗ノルムなどの情報．

[55] Sims のアルゴリズム [79, 8.7 節] は浮動小数点数演算の実装による誤差の影響を受けやすいため，Cohen による GSO 情報の更新アルゴリズム [19, 2.6.4 項] を採用した．

- g：GSO 情報を計算している位置
- $k \geq 2$：LLL 基底簡約を行っている位置（アルゴリズム 9 のステップ 13 の時点では，$\mathbf{b}_1, \ldots, \mathbf{b}_{k-1}$ は一次独立でかつ LLL 基底簡約されている）
- ℓ：LLL 基底簡約が行う最後の位置（つまり，k の最大値）
- z：$\mathbf{b}_z \neq \mathbf{0}$ である最大の整数（つまり，$\mathbf{b}_{z+1} = \cdots = \mathbf{b}_h = \mathbf{0}$ を満たす）

<u>一次従属性を取り除く仕組み</u>： 一次独立かつ LLL 基底簡約されている $(k-1)$ 個の格子ベクトル $\mathbf{b}_1, \ldots, \mathbf{b}_{k-1}$ に対し新たなベクトル $\mathbf{b}_k \in L$ を加えた

$$\mathbf{b}_1, \ldots, \mathbf{b}_{k-1}, \mathbf{b}_k \qquad (2.22)$$

に対して LLL 基底簡約を行うことを考える．特に，k 個のベクトル (2.22) が一次従属の場合でも，k 番目の GSO ベクトル $\mathbf{b}_k^*$ は計算できることに注意する．GSO ベクトル $\mathbf{b}_k^*$ が零ベクトルでないかどうかで，k 個のベクトル (2.22) が一次従属かどうかを判定する[56]．一次独立の場合は LLL 基底簡約アルゴリズムと同等の処理を行うので，以下では一次従属の場合（つまり，$\mathbf{b}_k^* = \mathbf{0}$ の場合）のみを考える．アルゴリズム 9 と同じように，GSO 係数を $\mu_{i,j}$，GSO ベクトルの 2 乗ノルムを $B_i = \|\mathbf{b}_i^*\|^2$，さらに

$$B = B_k + \mu_{k,k-1}^2 B_{k-1}$$

とする．特に，すべての $1 \leq i \leq k-1$ に対して $B_i \neq 0$ が成り立つ．

- $k = 2$ の場合の一次従属性の除去：$\mathbf{b}_2^* = \mathbf{0}$ より $B_2 = 0$ なので，$B = \mu_{2,1}^2 B_1$ が成り立つ．サイズ基底簡約（アルゴリズム 9 のステップ 13）で $\mu_{2,1}^2 \leq \frac{1}{4}$ となるので，$B < \delta B_1$ が成り立つ[57]．具体的に，$\mathbf{b}_2 = \frac{t}{s}\mathbf{b}_1$ $(\exists s, t \in \mathbb{Z}, s > 0)$ の一次従属関係[58] を持つ基底ベクトル $\mathbf{b}_1, \mathbf{b}_2$ に対し部分サイズ基底簡約を行うと

$$\mathbf{b}_2 \leftarrow \left(\frac{t}{s} - \left\lfloor \frac{t}{s} \right\rfloor \right) \mathbf{b}_1 = \frac{r - s\lfloor \frac{r}{s} \rfloor}{s} \mathbf{b}_1$$

のように基底ベクトル $\mathbf{b}_2$ が更新される．ただし，整数 t を $s > 0$ で割ったときの商と余りをそれぞれ $q, r \in \mathbb{Z}$ とする（特に，$0 \leq r < s$ を満たす）．

- ・$\mathbf{b}_2 = \mathbf{0}$ の場合，アルゴリズム 9 のステップ 17 における if 文内で，零ベクトルである $\mathbf{b}_2$ を後方にある格子ベクトル $\mathbf{b}_z \neq \mathbf{0}$ と交換することで，一次従属性を取り除くことができる．

[56]
定理 1.2.2 (3) の証明と同様の議論から，ベクトル (2.22) が一次従属であることと $\mathbf{b}_k^* = \mathbf{0}$ であることは同値である．

[57]
つまり，LLL 基底簡約における Lovász 条件が成り立たない．ただし，浮動小数点演算による実装の場合は，誤差の影響を避けるため十分 1 に近い δ を利用しなければならない（例：$\delta = 0.99$）．

[58]
$\mathbf{b}_1, \mathbf{b}_2 \in L \subseteq \mathbb{Z}^m$ より，このような関係を持つ．

・一方，$\mathbf{b}_2 \neq \mathbf{0}$ の場合（特に，$r \neq 0$），アルゴリズム 9 のステップ 21 において 2 つの基底ベクトル $\mathbf{b}_1, \mathbf{b}_2$ が交換される．交換後の 2 つの基底ベクトル $\mathbf{b}_1, \mathbf{b}_2$ の一次従属関係性は

$$\mathbf{b}_2 = \frac{s}{r - s\lfloor\frac{r}{s}\rfloor}\mathbf{b}_1$$

となり，$0 < r < s$ より

$$0 < \left| r - s\left\lfloor \frac{r}{s} \right\rfloor \right| < s$$

が成り立つ．ゆえに，部分サイズ基底簡約 Size-reduce$(2,1)$ と基底ベクトル交換の繰返しにより，$\mathbf{b}_1, \mathbf{b}_2$ の一次従属関係の分母の大きさが真に小さくなっていき，その分母はいずれ ± 1 となる．このとき，次の部分サイズ基底簡約で $\mathbf{b}_2 = \mathbf{0}$ となるので[59]，上記の $\mathbf{b}_2 = \mathbf{0}$ の場合の処理と同様に，一次従属性を取り除くことができる．

- $k > 2$ の場合の一次従属性の除去：$B_k = 0$ より $B = \mu_{k,k-1}^2 B_{k-1}$ であり，$k = 2$ の場合と同様の議論から，$B < \delta B_{k-1}$ が成り立つ．

  ・さらに $\mathbf{b}_k = \mathbf{0}$ の場合は，$k = 2$ の場合と同じように，アルゴリズム 9 のステップ 17 における **if** 文内で一次従属性を取り除くことができる．

  ・一方，$\mathbf{b}_k \neq \mathbf{0}$ の場合は，隣り合う 2 つの格子ベクトル $\mathbf{b}_{k-1}, \mathbf{b}_k$ を交換し，

  $$\mathbf{b}_1, \ldots, \mathbf{b}_{k-2}, \mathbf{c}_{k-1}, \mathbf{c}_k \quad (\mathbf{c}_{k-1} = \mathbf{b}_k, \mathbf{c}_k = \mathbf{b}_{k-1}) \tag{2.23}$$

  のはじめの $(k-1)$ 個のベクトルの一次従属性を考える．このように，一次従属性を判定するベクトルの数を繰り返し減らしていくことで，$k = 2$ の場合に帰着でき，一次従属性を取り除くことができる．

一次従属性が取り除かれた後は LLL 基底簡約と同じなので，アルゴリズム 9 で出力されるベクトルは LLL 簡約基底となる．また，定理 2.3.4 の証明と同じような議論から，MLLL 基底簡約アルゴリズムの停止性が保証される[60]．

<u>GSO 情報の適切な更新</u>：アルゴリズム 9 のステップ 21 における 2 つの格子ベクトル $\mathbf{b}_{k-1}, \mathbf{b}_k \in L$ の交換で得られる k 個のベクトル (2.23) に対して，GSO 情報を適切に更新する必要がある[61]．補題 2.3.6 から $\|\mathbf{c}_{k-1}^*\|^2 = B$ が成り立つことに注意して，以下の 2 つの場合を考える（$B \neq 0$ と $B = 0$ の場合のそれぞれの処理は，アルゴリズム 9 のステップ 23 の **if** 文とステップ 31

---

59) $\mathbf{b}_2 = z\mathbf{b}_1 \ (z \in \mathbb{Z})$ の場合，$\mathbf{b}_2 \leftarrow \mathbf{b}_2 - z\mathbf{b}_1 = \mathbf{0}$ と更新される．

60) 停止性保証に関する詳細な証明は [19, 2.6.4 項] を参照．

61) アルゴリズム 9 の GSO 更新として [19, アルゴリズム 2.6.8 の **SWAPG**(k)] を参考にした．

の else 文に対応している）：

- $B \neq 0$ の場合：$\mathbf{c}_{k-1}^* \neq \mathbf{0}$ より，$(k-1)$ 個のベクトル

$$\mathbf{b}_1, \ldots, \mathbf{b}_{k-2}, \mathbf{c}_{k-1} \tag{2.24}$$

  は一次独立なので，k 個のベクトル (2.23) に対して GSO 情報を更新することができる（つまり，k 番目の GSO ベクトル $\mathbf{c}_k^*$ も計算できる）．

- $B = 0$ の場合：$\mathbf{c}_{k-1}^* = \mathbf{0}$ より，$(k-1)$ 個のベクトル (2.24) が一次従属なので，$\mathbf{c}_k^*$ が計算できない．ゆえに，この場合は $\mathbf{c}_{k-1}^*$ に関する GSO 情報のみを更新して，$\ell \leftarrow k-1$ とすることで LLL 基底簡約する範囲を狭くする．

例 2.5.1 5×4 の整数行列

$$\begin{pmatrix} 388 & 417 & 417 & -86 \\ -672 & -73 & -121 & 944 \\ -689 & 379 & 724 & 653 \\ -179 & 96 & -24 & 978 \\ 508 & -705 & 173 & -343 \end{pmatrix}$$

の 5 個の行ベクトルで生成される格子を $L \subseteq \mathbb{Z}^4$ とする．簡約パラメータ $\delta = 0.75$ による MLLL 基底簡約アルゴリズム（アルゴリズム 9）を適用すると，

$$\begin{pmatrix} \mathbf{b}_1 \\ \mathbf{b}_2 \\ \mathbf{b}_3 \\ \mathbf{b}_4 \\ \mathbf{b}_5 \end{pmatrix} = \begin{pmatrix} -1 & 0 & -1 & 0 \\ 1 & -1 & -1 & -3 \\ -1 & -4 & 2 & 0 \\ 3 & -1 & -3 & 2 \\ 0 & 0 & 0 & 0 \end{pmatrix}$$

が得られ，はじめの 4 個のベクトルの組 $\{\mathbf{b}_1, \mathbf{b}_2, \mathbf{b}_3, \mathbf{b}_4\}$ は格子 L の δ に関する LLL 簡約基底である．

例 2.5.2 6 × 4 の整数行列

$$
\begin{pmatrix}
-696 & -186 & 661 & -727 \\
-760 & -106 & -775 & 659 \\
552 & 6 & 9 & 726 \\
-160 & -439 & -544 & 365 \\
307 & -526 & 862 & 396 \\
117 & -94 & 472 & 138
\end{pmatrix}
$$

の 6 個の行ベクトルで生成される格子を $L \subseteq \mathbb{Z}^4$ とする．簡約パラメータ $\delta = 0.75$ による MLLL 基底簡約アルゴリズム（アルゴリズム 9）を適用すると，

$$
\begin{pmatrix}
\mathbf{b}_1 \\
\mathbf{b}_2 \\
\mathbf{b}_3 \\
\mathbf{b}_4 \\
\mathbf{b}_5 \\
\mathbf{b}_6
\end{pmatrix}
=
\begin{pmatrix}
1 & 0 & 0 & 0 \\
0 & 1 & -1 & 0 \\
0 & 0 & -1 & 1 \\
0 & -1 & -1 & -1 \\
0 & 0 & 0 & 0 \\
0 & 0 & 0 & 0
\end{pmatrix}
$$

が得られ，はじめの 4 個のベクトルの組 $\{\mathbf{b}_1, \mathbf{b}_2, \mathbf{b}_3, \mathbf{b}_4\}$ は格子 L の δ に関する LLL 簡約基底である．

2.5 一次従属ベクトルに対する LLL 基底簡約　　89

アルゴリズム 9 MLLL：MLLL 基底簡約アルゴリズム [64, 79]

Input: n 次元格子 L の生成ベクトル $\mathbf{b}_1, \ldots, \mathbf{b}_h$ $(h \geq n)$ とパラメータ $\frac{1}{4} < \delta < 1$
Output: はじめの n 個のベクトル $\mathbf{b}_1, \ldots, \mathbf{b}_n$ が格子 L の δ に関する LLL 簡約基底

1: $z \leftarrow h, g \leftarrow 1$
2: **while** $g \leq z$ **do**
3: 　**if** $\mathbf{b}_g = \mathbf{0}$ **then**
4: 　　**if** $g < z$ **then** $\mathbf{v} \leftarrow \mathbf{b}_g$, $\mathbf{b}_g \leftarrow \mathbf{b}_z$, $\mathbf{b}_z \leftarrow \mathbf{v}$ **endif**; $z \leftarrow z - 1$
5: 　**end if**
6: 　$\mathbf{b}_g^* \leftarrow \mathbf{b}_g$; **for** $j = 1$ **to** $g - 1$ **do**: $\mu_{g,j} \leftarrow \langle \mathbf{b}_g, \mathbf{b}_j^* \rangle / B_j$, $\mathbf{b}_g^* \leftarrow \mathbf{b}_g^* - \mu_{g,j} \mathbf{b}_j^*$;
7: 　$B_g \leftarrow \|\mathbf{b}_g^*\|^2$; $\mu_{g,g} = 1$ /* GSO ベクトル $\mathbf{b}_g^*$, $\mu_{g,j}$, $B_g = \|\mathbf{b}_g^*\|^2$ の計算 */
8: 　**if** $g = 1$ **then**
9: 　　$g \leftarrow 2$
10: 　**else**
11: 　　$\ell \leftarrow g$, $k \leftarrow g$, startagain $\leftarrow$ false
12: 　　**while** $k \leq \ell$ and not startagain **do**
13: 　　　Size-reduce$(k, k-1)$, $\nu \leftarrow \mu_{k,k-1}$, $B \leftarrow B_k + \nu^2 B_{k-1}$
14: 　　　**if** $B \geq \delta B_{k-1}$ **then**
15: 　　　　**for** $j = k - 2$ downto 1 **do**: Size-reduce(k, j); $k \leftarrow k + 1$
16: 　　　**else**
17: 　　　　**if** $\mathbf{b}_k = \mathbf{0}$ **then**
18: 　　　　　**if** $k < z$ **then** $\mathbf{v} \leftarrow \mathbf{b}_z$, $\mathbf{b}_z \leftarrow \mathbf{b}_k$, $\mathbf{b}_k \leftarrow \mathbf{v}$ **endif**
19: 　　　　　$z \leftarrow z - 1$, $g \leftarrow k$, startagain $\leftarrow$ true
20: 　　　　**else**
21: 　　　　　$\mathbf{v} \leftarrow \mathbf{b}_{k-1}$, $\mathbf{b}_{k-1} \leftarrow \mathbf{b}_k$, $\mathbf{b}_k \leftarrow \mathbf{v}$ /* $\mathbf{b}_{k-1}$ と $\mathbf{b}_k$ を交換 */
22: 　　　　　**for** $j = 1$ **to** $k - 2$ **do**: $t \leftarrow \mu_{k,j}, \mu_{k,j} \leftarrow \mu_{k-1,j}, \mu_{k-1,j} \leftarrow t$;
23: 　　　　　**if** $B \neq 0$ **then**
24: 　　　　　　**if** $B_k = 0$ **then**
25: 　　　　　　　$B_{k-1} \leftarrow B$, $\mathbf{b}_{k-1}^* \leftarrow \nu \mathbf{b}_{k-1}^*$, $\mu_{k,k-1} \leftarrow 1/\nu$
26: 　　　　　　　**for** $i = k + 1$ **to** ℓ **do**: $\mu_{i,k-1} \leftarrow \mu_{i,k-1}/\nu$;
27: 　　　　　　**else**
28: 　　　　　　　$t \leftarrow B_{k-1}/B$, $\mu_{k,k-1} \leftarrow \nu t$, $\mathbf{w} \leftarrow \mathbf{b}_{k-1}^*$, $\mathbf{b}_{k-1}^* \leftarrow \mathbf{b}_k^* + \nu \mathbf{w}$, $B_{k-1} \leftarrow B$; **if** $k \leq \ell$ **then** $\mathbf{b}_k^* \leftarrow -\mu_{k,k-1}\mathbf{b}_k^* + (B_k/B)\mathbf{w}$, $B_k \leftarrow B_k t$ **endif**
29: 　　　　　　　**for** $i = k + 1$ **to** ℓ **do**: $t \leftarrow \mu_{i,k}$, $\mu_{i,k} \leftarrow \mu_{i,k-1} - \nu t$, $\mu_{i,k-1} \leftarrow t + \mu_{k,k-1}\mu_{i,k}$;
30: 　　　　　　**end if**
31: 　　　　　**else**
32: 　　　　　　$t \leftarrow B_k, B_k \leftarrow B_{k-1}, B_{k-1} \leftarrow t$, $\mathbf{w} \leftarrow \mathbf{b}_k^*, \mathbf{b}_k^* \leftarrow \mathbf{b}_{k-1}^*, \mathbf{b}_{k-1}^* \leftarrow \mathbf{w}$
33: 　　　　　　**for** $i = k + 1$ **to** ℓ **do**: $t \leftarrow \mu_{i,k}, \mu_{i,k} \leftarrow \mu_{i,k-1}, \mu_{i,k-1} \leftarrow t$;
34: 　　　　　**end if**
35: 　　　　　$k \leftarrow \max\{k - 1, 2\}$ /* k の更新 */
36: 　　　　**end if**
37: 　　　**end if**
38: 　　**end while**
39: 　　**if** not startagain **then** $g \leftarrow g + 1$ **endif**
40: 　**end if**
41: **end while**

3 さらなる格子基底簡約アルゴリズム

第 2 章では，最も代表的な格子基底簡約アルゴリズムである LLL 基底簡約
（2.3 節）とその改良である DeepLLL 基底簡約（2.4 節）などを紹介した．本
章では，より短い格子ベクトルを見つけることができる BKZ 基底簡約アル
ゴリズムを紹介する．Schnorr-Euchner [74] が提案した BKZ 基底簡約アルゴ
リズムは，ブロック化した部分射影格子上の最短ベクトルの数え上げと LLL
基底簡約の組合せで構成される．入力するブロックサイズが増すごとに，ア
ルゴリズムの実行時間は非常に遅くなるが[1]，より短い格子ベクトルの探索
が可能となる．また，Mordell の不等式（定理 1.6.7）の証明のアイデアを基
に，Gama-Nguyen [29] が提案したスライド基底簡約アルゴリズムについても
紹介する．特に，スライド基底簡約アルゴリズムの出力基底はいくつかの重
要な数学的条件[2]を満たす．簡単のため，本章でも $n \geq 2$ の次元を持つ整数
格子 $L \subseteq \mathbb{Z}^m$ のみを扱う．

3.1 HKZ 簡約基底とその性質

本節では，BKZ 基底簡約アルゴリズムを説明するための準備として，
HKZ(Hermite-Korkine-Zolotareff) 簡約基底とその性質を紹介する[3]．

定義 3.1.1 n 次元格子 L の基底 $\{\mathbf{b}_1, \ldots, \mathbf{b}_n\}$ の GSO ベクトルを $\mathbf{b}_1^*, \ldots, \mathbf{b}_n^*$
とする[4]．次の 2 つの条件を満たすとき，基底 $\{\mathbf{b}_1, \ldots, \mathbf{b}_n\}$ は **HKZ 簡約さ
れている** (Hermite-Korkine-Zolotareff (HKZ)-reduced) という：

(i) 基底 $\{\mathbf{b}_1, \ldots, \mathbf{b}_n\}$ はサイズ簡約されている（定義 2.2.1）．

(ii) すべての $1 \leq i \leq n$ に対して，$\|\mathbf{b}_i^*\| = \lambda_1(\pi_i(L))$ を満たす[5]．ただし，
各 $1 \leq \ell \leq n$ に対して，π_ℓ は $\mathbb{R}$-ベクトル空間 $\langle \mathbf{b}_1, \ldots, \mathbf{b}_{\ell-1} \rangle_{\mathbb{R}}$ の直交
補空間への直交射影とする（また π_1 は恒等写像とする）．

---

[1]
LLL 基底簡約の計算量は
格子次元の多項式時間で
あったが（定理 2.3.4），
BKZ 基底簡約の計算量
はブロックサイズに関し
て指数時間である．

[2]
具体的な数学的条件とし
て，後述の補題 3.4.6 と
定理 3.4.7 を参照．

[3]
HKZ 簡約は Korkine-
Zolotareff [45, 46] が
Hermite によるサイズ簡
約（定義 2.2.1）の条件を
強めた簡約条件である．

[4]
繰返しになるが，GSO を
考える場合は基底を順序
付き基底と見なす必要が
あることに注意する．

[5]
各 GSO ベクトル $\mathbf{b}_i^*$ は
射影格子 $\pi_i(L)$ 上の最短
な非零ベクトルである．

注意 3.1.2 任意の格子は HKZ 簡約基底を持つ. 実際, n 次元格子 L に対して, まず L 上の最短な非零ベクトル $\mathbf{b}_1$ をとり, $\langle \mathbf{b}_1 \rangle_{\mathbb{R}}$ の直交補空間への直交射影 π_2 を考える. 次に, 射影格子 $\pi_2(L)$ 上の最短な非零ベクトル $\mathbf{b}_2'$ をとり, $\pi_2(\mathbf{b}_2) = \mathbf{b}_2'$ を満たす $\mathbf{b}_2 \in L$ をとる. さらに, $\mathbb{R}$-ベクトル空間 $\langle \mathbf{b}_1, \mathbf{b}_2 \rangle_{\mathbb{R}}$ の直交補空間への直交射影 π_3 に対して, 射影格子 $\pi_3(L)$ 上の最短な非零ベクトルを $\mathbf{b}_3'$ をとり, $\pi_3(\mathbf{b}_3) = \mathbf{b}_3'$ を満たす $\mathbf{b}_3 \in L$ をとる. これらの操作を繰り返すことで, すべての $1 \leq i \leq n$ に対して $\|\pi_i(\mathbf{b}_i)\| = \lambda_1(\pi_i(L))$ を満たす n 個の格子ベクトル $\mathbf{b}_1, \ldots, \mathbf{b}_n \in L$ が得られる. 構成の仕方から $\mathbf{b}_1, \ldots, \mathbf{b}_n$ は一次独立で, 格子 L のある部分格子 M の基底 $\{\mathbf{b}_1, \ldots, \mathbf{b}_n\}$ が得られる. さらに, サイズ基底簡約アルゴリズム (アルゴリズム 4) を適用することで, $\{\mathbf{b}_1, \ldots, \mathbf{b}_n\}$ はサイズ簡約されているとしてよい[6]. 次に, $\{\mathbf{b}_1, \ldots, \mathbf{b}_n\}$ が格子 L を生成することを示す. まず, 1 次元射影格子 $\pi_n(L)$ は $\pi_n(\mathbf{b}_n) = \mathbf{b}_n^*$ で生成され, その体積は $\mathrm{vol}(\pi_n(L)) = \|\mathbf{b}_n^*\|$ である. また, 命題 1.2.5 から

$$\frac{\mathrm{vol}(L)}{\mathrm{vol}(\mathcal{L}(\mathbf{b}_1, \ldots, \mathbf{b}_{n-1}))} = \mathrm{vol}(\pi_n(L)) = \|\mathbf{b}_n^*\|$$

より, $\mathrm{vol}(L) = \mathrm{vol}(M)$ が成り立つ. これより, $\{\mathbf{b}_1, \ldots, \mathbf{b}_n\}$ は格子 L の HKZ 簡約基底である[7].

HKZ 簡約基底はいくつかの重要な性質を満たす. まず, HKZ 簡約基底は局所的な性質を持つ: 格子 L の基底 $\{\mathbf{b}_1, \ldots, \mathbf{b}_n\}$ が HKZ 簡約されているなら, 任意の $1 \leq i \leq j \leq n$ に対する部分射影格子の基底 $\{\pi_i(\mathbf{b}_i), \pi_i(\mathbf{b}_{i+1}), \ldots, \pi_i(\mathbf{b}_j)\}$ も HKZ 簡約基底となる[8]. 特に, すべての $1 \leq i \leq n-1$ に対して, 2 次元格子基底 $\{\pi_i(\mathbf{b}_i), \pi_i(\mathbf{b}_{i+1})\}$ は HKZ 簡約されているので,

$$\frac{3}{4}\|\mathbf{b}_i^*\|^2 \leq \|\mathbf{b}_{i+1}^*\|^2$$

が成り立つ[9]. よって, 定理 2.3.2 (1), (2) の証明と同様の議論から, 格子 L 上の最短な非零ベクトル $\mathbf{b}_1$ は Hermite 不等式 (1.22) を満たすことが分かる (つまり, 定理 1.5.11 の別証明を与えている). また, 各 HKZ 簡約基底ベクトルのノルムに関して, 次の性質が成り立つ [47, 定理 2.1]:

定理 3.1.3 n 次元格子 L の基底 $\{\mathbf{b}_1, \ldots, \mathbf{b}_n\}$ は HKZ 簡約されているとする. このとき, 任意の $1 \leq i \leq n$ に対して,

$$\frac{4}{i+3}\lambda_i(L)^2 \leq \|\mathbf{b}_i\|^2 \leq \frac{i+3}{4}\lambda_i(L)^2$$

が成り立つ.

---

[6] 命題 2.2.2 から, サイズ基底簡約では GSO ベクトル $\mathbf{b}_1^*, \ldots, \mathbf{b}_n^*$ が変化しないことに注意.

[7] つまり, 射影格子 $\pi_i(L)$ 上の最短な非零ベクトルを順に見つけていくことで HKZ 簡約基底を見つけることができる.

[8] この部分射影格子を後述の 3.3 節で $L_{[i,j]}$ と表す.

[9] 2 次元における Hermite 定数が $\gamma_2 = \frac{2}{\sqrt{3}}$ より成り立つ (表 1.1 を参照).

証明 任意の $1 \leq i \leq n$ に対して, $\lambda_i(L)$ の定義からノルムが高々 $\lambda_i(L)$ の一次独立な i 個のベクトル $\mathbf{v}_1, \ldots, \mathbf{v}_i \in L$ が存在する. このとき, 射影格子 $\pi_i(L)$ 上の i 個のベクトル $\pi_i(\mathbf{v}_1), \ldots, \pi_i(\mathbf{v}_i)$ のうち少なくとも 1 つのベクトルは非零である（これらのベクトルがすべて零ならば, $\mathbf{v}_1, \ldots, \mathbf{v}_i \in \langle \mathbf{b}_1, \ldots, \mathbf{b}_{i-1} \rangle_{\mathbb{R}}$ となり, i 個のベクトル $\mathbf{v}_1, \ldots, \mathbf{v}_i$ の一次独立性に矛盾する）. これより, $\lambda_1(\pi_i(L)) \leq \lambda_i(L)$ が成り立つ. また, $\{\mathbf{b}_1, \ldots, \mathbf{b}_n\}$ が HKZ 簡約基底より, $\|\mathbf{b}_i^*\| = \lambda_1(\pi_i(L)) \leq \lambda_i(L)$ が成り立つ. さらに,

$$\|\mathbf{b}_i\|^2 \leq \|\mathbf{b}_i^*\|^2 + \frac{1}{4} \sum_{j=1}^{i-1} \|\mathbf{b}_j^*\|^2$$

$$\leq \lambda_i(L)^2 + \frac{1}{4} \sum_{j=1}^{i-1} \lambda_j(L)^2 \leq \frac{i+3}{4} \lambda_i(L)^2$$

が成り立つ[10]. これで右側の不等式を示すことができた.

一方, 任意の $1 \leq j \leq i \leq n$ に対して, $\pi_j(\mathbf{b}_i)$ は射影格子 $\pi_j(L)$ の非零な元なので, $\lambda_1(\pi_j(L)) \leq \|\pi_j(\mathbf{b}_i)\|$ が成り立つ. これより,

$$\|\mathbf{b}_j^*\|^2 = \lambda_1(\pi_j(L))^2 \leq \|\pi_j(\mathbf{b}_i)\|^2 \leq \|\mathbf{b}_i\|^2$$

が成り立つ. よって,

$$\|\mathbf{b}_j\|^2 \leq \|\mathbf{b}_j^*\|^2 + \frac{1}{4} \sum_{k=1}^{j-1} \|\mathbf{b}_k^*\|^2 \leq \frac{j+3}{4} \|\mathbf{b}_i\|^2$$

が成り立つ. ゆえに,

$$\lambda_i(L)^2 \leq \max\{\|\mathbf{b}_j\|^2 : 1 \leq j \leq i\} \leq \frac{i+3}{4} \|\mathbf{b}_i\|^2$$

である. これで左側の不等式も示すことができた. □

上記の定理から, 格子 L の HKZ 簡約基底 $\{\mathbf{b}_1, \ldots, \mathbf{b}_n\}$ の基底ベクトルのノルム $\|\mathbf{b}_i\|$ と第 i 逐次最小 $\lambda_i(L)$ の隔たりは高々 $\sqrt{\frac{i+3}{4}}$ であることが分かる[11]. また, 定理 3.1.3 から次の性質が成り立つ [47, 定理 2.3]：

定理 3.1.4 n 次元格子 L の HKZ 簡約基底 $\{\mathbf{b}_1, \ldots, \mathbf{b}_n\}$ に対して,

$$\prod_{i=1}^{n} \|\mathbf{b}_i\|^2 \leq \left(\gamma_n^n \prod_{i=1}^{n} \frac{i+3}{4} \right) \mathrm{vol}(L)^2$$

が成り立つ.

10)
サイズ簡約基底であることに注意する. また, $\lambda_1(L) \leq \lambda_2(L) \leq \cdots$ であることに注意する.

11)
注意 2.3.3 より, LLL 簡約基底では $\|\mathbf{b}_i\|$ と $\lambda_i(L)$ の隔たりは高々 $\alpha^{\frac{n-1}{2}}$ であった.

証明 定理 3.1.3 と式 (1.17) から,

$$\prod_{i=1}^{n} \|\mathbf{b}_i\|^2 \leq \left(\prod_{i=1}^{n} \frac{i+3}{4}\right)\left(\prod_{i=1}^{n} \lambda_i(L)^2\right)$$

$$\leq \left(\prod_{i=1}^{n} \frac{i+3}{4}\right) \gamma_n^n \mathrm{vol}(L)^2$$

が成り立つ. □

注意 3.1.5 n 次元格子 L の基底 $\{\mathbf{b}_1, \ldots, \mathbf{b}_n\}$ がどれほど直交に近いか測る量として,**直交性欠陥** (orthogonality defect)

$$\frac{\prod_{i=1}^{n} \|\mathbf{b}_i\|}{\mathrm{vol}(L)} \tag{3.1}$$

が知られている. 各 $2 \leq i \leq n$ に対して, 基底ベクトル $\mathbf{b}_i$ と $\mathbb{R}$-ベクトル空間 $V := \langle \mathbf{b}_1, \ldots, \mathbf{b}_{i-1} \rangle_{\mathbb{R}}$ の間の角を θ_i $(0 < \theta_i < \pi)$ とする[12]. このとき, $\|\mathbf{b}_i^*\| = \|\mathbf{b}_i\| \sin\theta_i$ が成り立つので,

$$\prod_{i=1}^{n} \|\mathbf{b}_i\| = \prod_{i=1}^{n} \frac{\|\mathbf{b}_i^*\|}{\sin\theta_i} = \frac{\mathrm{vol}(L)}{\prod_{i=1}^{n} \sin\theta_i} \geq \mathrm{vol}(L)$$

が分かる(便宜上 $\theta_1 = \frac{\pi}{2}$ とする). これより, 直交性欠陥は常に 1 以上であることが分かる. さらに, 直交性欠陥が 1 となるのは, すべての $2 \leq i \leq n$ に対して $\sin\theta_i = 1$, つまり $\theta_i = \frac{\pi}{2}$ が成り立つときに限る[13]. 一方, これらの結果は Hadamard の不等式(系 1.2.3)からも容易に分かる.

上記の注意から, 直交性欠陥 (3.1) を最小化することと, 互いがほぼ直交する基底ベクトルを持つ基底を見つけることは対応することが分かる. また, 直交性欠陥は基底ベクトルのノルム積 $\prod_{i=1}^{n} \|\mathbf{b}_i\|$ に比例することから[14], 互いがほぼ直交する基底ベクトルを持つ基底を見つけることと, 短い基底ベクトルを持つ基底を見つけることは密接な関係がある. 例えば, 基底 $\{\mathbf{b}_1, \ldots, \mathbf{b}_n\}$ が HKZ 簡約されている場合, 定理 3.1.4 から直交性欠陥の上界として

$$\left(\gamma_n^n \prod_{i=1}^{n} \frac{i+3}{4}\right)^{\frac{1}{2}} = \left(\frac{\gamma_n}{4}\right)^{\frac{n}{2}} \left\{\frac{(n+3)!}{6}\right\}^{\frac{1}{2}}$$

が得られる. 式 (1.20) による漸近的な上界評価 $\gamma_n \leq \frac{n}{\pi e}(1 + o(1))$ $(n \to \infty)$ と式 (1.19) による Stirling の近似公式 $n! = \Gamma(1 + n) \sim \left(\frac{n}{e}\right)^n$ から, 上記の直交性欠陥の上界はおおよそ

---

[12]
より具体的には, 2 つのベクトル $\mathbf{b}_i$ と $\mathbf{b}_i - \mathbf{b}_i^* \in V$ との間の角を θ とする. $\theta_i = 0$ ならば, $\mathbf{b}_i \in \langle \mathbf{b}_1, \ldots, \mathbf{b}_{i-1} \rangle_{\mathbb{R}}$ となり, 基底の一次独立性に反することに注意する.

[13]
つまり, すべての $2 \leq i \leq n$ に対して, 基底ベクトル $\mathbf{b}_i$ が $\mathbb{R}$-ベクトル空間 $\langle \mathbf{b}_1, \ldots, \mathbf{b}_{i-1} \rangle_{\mathbb{R}}$ に直交するときに限る.

[14]
格子の体積 $\mathrm{vol}(L)$ は格子 L の不変量であることに注意する.

$$\left\{ \frac{n^2}{4\pi e^2}(1 + o(1)) \right\}^{\frac{n}{2}} \quad (n \to \infty) \tag{3.2}$$

程度で抑えることができる[15]. 一方, 基底 $\{\mathbf{b}_1, \ldots, \mathbf{b}_n\}$ が簡約パラメータ $\frac{1}{4} < \delta < 1$ に関して LLL 簡約されている場合は, 定理 2.3.2 (4) から直交性欠陥の上界として $\alpha^{\frac{n(n-1)}{4}}$ が得られる[16]. これより, 十分大きな格子次元 n において, LLL 簡約基底による上界は HKZ 簡約基底による上界 (3.2) に比べて非常に大きくなることが分かる[17].

3.2 格子上の最短ベクトルの数え上げ

注意 3.1.2 で説明したように, HKZ 簡約基底を見つけるには, 格子上の最短な非零ベクトルを出力するアルゴリズムが必要である[18]. 本節では, 数え上げによる格子上の最短な非零ベクトルの探索アルゴリズムを紹介する[19].

3.2.1 最短ベクトルの数え上げ原理

ここでは格子上の最短な非零ベクトルの数え上げ原理を説明する. n 次元格子 L の基底 $\{\mathbf{b}_1, \ldots, \mathbf{b}_n\}$ に対して, 格子上の最短な非零ベクトル $\mathbf{v} \in L$ を

$$\mathbf{v} = v_1\mathbf{b}_1 + \cdots + v_n\mathbf{b}_n \quad (\exists v_1, \ldots, \exists v_n \in \mathbb{Z})$$

と表す[20]. 格子基底 $\{\mathbf{b}_1, \ldots, \mathbf{b}_n\}$ の GSO ベクトルを $\mathbf{b}_1^*, \ldots, \mathbf{b}_n^*$, GSO 係数を $\mu_{i,j}$ $(1 \le j < i \le n)$ とする. 各基底ベクトルは $\mathbf{b}_i = \mathbf{b}_i^* + \sum_{j=1}^{i-1} \mu_{i,j}\mathbf{b}_j^*$ とかけるので, 格子ベクトル $\mathbf{v}$ は

$$\mathbf{v} = \sum_{i=1}^{n} v_i \left(\mathbf{b}_i^* + \sum_{j=1}^{i-1} \mu_{i,j}\mathbf{b}_j^* \right) = \sum_{j=1}^{n} \left(v_j + \sum_{i=j+1}^{n} \mu_{i,j}v_i \right) \mathbf{b}_j^* \tag{3.3}$$

と表せる. 各 $1 \le \ell \le n$ に対して, π_ℓ を $\mathbb{R}$-ベクトル空間 $\langle \mathbf{b}_1, \ldots, \mathbf{b}_{\ell-1} \rangle_{\mathbb{R}}$ の直交補空間への直交射影とする (ただし π_1 は恒等写像). このとき, GSO ベクトル $\mathbf{b}_1^*, \ldots, \mathbf{b}_n^*$ の直交性 (定理 1.2.2) から, すべての $1 \le k \le n$ に対して

$$\|\pi_k(\mathbf{v})\|^2 = \sum_{j=k}^{n} \left(v_j + \sum_{i=j+1}^{n} \mu_{i,j}v_i \right)^2 B_j \tag{3.4}$$

15)
[47, 定理 2.3] と同様におおよその上界値を与えた.

16)
ただし, 定理 2.3.2 と同様に $\alpha = \frac{4}{4\delta-1}$ とする.

17)
つまり, 強い簡約条件を満たす基底上では直交性欠陥の上界が小さくなる.

18)
正確には, 格子 L の各射影格子 $\pi_i(L)$ 上の最短な非零ベクトルを順に見つけていくことで, HKZ 簡約基底が見つかる.

19)
参考テキストとして [61] を参照. また, 別の探索方法である Fincke-Pohst アルゴリズム [25] と Kannan アルゴリズム [40, 41] についての参考テキストとして, [14, 10 章と 11 章] を参照.

20)
ただし, 具体的な整数 v_i の値は分からない.

が成り立つ. ただし, $B_j = \|\mathbf{b}_j^*\|^2 \ (1 \leq j \leq n)$ とする.

21)
具体的な R の値の取り方については, 次の 3.2.2 項で説明する.

　ここで, 格子上の最短な非零ベクトルの数え上げ上界を $R > 0$ とし[21], 不等式 $\|\mathbf{v}\| \leq R$ を満たす格子ベクトル $\mathbf{v} \in L$ の数え上げ方法を与える. このとき, 各 $1 \leq k \leq n$ に対し $\|\pi_k(\mathbf{v})\|^2 \leq \|\mathbf{v}\|^2 \leq R^2$ が成り立ち, この不等式は式 (3.4) より

$$\sum_{j=k}^{n} \left(v_j + \sum_{i=j+1}^{n} \mu_{i,j} v_i \right)^2 B_j \leq R^2$$

とかき直すことができる. さらに, この不等式は

$$\left(v_k + \sum_{i=k+1}^{n} \mu_{i,k} v_i \right)^2 \leq \frac{R^2 - \sum_{j=k+1}^{n} \left(v_j + \sum_{i=j+1}^{n} \mu_{i,j} v_i \right)^2 B_j}{B_k} \tag{3.5}$$

とかける. 例えば, 具体的な $k = n, n-1, \cdots$ における不等式 (3.5) は

$$\begin{cases} v_n^2 \leq \dfrac{R^2}{B_n} & (k = n \text{ のとき}), \\[3mm] (v_{n-1} + \mu_{n,n-1} v_n)^2 \leq \dfrac{R^2 - v_n^2 B_n}{B_{n-1}} & (k = n-1 \text{ のとき}), \\[2mm] \qquad\qquad\vdots \end{cases}$$

である. 下記の 3 つのステップにより, 不等式 $\|\mathbf{v}\| \leq R$ を満たす格子ベクトル $\mathbf{v} \in L$ をすべて数え上げることができる:

(1) まず, $k = n$ における不等式 (3.5) である $v_n^2 \leq \dfrac{R^2}{B_n}$ を満たす整数 v_n を 1 つ選ぶ. 特に, 格子の対称性から $v_n \geq 0$ と制約してよい[22].

22)
ただし, その他の v_i に対してはそのような制限をしてはならないことに注意する.

(2) 次に, $k = n-1$ における不等式 (3.5) を満たす整数 v_{n-1} を 1 つ選ぶ. そのような v_{n-1} が存在しない場合は, ステップ (1) に戻り v_n を選びなおす.

(3) 上記のステップ (1), (2) のように深さ優先探索で, すべての $1 \leq k \leq n$ に対する不等式 (3.5) を満たす n 個の整数 $v_n, v_{n-1}, \ldots, v_1$ をすべて数え上げることで, 不等式 $\|\mathbf{v}\| \leq R$ を満たす格子ベクトル $\mathbf{v} = \sum_{i=1}^{n} v_i \mathbf{b}_i \in L$ をすべて列挙することができる (上界 R を適切に選べば, 列挙したベクトルの中に必ず格子上の最短な非零ベクトルが含まれる).

特に，各 $1 \leq k \leq n$ に対して，不等式 (3.5) の左辺が小さくなるように，

$$v_k = \left\lfloor -\sum_{i=k+1}^{n} \mu_{i,k} v_i \right\rceil, \quad \left\lfloor -\sum_{i=k+1}^{n} \mu_{i,k} v_i \right\rceil \pm 1, \cdots$$

の順でジグザグに整数値を選ぶことで短い格子ベクトルが見つかる可能性の高い順に数え上げることができる．

3.2.2 最短ベクトルの数え上げアルゴリズム

アルゴリズム 10 に格子上の最短ベクトルの数え上げアルゴリズムを示す[23]．入力する n 次元格子 L の基底 $\{\mathbf{b}_1, \ldots, \mathbf{b}_n\}$ の GSO 係数 $\mu_{i,j}$ $(1 \leq j < i \leq n)$，GSO ベクトルの 2 乗ノルム $B_i = \|\mathbf{b}_i^*\|^2$ $(1 \leq i \leq n)$ と数え上げ上界列 $R_1^2 \leq \cdots \leq R_n^2$ に対して[24]，n 個の不等式

$$\|\pi_k(\mathbf{v})\|^2 \leq R_{n+1-k}^2 \quad (1 \leq k \leq n) \tag{3.6}$$

を満たす格子ベクトル $\mathbf{v} = \sum_{i=1}^{n} v_i \mathbf{b}_i \in L$ の係数ベクトル $(v_1, \ldots, v_n) \in \mathbb{Z}^n$ を出力する（このようなベクトルが存在しない場合は，空集合 $\emptyset$ を出力する）．アルゴリズム 10 では各 $1 \leq k \leq n$ に対する不等式 (3.6) の上界 R_k^2 を自由に設定でき，適切に上界を設定することで効率的に短い格子ベクトルを見つけることができる．例えば，1 に十分近い $0 < \varepsilon < 1$（例：$\varepsilon = 0.99$）に対し，

$$R_1^2 = \cdots = R_n^2 = \varepsilon B_1$$

と設定すれば，第 1 基底ベクトル $\mathbf{b}_1$ より短い格子ベクトルを探索することができる．また，探索空間削減のため，

$$R_n^2 = \varepsilon B_1, \quad R_k^2 = \frac{k}{n} R_n^2 \quad (1 \leq k \leq n-1)$$

などの上界列が [31] で示されている[25]．ただし，このような上界列を利用すると数え上げ空間が狭くなるため，短い格子ベクトルを見つける確率が低くなる[26]．一方，アルゴリズム 10 は不等式 (3.6) を満たす格子ベクトル $\mathbf{v} = \sum_{i=1}^{n} v_i \mathbf{b}_i$ を 1 つ見つけると，その係数ベクトル $(v_1, \ldots, v_n) \in \mathbb{Z}^n$ を出力し停止する．最短ベクトルを見つけるには，例えば R として Minkowski の第 1 定理（定理 1.5.5）の上界を設定し，短い格子ベクトルを見つけるたびにアルゴリズム 10 に入力する数え上げ上界列を小さく設定すればよい．

23) このアルゴリズムは [31] で示されたもので，[74] の数え上げアルゴリズムに高速実装のための改良がいくつか施されている．

24) 3.2.1 項の説明と合わせるには，$R^2 = R_1^2 = \cdots = R_n^2$ とすればよい．また，アルゴリズム内の処理では，基底 $\{\mathbf{b}_1, \ldots, \mathbf{b}_n\}$ の情報は一切必要ないことに注意する．

25) この上界列は線形枝刈り (linear pruning) と呼ばれ，[31] ではそれ以外の上界列もいくつか提示されている．

26) つまり，数え上げ計算量と短い格子ベクトルの探索成功確率はトレードオフの関係にある．

例 3.2.1 5 次元格子 $L \subseteq \mathbb{Z}^5$ の基底行列を

$$\begin{pmatrix} 63 & -14 & -1 & 84 & 61 \\ 74 & -20 & 23 & -32 & -52 \\ 93 & -46 & -19 & 0 & -63 \\ 93 & 11 & 13 & 60 & 52 \\ 33 & -93 & 12 & 57 & -2 \end{pmatrix}$$

とする．格子 L 上の最短な非零ベクトルは

$$\mathbf{v} = (0, 1, 1, 0, 1) \quad \text{または} \quad \mathbf{v} = (0, -1, -1, 0, -1)$$

である[27].

[27]
アルゴリズム 10 を実装して，実際に最短な非零ベクトルを見つけてみてほしい．

例 3.2.2 10 次元格子 $L \subseteq \mathbb{Z}^{10}$ の基底行列を

$$\begin{pmatrix} -79 & 35 & 31 & 83 & -66 & 35 & -32 & 46 & 21 & 2 \\ 43 & -64 & -37 & -31 & -27 & -7 & -42 & 21 & 16 & 16 \\ -1 & -97 & -91 & -43 & 19 & -21 & -65 & -36 & 34 & -55 \\ -58 & -38 & 87 & 42 & 94 & -83 & 66 & -69 & -2 & -30 \\ 84 & -61 & 93 & -67 & 3 & 94 & 31 & 27 & -60 & 98 \\ -1 & 34 & 58 & -38 & 29 & 67 & -18 & 15 & -75 & -16 \\ 19 & 16 & 52 & 32 & -20 & 55 & 94 & -34 & 4 & 80 \\ -58 & -17 & 99 & 93 & -49 & -53 & 24 & 51 & 5 & 93 \\ 17 & 31 & 78 & 53 & 40 & -22 & -39 & 7 & 70 & -98 \\ 93 & -6 & -7 & -12 & 79 & -40 & 27 & -95 & 98 & 20 \end{pmatrix}$$

とする．格子 L 上の最短な非零ベクトルは

$$\mathbf{v} = (0, 8, -3, 4, 24, -9, -16, -5, -9, -13)$$

または

$$\mathbf{v} = (0, -8, 3, -4, -24, 9, 16, 5, 9, 13)$$

である．

3.2 格子上の最短ベクトルの数え上げ

アルゴリズム 10 ENUM：格子上の最短ベクトルの数え上げ [31]

Input: n 次元格子 L の基底 $\{\mathbf{b}_1, \ldots, \mathbf{b}_n\}$ の GSO 係数 $\mu_{i,j}$ $(1 \le j < i \le n)$，GSO ベクトルの 2 乗ノルム $B_i = \|\mathbf{b}_i^*\|^2$ $(1 \le i \le n)$，数え上げ上界列 $R_1^2 \le \cdots \le R_n^2$

Output: すべての $1 \le k \le n$ に対して $\|\pi_k(\mathbf{v})\|^2 \le R_{n+1-k}^2$ を満たす格子ベクトル $\mathbf{v} = \sum_{i=1}^n v_i \mathbf{b}_i \in L$ の係数ベクトル $(v_1, \ldots, v_n) \in \mathbb{Z}^n$（$\mathbf{v}$ が存在する場合）

1: $\sigma \leftarrow (0)_{(n+1) \times n}$ /* すべての成分が 0 の $(n+1) \times n$-行列 */
2: $r_0 = 0; r_1 = 1; \cdots; r_n = n$
3: $\rho_1 = \cdots = \rho_{n+1} = 0$
4: $v_1 = 1; v_2 = \cdots = v_n = 0$
5: $c_1 = \cdots = c_n = 0$
6: $w_1 = \cdots = w_n = 0$
7: last_nonzero $= 1$ /* $v_i \ne 0$ となる最大の $1 \le i \le n$ */
8: $k = 1$
9: **while true do**
10:     $\rho_k \leftarrow \rho_{k+1} + (v_k - c_k)^2 B_k$ /* $\rho_k = \|\pi_k(\mathbf{v})\|^2$ */
11:     **if** $\rho_k \le R_{n+1-k}^2$ **then**
12:         **if** $k = 1$ **then**
13:             **return** $(v_1, \ldots, v_n)$ /* 格子ベクトル $\mathbf{v} \in L$ の係数ベクトルを出力 */
14:         **end if**
15:         $k \leftarrow k - 1$
16:         $r_{k-1} \leftarrow \max(r_{k-1}, r_k)$
17:         **for** $i = r_k$ downto $k + 1$ **do**
18:             $\sigma_{i,k} \leftarrow \sigma_{i+1,k} + \mu_{i,k} v_i$ /* $\sigma_{i,j} = \sum_{h=i}^n \mu_{h,j} v_h$ を計算 */
19:         **end for**
20:         $c_k \leftarrow -\sigma_{k+1,k}$ /* $c_k = -\sum_{i=k+1}^n \mu_{i,k} v_i$ */
21:         $v_k \leftarrow \lfloor c_k \rceil$
22:         $w_k \leftarrow 1$
23:     **else**
24:         $k \leftarrow k + 1$
25:         **if** $k = n + 1$ **then**
26:             **return** $\emptyset$ /* 目的の $\mathbf{v} \in L$ が存在しない場合，$\emptyset$ を出力 */
27:         **end if**
28:         $r_{k-1} \leftarrow k$
29:         **if** $k \ge$ last_nonzero **then**
30:             last_nonzero $\leftarrow k$
31:             $v_k \leftarrow v_k + 1$
32:         **else**
33:             **if** $v_k > c_k$ **then**
34:                 $v_k \leftarrow v_k - w_k$
35:             **else**
36:                 $v_k \leftarrow v_k + w_k$
37:             **end if**
38:             $w_k \leftarrow w_k + 1$
39:         **end if**
40:     **end if**
41: **end while**

3.2.3 数え上げアルゴリズムの計算量

固定した $R > 0$ に対して，数え上げ上界列を $R_1^2 = \cdots = R_n^2 = R^2$ と設定した場合のアルゴリズム 10 の計算量を考える（図 3.1 も参照）．各 $1 \leq \ell \leq n$ に対して，$R_\ell = R$ における不等式 (3.6) を満たす射影格子 $\pi_{n+1-\ell}(L)$ 上の格子ベクトルの個数を $H_\ell = \#\{\mathbf{w} \in \pi_{n+1-\ell}(L) : \|\mathbf{w}\| \leq R\}$ とおく．アルゴリズム 10 において，レベル ℓ におけるノード数はおおよそ $\frac{1}{2}H_\ell$ と一致する[28]．よって，アルゴリズム 10 で探索するノード総数 N はおおよそ

$$N \approx \frac{1}{2}\sum_{\ell=1}^{n} H_\ell$$

となる．入力する格子基底 $\{\mathbf{b}_1, \ldots, \mathbf{b}_n\}$ の GSO ベクトルを $\mathbf{b}_1^*, \ldots, \mathbf{b}_n^*$ とすると，各 $1 \leq \ell \leq n$ に対して $\mathrm{vol}(\pi_{n+1-\ell}(L)) = \prod_{i=n+1-\ell}^{n} \|\mathbf{b}_i^*\|$ が成り立つ．注意 1.5.10 で紹介した Gauss のヒューリスティックから，各 H_ℓ はおおよそ

$$H_\ell \approx \frac{V_\ell(R)}{\mathrm{vol}(\pi_{n+1-\ell}(L))} = \frac{V_\ell(R)}{\prod_{i=n+1-\ell}^{n} \|\mathbf{b}_i^*\|} \tag{3.7}$$

と見積もれる（ただし，$V_\ell(R)$ は半径 R を持つ ℓ 次元超球の体積とする）．高い格子次元（例：$n \geq 50$）では，数え上げアルゴリズムで探索するノード総数 N は膨大な大きさになる．一方，上記の議論からノード総数 N は入力基底に深く依存しており，LLL 基底簡約や次に説明する BKZ 基底簡約による格子基底変換により，ノード総数 N を効率的に削減することができる[29]．つまり，格子上の最短ベクトルの探索においては，格子基底簡約アルゴリズムと数え上げアルゴリズムの適切な組合せが有効である[30]．

[28] 格子の対称性から探索木（図 3.1 を参照）を半分に削減していることに注意．さらに，零ベクトルを除いて数え上げるので，正確には $N = \frac{1}{2}(H_\ell - 1)$ である．

[29] つまり，良い基底だとノード総数 N は小さくなる．

[30] ただし，50 次元以上の格子における最短ベクトルの探索においては，数え上げ上界列に対する適切な枝刈り (pruning) が必要になってくる．

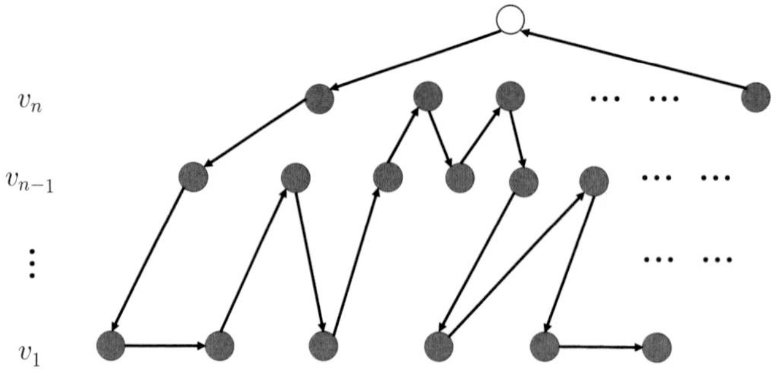

図 3.1 格子上の最短ベクトル $\mathbf{v} = \sum_{i=1}^{n} v_i \mathbf{b}_i$ の数え上げイメージ（数え上げ上界 $R > 0$ に対して，不等式 (3.5) を満たす n 個の整数 $v_n, v_{n-1}, \ldots, v_1$ を深さ優先探索ですべて数え上げていく）．

特殊な構造を持たない高次元 n（例えば $n \geq 100$）の格子 L の簡約された基底 $\{\mathbf{b}_1, \ldots, \mathbf{b}_n\}$ に対しては，ある定数 q が存在し[31]

$$\|\mathbf{b}_i^*\|/\|\mathbf{b}_{i+1}^*\| \approx q \quad (1 \leq i \leq n-1)$$

が成り立つことが実験的に示されている [30,62]．定数 q の値は基底簡約アルゴリズムに依存し，LLL 基底簡約アルゴリズムの場合は $q \approx 1.02^2 \approx 1.04$，ブロックサイズ $\beta = 20$ の BKZ 基底簡約アルゴリズム（次節で紹介）の場合は $q \approx 1.025$ となることが知られている [61]．この定数 q を用いると，各 $1 \leq i \leq n$ に対し $\|\mathbf{b}_1\| \approx q^{i-1}\|\mathbf{b}_i^*\|$ が成り立つ．これらの不等式の両辺をすべてかけ合わせることで，$\|\mathbf{b}_1\|^n \approx q^{\frac{n(n-1)}{2}}\mathrm{vol}(L)$ を得るので，

$$\|\mathbf{b}_1\| \approx q^{\frac{n-1}{2}}\mathrm{vol}(L)^{\frac{1}{n}} \tag{3.8}$$

が成り立つ．また，各 H_ℓ の見積もり (3.7) は

$$H_\ell \approx \frac{V_\ell(R)\|\mathbf{b}_1\|^{n-\ell}}{q^{(n-\ell-1)(n-\ell)/2}\mathrm{vol}(L)} \tag{3.9}$$

とかける．Hermite の定数 γ_n（定義 1.5.7）を用いると，n 次元格子 L 上の最短な非零ベクトル $\mathbf{v}$ は $\|\mathbf{v}\| \leq \sqrt{\gamma_n}\mathrm{vol}(L)^{\frac{1}{n}}$ を満たす．ここで，最短ベクトルの数え上げ上界を $R = \sqrt{\gamma_n}\mathrm{vol}(L)^{\frac{1}{n}}$ とおくと，式 (3.8) と (3.9) から

$$H_\ell \approx \frac{V_\ell(\sqrt{\gamma_n})\|\mathbf{b}_1\|^{n-\ell}}{q^{(n-\ell-1)(n-\ell)/2}\mathrm{vol}(L)^{(n-\ell)/n}}$$

$$\approx \frac{q^{(n-\ell)(n-1)/2}V_\ell(\sqrt{\gamma_n})}{q^{(n-\ell-1)(n-\ell)/2}} = q^{\frac{\ell(n-\ell)}{2}}V_\ell(\sqrt{\gamma_n})$$

が得られる．さらに，[31] における上界評価 $V_\ell(\sqrt{\gamma_n}) \lesssim 2^{O(n)}$ を用いると[32]，

$$H_\ell \lesssim q^{\frac{\ell(n-\ell)}{2}}2^{O(n)}$$

と見積もることができる．この見積もりの右辺は $\ell = \frac{n}{2}$ のとき最大となり，任意の $1 \leq \ell \leq n$ に対して $H_\ell \lesssim q^{\frac{n^2}{8}}2^{O(n)}$ と見積もれる（一方，H_ℓ のヒューリスティックな下界評価については [61] を参照[33]）．

　上記の議論から，最短ベクトルの数え上げアルゴリズム（アルゴリズム 10）は，高い次元 n（例：$n \geq 50$）の格子に対して非常に膨大な最悪計算量を持つことが分かる．一方で，強力な基底簡約アルゴリズムにより定数 q を小さくすることができるので，強い簡約条件を満たす基底 $\{\mathbf{b}_1, \ldots, \mathbf{b}_n\}$ 上のほうが数え上げアルゴリズムの実行時間は短くて済む．

---

31)
Schnorr [72] によって幾何級数仮定 (Geometric Series Assumption, GSA) というヒューリスティック仮定として紹介された（後述の 4.4.1 項の仮定 4.4.3 でも紹介する）．

32)
不等式 $\gamma_n \leq n$ からおおよその上界評価を得ることができる．

33)
枝刈りされた数え上げ上界列による数え上げアルゴリズム計算量の下界評価については [5] を参照．

3.3 BKZ 基底簡約アルゴリズム

Schnorr-Euchner [74] は，HKZ 簡約基底の概念（定義 3.1.1）をブロック化した BKZ(block-Korkine-Zolotareff) 簡約の概念を導入し，BKZ 基底簡約アルゴリズムを示した．特に，BKZ 基底簡約アルゴリズムは，LLL 基底簡約と格子上の最短ベクトルの数え上げの組合せで構成される．本節では，BKZ 簡約基底の性質と BKZ 基底簡約アルゴリズムを紹介する[34]．

3.3.1 BKZ 簡約基底とその性質

n 次元格子 L の基底を $\{\mathbf{b}_1,\ldots,\mathbf{b}_n\}$ とし，各 $1 \leq i \leq n$ に対して π_i を $\mathbb{R}$-ベクトル空間 $\langle \mathbf{b}_1,\ldots,\mathbf{b}_{i-1}\rangle_{\mathbb{R}}$ の直交補空間に対する直交射影とする（ただし，π_1 は恒等写像とする）．任意の $1 \leq k \leq \ell \leq n$ に対して，

$$\{\pi_k(\mathbf{b}_k), \pi_k(\mathbf{b}_{k+1}),\ldots,\pi_k(\mathbf{b}_\ell)\} \tag{3.10}$$

を基底として持つ $(\ell - k + 1)$ 次元の格子を $L_{[k,\ell]}$ と表す[35]（定め方から $L_{[k,\ell]}$ は射影格子 $\pi_k(L)$ の部分格子であることに注意する）．

定義 3.3.1 ブロックサイズ $2 \leq \beta \leq n$ に対して，n 次元格子 L の基底 $\{\mathbf{b}_1,\ldots,\mathbf{b}_n\}$ が次の 2 つの条件を満たすとき，その基底は β-**BKZ 簡約**されている（β-BKZ-reduced）という[36]：

(i) 基底 $\{\mathbf{b}_1,\ldots,\mathbf{b}_n\}$ がサイズ簡約されている（定義 2.2.1）．

(ii) すべての $1 \leq k \leq n - \beta + 1$ に対して，β 次元の格子 $L_{[k,k+\beta-1]}$ の基底 $\{\pi_k(\mathbf{b}_k), \pi_k(\mathbf{b}_{k+1}),\ldots,\pi_k(\mathbf{b}_{k+\beta-1})\}$ が HKZ 簡約されている（下記では $s = n - \beta + 1$ とし，各行のブロック基底が HKZ 簡約されている）：

$$
\begin{array}{llll}
L_{[1,\beta]}: & \mathbf{b}_1 \quad \cdots \quad\quad \cdots \quad \mathbf{b}_\beta & & \\
L_{[2,\beta+1]}: & \quad\quad \pi_2(\mathbf{b}_2) \; \cdots \quad \cdots \quad \pi_2(\mathbf{b}_{\beta+1}) & \\
\quad \vdots & \quad\quad\quad\quad \ddots & \quad\quad\quad \ddots \\
L_{[s,n]}: & \quad\quad\quad\quad\quad \pi_s(\mathbf{b}_s) \quad \cdots \quad\quad \cdots \quad \pi_s(\mathbf{b}_n)
\end{array}
$$

特に，すべての $1 \leq k \leq n$ に対し $\|\mathbf{b}_k^*\| = \lambda_1(L_{[k,\ell]})$ が成り立つ．ただし，$\ell = \min(k + \beta - 1, n)$ とする．

---

[34] 高次元の格子上の最短ベクトルの探索には膨大な計算量が必要で，各射影格子上の最短ベクトル探索で見つける HKZ 簡約基底はさらに多くの計算量が必要．一方，BKZ 基底簡約アルゴリズムは，小さなブロック上の最短ベクトルの探索のみでかなり短い格子ベクトルの探索を可能とする．

[35] 後述の 3.4.2 節で，(3.10) の基底をブロック基底と呼び，$B_{[k,\ell]}$ と表す．

[36] $\beta = n$ の場合，HKZ 簡約基底の概念と一致．[71] では "β-BKZ-reduced" と呼んでいるのに対し，[70, 74] では簡潔に "β-reduced" と呼んでいる．

β-BKZ 簡約基底の第 1 基底ベクトルのノルムに関して，以下の結果が成り立つ [71, 定理 3]：

定理 3.3.2 ブロックサイズ $2 \leq \beta \leq n$ に対して，n 次元格子 L の基底 $\{\mathbf{b}_1, \ldots, \mathbf{b}_n\}$ が β-BKZ 簡約されているする．このとき，β 次元における Hermite の定数 γ_β（定義 1.5.7）を用いると，

$$\|\mathbf{b}_1\| \leq \gamma_\beta^{\frac{n-1}{\beta-1}} \lambda_1(L) \tag{3.11}$$

が成り立つ．

証明 基底 $\{\mathbf{b}_1, \ldots, \mathbf{b}_n\}$ の GSO ベクトル $\mathbf{b}_1^*, \ldots, \mathbf{b}_n^*$ に対して，

$$M = \max\left\{\|\mathbf{b}_{n-\beta+2}^*\|, \ldots, \|\mathbf{b}_n^*\|\right\}$$

とおく．必要ならベクトル空間を広げて，下記 2 つの条件を満たす $(\beta-2)$ 個の一次独立なベクトル $\mathbf{b}_{-\beta+3}, \ldots, \mathbf{b}_{-1}, \mathbf{b}_0$ を追加した格子基底を考える：

$$\{\mathbf{b}_{-\beta+3}, \ldots, \mathbf{b}_{-1}, \mathbf{b}_0, \mathbf{b}_1, \ldots, \mathbf{b}_n\} \tag{3.12}$$

- すべての $-\beta+3 \leq i \leq 0$ に対し $\|\mathbf{b}_i\| = \|\mathbf{b}_1\|$ を満たす．
- 異なる $-\beta+3 \leq i \leq 0$ と $-\beta+3 \leq j \leq n$ に対し $\langle \mathbf{b}_i, \mathbf{b}_j \rangle = 0$ を満たす．

上記 2 つの条件と元の基底 $\{\mathbf{b}_1, \ldots, \mathbf{b}_n\}$ が β-BKZ 簡約基底であることから，格子基底 (3.12) も β-BKZ 簡約されていることは明らかである．このとき，Hermite の定数 γ_β の定義から，

$$\|\mathbf{b}_i^*\|^\beta \leq \gamma_\beta^{\beta/2} \|\mathbf{b}_i^*\|\|\mathbf{b}_{i+1}^*\| \cdots \|\mathbf{b}_{i+\beta-1}^*\| \quad (-\beta+3 \leq i \leq n-\beta+1)$$

が成り立つ[37]．これら $(n-1)$ 個の不等式の両辺をかけ合わせることで，

$$\|\mathbf{b}_{-\beta+3}^*\|^\beta \|\mathbf{b}_{-\beta+4}^*\|^\beta \cdots \|\mathbf{b}_{n-\beta+1}^*\|^\beta$$
$$\leq \gamma_\beta^{\beta(n-1)/2} \|\mathbf{b}_{-\beta+3}^*\|\|\mathbf{b}_{-\beta+4}^*\|^2 \cdots \|\mathbf{b}_1^*\|^{\beta-1}\|\mathbf{b}_2^*\|^\beta \times \cdots$$
$$\times \|\mathbf{b}_{n-\beta+1}^*\|^\beta \|\mathbf{b}_{n-\beta+2}^*\|^{\beta-1} \cdots \|\mathbf{b}_{n-1}^*\|^2\|\mathbf{b}_n^*\|$$

が得られ，

$$\|\mathbf{b}_{-\beta+3}^*\|^{\beta-1}\|\mathbf{b}_{-\beta+4}^*\|^{\beta-2} \cdots \|\mathbf{b}_0^*\|^2\|\mathbf{b}_1^*\|$$
$$\leq \gamma_\beta^{\beta(n-1)/2} \|\mathbf{b}_{n-\beta+2}^*\|^{\beta-1} \cdots \|\mathbf{b}_{n-1}^*\|^2\|\mathbf{b}_n^*\|$$

が成り立つ．さらに，すべての $-\beta+3 \leq i \leq 0$ に対して $\|\mathbf{b}_i^*\| = \|\mathbf{b}_1\|$ より，

[37]
各 GSO ベクトル $\mathbf{b}_i^*$ が部分射影格子 $L_{[i, i+\beta-1]}$ 上の最短な非零ベクトルであることに注意する．

$$\|\mathbf{b}_1\|^{\beta(\beta-1)/2} \leq \gamma_\beta^{\beta(n-1)/2} M^{\beta(\beta-1)/2}$$
$$\iff \quad \|\mathbf{b}_1\| \leq \gamma_\beta^{\frac{n-1}{\beta-1}} M \tag{3.13}$$

が成り立つ.

次に, 不等式 (3.11) が成り立つことを帰納的に示す. $n = \beta$ の場合, 不等式 (3.11) は明らかに成り立つ. $n > \beta$ の場合, 任意の $(n-1)$ 次元格子の β-BKZ 簡約基底に対して, 不等式 (3.11) が成り立つと仮定する. n 次元格子 L の最短な非零ベクトルを $\mathbf{v} \in L$ とし, 格子 L の $(n-1)$ 次元部分格子を $L' = \mathcal{L}(\mathbf{b}_1, \ldots, \mathbf{b}_{n-1})$ とおく.

- $\mathbf{v} \in L'$ の場合, 明らかに $\lambda_1(L') = \lambda_1(L)$ となる. さらに, $(n-1)$ 次元格子 L' の β-BKZ 簡約基底 $\{\mathbf{b}_1, \ldots, \mathbf{b}_{n-1}\}$ に対する帰納法の仮定から

$$\|\mathbf{b}_1\| \leq \gamma_\beta^{\frac{n-2}{\beta-1}} \lambda_1(L')$$

  が成り立つ. これより, n 次元格子 L の β-BKZ 簡約基底 $\{\mathbf{b}_1, \ldots, \mathbf{b}_n\}$ に対して, 不等式 (3.11) が成り立つ.

- $\mathbf{v} \notin L'$ の場合, すべての $n - \beta + 2 \leq i \leq n$ に対して射影格子ベクトル $\pi_i(\mathbf{v}) \in \pi_i(L)$ は非零なので[38],

$$\lambda_1(L) = \|\mathbf{v}\| \geq \|\pi_i(\mathbf{v})\| \geq \lambda_1(\pi_i(L)) = \|\mathbf{b}_i^*\|$$

  が成り立つ. これより $M \leq \lambda_1(L)$ が成り立ち, 不等式 (3.13) から (3.11) が得られる.

上記の議論から, 帰納的に不等式 (3.11) が成り立つことを証明できた. $\square$

注意 3.3.3 ブロックサイズ $2 \leq \beta \leq n$ に対して, n 次元格子 L の基底 $\{\mathbf{b}_1, \ldots, \mathbf{b}_n\}$ が β-BKZ 簡約されているとする. このとき,

$$\|\mathbf{b}_1\| \leq \sqrt{\gamma_\beta}^{1 + \frac{n-1}{\beta-1}} \mathrm{vol}(L)^{\frac{1}{n}} \tag{3.14}$$

が成り立つと [30, 2.3 節] に記載されている. しかし, この不等式に関しては, [36] では証明や適切な文献がないと指摘されている. 一方, サンドパイルモデル仮定 (sandpile model assumption, SMA) と呼ばれる HKZ 簡約基底に関するヒューリスティックな仮定のもとで, 不等式 (3.14) よりも少し弱い条件の不等式が [36, 定理 2] で証明されている.

---

38) もし $\pi_i(\mathbf{v}) = \mathbf{0}$ ならば, $\mathbf{v} \in L'$ となり, 矛盾する.

| 3.3 BKZ 基底簡約アルゴリズム | 105 |

アルゴリズム 11 BKZ：BKZ 基底簡約アルゴリズム [74]

Input: n 次元格子 $L \subseteq \mathbb{Z}^m$ の基底 $\{\mathbf{b}_1, \ldots, \mathbf{b}_n\}$, ブロックサイズ $2 \le \beta \le n$, LLL
　　簡約パラメータ $\frac{1}{4} < \delta < 1$
Output: 格子 L の β-BKZ 簡約基底 $\{\mathbf{b}_1, \ldots, \mathbf{b}_n\}$
　1: LLL($\{\mathbf{b}_1, \ldots, \mathbf{b}_n\}, \delta$) /* LLL で基底を更新（基底の GSO 係数 $\mu_{i,j}$ と GSO ベク
　　　トルの 2 乗ノルム $B_i = \|\mathbf{b}_i\|^2$ の情報を格納しておく） */
　2: $z \leftarrow 0,\ k \leftarrow 0$
　3: **while** $z < n - 1$ **do**
　4: 　$k \leftarrow (k \bmod (n-1)) + 1,\ \ell \leftarrow \min(k + \beta - 1, n),\ h \leftarrow \min(\ell + 1, n)$
　5: 　$(v_k, \ldots, v_\ell) \leftarrow$ ENUM($\mu_{[k,\ell]}, B_k, \ldots, B_\ell$) /* 部分射影格子 $L_{[k,\ell]}$ 上の最短な非
　　　　零ベクトルの係数ベクトル $(v_k, \ldots, v_\ell) \in \mathbb{Z}^{\ell - k + 1}$ を見つける */
　6: 　$\mathbf{v} \leftarrow \sum_{i=k}^{\ell} v_i \mathbf{b}_i \in L$ /* $\pi_k(\mathbf{v})$ が $L_{[k,\ell]}$ 上の最短な非零ベクトル */
　7: 　**if** $\|\mathbf{b}_k^*\| > \|\pi_k(\mathbf{v})\|$ **then**
　8: 　　$z \leftarrow 0$
　9: 　　$\{\mathbf{b}_1, \ldots, \mathbf{b}_h\} \leftarrow$ MLLL($\{\mathbf{b}_1, \ldots, \mathbf{b}_{k-1}, \mathbf{v}, \mathbf{b}_k, \ldots, \mathbf{b}_h\}, \delta$) (at stage k) /* k
　　　　番目のベクトルとして $\mathbf{v}$ を挿入し，MLLL で一次従属性を取り除く */
　10: 　**else**
　11: 　　$z \leftarrow z + 1$
　12: 　　LLL($\{\mathbf{b}_1, \ldots, \mathbf{b}_h\}, \delta$) (at stage $h - 1$) /* 次の ENUM の前に LLL を行う */
　13: 　**end if**
　14: **end while**

3.3.2　BKZ 基底簡約アルゴリズム

　アルゴリズム 11 に BKZ 基底簡約アルゴリズムを示す．BKZ 基底簡約アル
ゴリズムでは，入力する n 次元格子 $L \subseteq \mathbb{Z}^m$ の基底 $\{\mathbf{b}_1, \ldots, \mathbf{b}_n\}$，ブロックサ
イズ $2 \le \beta \le n$，LLL 簡約パラメータ $\frac{1}{4} < \delta < 1$ に対して，格子 L の β-BKZ
簡約基底を出力する．以下で，アルゴリズム 11 の処理概要を説明する：

1. ステップ 1 で，入力基底に対して LLL（アルゴリズム 5）を適用するととも
   に，LLL 簡約された基底 $\{\mathbf{b}_1, \ldots, \mathbf{b}_n\}$ の GSO 係数 $\mu_{i,j}$ $(1 \le j \le i \le n)$
   と GSO ベクトルの 2 乗ノルム $B_i = \|\mathbf{b}_i^*\|^2$ $(1 \le i \le n)$ の情報を格納し
   ておく[39]．また，各 $1 \le k \le n - 1$ に対して，$\ell = \min(k + \beta - 1, n)$,
   $h = \min(\ell + 1, n)$ とおく．

2. ステップ 5 では，基底 $\{\pi_k(\mathbf{b}_k), \ldots, \pi_k(\mathbf{b}_\ell)\}$ の GSO 情報に対して ENUM
   （アルゴリズム 10）を適用することで，部分射影格子 $L_{[k,\ell]}$ 上の最短な非零
   ベクトルを見つける．より具体的には，$L_{[k,\ell]}$ の基底 $\{\pi_k(\mathbf{b}_k), \ldots, \pi_k(\mathbf{b}_\ell)\}$
   の GSO 係数 $\mu_{[k,\ell]} = (\mu_{i,j})_{k \le j \le i \le \ell}$ と GSO ベクトルの 2 乗ノルム
   $B_k, \ldots, B_\ell$ を ENUM に入力し[40]，最短な非零ベクトルの係数ベクト
   ル $(v_k, \ldots, v_\ell) \in \mathbb{Z}^{\ell - k + 1}$ を出力する．このとき，格子ベクトルを

[39]
LLL や DeepLLL と同様
に，入力格子基底の基底
行列 $\mathbf{B}$ と GSO 係数行
列 $(\mu_{i,j})$ と GSO ベクト
ルの 2 乗ノルム B_i を格
納し，基底行列の更新に
伴う GSO 情報の更新も
行っていく．

[40]
ENUM は基底の GSO 情
報のみを必要とする．

$$\mathbf{v} = \sum_{i=k}^{\ell} v_i \mathbf{b}_i \in L$$

とすると，その射影 $\pi_k(\mathbf{v})$ は $L_{[k,\ell]}$ 上の最短な非零ベクトルである．

3. ステップ 7 以降で，次の処理を行う（$\|\pi_k(\mathbf{v})\| = \lambda_1(L_{[k,\ell]})$ に注意する）：

(A) $\|\mathbf{b}_k^*\| > \|\pi_k(\mathbf{v})\|$ の場合，h 次元の部分格子基底 $\{\mathbf{b}_1, \ldots, \mathbf{b}_h\}$ の $\mathbf{b}_{k-1}$ と $\mathbf{b}_k$ の間に格子ベクトル $\mathbf{v} \in L$ を挿入する[41]：

$$\{\mathbf{b}_1, \ldots, \mathbf{b}_{k-1}, \mathbf{v}, \mathbf{b}_k, \ldots, \mathbf{b}_h\} \tag{3.15}$$

このとき，k 番目の GSO ベクトルは $\pi_k(\mathbf{v})$ となるため，元の GSO ベクトル $\mathbf{b}_k^*$ より真に短くなる[42]．しかし，格子ベクトル $\mathbf{v} \in L$ の挿入により，(3.15) の間に一次従属性が生じるため，MLLL（アルゴリズム 9）を適用してその一次従属性を取り除き，h 次元の部分格子の新しい基底を求める[43]．

(B) 一方，$\|\mathbf{b}_k^*\| = \|\pi_k(\mathbf{v})\|$ の場合，次の $k+1$ における ENUM を行う前に，部分格子基底 $\{\mathbf{b}_1, \ldots, \mathbf{b}_h\}$ を LLL 基底簡約しておく[44]．

アルゴリズム 11 では，処理 (B) の連続繰返し回数を z とし，$z = n-1$ となった段階でアルゴリズムを停止する．アルゴリズムの構成から，出力基底 $\{\mathbf{b}_1, \ldots, \mathbf{b}_n\}$ は δ-LLL 簡約基底であり，すべての $1 \leq k \leq n$ に対し

$$\|\mathbf{b}_k^*\| = \lambda_1(L_{[k,\ell]})$$

を満たすため[45]，β-BKZ 簡約基底であることが分かる．

注意 3.3.4 これまでに BKZ 基底簡約アルゴリズム [74] の改良がいくつか提案されている．BKZ 基底簡約アルゴリズムの停止条件[46]と部分射影格子上の最短ベクトルの数え上げに対して，高速化改良を施した BKZ 2.0 アルゴリズム [18] が最も代表的である．BKZ 2.0 における改良を含む BKZ 基底簡約アルゴリズムは，fplll ライブラリ [23] で実装されている（BKZ 基底簡約アルゴリズムが実装されたライブラリとして，NTL ライブラリ [76] も代表的である）．それ以外の改良アルゴリズムとして，アルゴリズム実行中に適切なブロックサイズの選択と更新を行う progressive-BKZ [7] や，LLL 基底簡約の代わりに DeepLLL 基底簡約を BKZ 基底簡約のサブルーチン処理に利用する DeepBKZ [86] などがある．

---

[41]
$k = 1$ の場合は，先頭にベクトル $\mathbf{v}$ を挿入する．

[42]
つまり，LLL 基底簡約アルゴリズムなどと同様に，入力基底の GSO ベクトルのノルムを前方より短くしていく．

[43]
MLLL 基底簡約アルゴリズムは浮動小数点演算による誤差の影響を受けやすい．BKZ 基底簡約アルゴリズムを実装する場合は，NTL ライブラリ [76] 内の安定的な MLLL 基底簡約アルゴリズムを利用するとよい．

[44]
LLL 基底簡約することで，ENUM の計算コストを下げることができる．

[45]
$k = n$ の場合は常に成り立つため，アルゴリズム 11 内では $1 \leq k \leq n-1$ の場合のみを考える．

[46]
停止条件に関する改良については，[36] の解析結果の一部を利用．

3.3.3 BKZ 基底簡約で利用可能な効率的な GSO 更新公式

アルゴリズム 11 のステップ 9 において，$(h+1)$ 個のベクトルの組 (3.15) の一次従属性を取り除く必要がある．簡単のため，ここでは $h = n$ とする．挿入する格子上の非零ベクトル $\mathbf{v} = \sum_{i=k}^{\ell} v_i \mathbf{b}_i \in L$ $(v_i \in \mathbb{Z})$ に対して，

$$r = \max\{k \leq i \leq \ell : v_i \neq 0\}$$

とおく．つまり，r は $v_i \neq 0$ となる最大の $k \leq i \leq \ell$ である．ここで $v_r = \pm 1$ を仮定する[47]（さらに，必要なら取替え $\mathbf{v} \leftarrow -\mathbf{v}$ により，$v_r = 1$ と仮定してもよい）．このとき，基底ベクトル $\mathbf{b}_r$ を取り除いた n 個のベクトルの組

$$\{\mathbf{c}_1, \ldots, \mathbf{c}_n\} = \{\mathbf{b}_1, \ldots, \mathbf{b}_{k-1}, \mathbf{v}, \mathbf{b}_k, \ldots, \mathbf{b}_{r-1}, \mathbf{b}_{r+1}, \ldots, \mathbf{b}_n\} \quad (3.16)$$

は一次独立であり，格子 L を生成する．ここでは，格子 L の新しい基底 $\{\mathbf{c}_1, \ldots, \mathbf{c}_n\}$ の GSO ベクトル $\mathbf{c}_1^*, \ldots, \mathbf{c}_n^*$ の効率的な更新公式を紹介する．

まず式 (3.3) と同様に，格子ベクトル $\mathbf{v} \in L$ を

$$\mathbf{v} = \sum_{i=k}^{r} v_i \mathbf{b}_i = \sum_{j=1}^{r} \left(v_j + \sum_{i=j+1}^{r} \mu_{i,j} v_i \right) \mathbf{b}_j^*$$

と表す．ただし，$1 \leq i \leq k-1$ に対し $v_i = 0$ とする．つまり

$$\mathbf{v} = \sum_{i=1}^{r} \nu_i \mathbf{b}_i^*, \quad \nu_i = v_i + \sum_{s=i+1}^{r} \mu_{s,i} v_s \quad (1 \leq i \leq r)$$

と表すことができる（特に，$\nu_r = v_r = \pm 1$ が成り立つ）．このとき，新しい基底の GSO ベクトル $\mathbf{c}_1^*, \ldots, \mathbf{c}_n^*$ に関して，以下が成り立つ[48] [89, 命題 4.2]：

命題 3.3.5 n 次元格子 L の基底 $\{\mathbf{b}_1, \ldots, \mathbf{b}_n\}$ の GSO ベクトルを $\mathbf{b}_1^*, \ldots, \mathbf{b}_n^*$，GSO 係数を $\mu_{i,j}$ $(1 \leq j \leq i \leq n)$，GSO ベクトルの 2 乗ノルムを $B_i = \|\mathbf{b}_i^*\|^2$ $(1 \leq i \leq n)$ とする．自然数 $1 \leq k \leq r \leq n$ に対して，

$$\mathbf{v} = \sum_{i=1}^{r} \nu_i \mathbf{b}_i^* \quad (\nu_r = \pm 1)$$

を格子 L 上のベクトルとする．(3.16) と同様に，$\mathbf{b}_{k-1}$ と $\mathbf{b}_k$ の間に $\mathbf{v} \in L$ を挿入し，$\mathbf{b}_r$ を取り除いた格子 L の基底を $\{\mathbf{c}_1, \ldots, \mathbf{c}_n\}$ とする．このとき，基底 $\{\mathbf{c}_1, \ldots, \mathbf{c}_n\}$ の GSO ベクトル $\mathbf{c}_1^*, \ldots, \mathbf{c}_n^*$ に対して，

---

[47] BKZ 簡約基底アルゴリズムの処理内において，ほとんどの場合 $v_r = \pm 1$ なので実用的な仮定である．

[48] 補題 2.4.2 に類似した結果だが，証明は非常に複雑である．

$$
\mathbf{c}_j^* = \begin{cases} \mathbf{b}_j^* & (1 \leq j \leq k-1,\ r+1 \leq j \leq n), \\[2mm] \pi_k(\mathbf{v}) = \displaystyle\sum_{i=k}^{r} \nu_i \mathbf{b}_i^* & (j = k), \\[4mm] \dfrac{D_j}{D_{j-1}} \mathbf{b}_{j-1}^* - \displaystyle\sum_{i=j}^{r} \dfrac{\nu_i \nu_{j-1} B_{j-1}}{D_{j-1}} \mathbf{b}_i^* & (k+1 \leq j \leq r) \end{cases}
$$

が成り立つ．ただし，各 $1 \leq \ell \leq n$ に対して，π_ℓ は $\mathbb{R}$-ベクトル空間 $\langle \mathbf{b}_1, \dots, \mathbf{b}_{\ell-1} \rangle_{\mathbb{R}}$ の直交補空間への直交射影とする（ただし，π_1 は恒等写像とする）．また，各 $1 \leq \ell \leq r$ に対して，$D_\ell = \|\pi_\ell(\mathbf{v})\|^2 = \sum_{i=\ell}^{r} \nu_i^2 B_i$ とする．さらに，$C_j = \|\mathbf{c}_j^*\|^2$ とすると，$C_k = D_k$ と

$$
C_j = \frac{D_j B_{j-1}}{D_{j-1}} \quad (k+1 \leq j \leq r)
$$

が成り立つ．

証明 $1 \leq j \leq k$ に対しては，GSO の定義 (1.8) から明らか．$k+1 \leq j \leq r$ の場合を示す：まず，$j = k+1$ に対しては，GSO の定義 (1.8) より

$$
\begin{aligned}
\mathbf{c}_{k+1}^* &= \mathbf{b}_k - \sum_{i=1}^{k-1} \frac{\langle \mathbf{b}_k, \mathbf{b}_i^* \rangle}{B_i} \mathbf{b}_i^* - \frac{\langle \mathbf{b}_k, \pi_k(\mathbf{v}) \rangle}{D_k} \pi_k(\mathbf{v}) \\
&= \mathbf{b}_k^* - \frac{\nu_k B_k}{D_k} \sum_{i=k}^{r} \nu_i \mathbf{b}_i^* = \left(1 - \frac{\nu_k^2 B_k}{D_k}\right) \mathbf{b}_k^* - \sum_{i=k+1}^{r} \frac{\nu_k \nu_i B_k}{D_k} \mathbf{b}_i^* \\
&= \frac{D_{k+1}}{D_k} \mathbf{b}_k^* - \sum_{i=k+1}^{r} \frac{\nu_k \nu_i B_k}{D_k} \mathbf{b}_i^*
\end{aligned}
$$

が成り立つ．これより $j = k+1$ の場合は示せた．各 $k+1 \leq j \leq r$ に対して，

$$
\mathbf{a}_j = \frac{D_j}{D_{j-1}} \mathbf{b}_{j-1}^* - \sum_{i=j}^{r} \frac{\nu_i \nu_{j-1} B_{j-1}}{D_{j-1}} \mathbf{b}_i^*
$$

とおく．$k+1 \leq \ell \leq m$ を満たす ℓ を固定し，すべての $k+1 \leq j \leq \ell$ に対して $\mathbf{c}_j^* = \mathbf{a}_j$ が成り立つと仮定し，$j = \ell+1$ の場合を考える．まず，$W_\ell = \langle \mathbf{c}_k^*, \dots, \mathbf{c}_\ell^* \rangle_{\mathbb{R}}$ に対して，$\mathbf{a}_{\ell+1}$ は W_ℓ と直交することを示す．実際，

$$
\langle \mathbf{a}_{\ell+1}, \mathbf{c}_k^* \rangle = \left\langle \frac{D_{\ell+1}}{D_\ell} \mathbf{b}_\ell^* - \sum_{i=\ell+1}^{r} \frac{\nu_i \nu_\ell B_\ell}{D_\ell} \mathbf{b}_i^*, \sum_{j=k}^{r} \nu_j \mathbf{b}_j^* \right\rangle
$$

$$= \frac{\nu_\ell D_{\ell+1} B_\ell}{D_\ell} - \sum_{i=\ell+1}^{r} \frac{\nu_\ell \nu_i^2 B_\ell B_i}{D_\ell}$$

$$= \frac{\nu_\ell B_\ell}{D_\ell}\left(D_{\ell+1} - \sum_{i=\ell+1}^{r} \nu_i^2 B_i \right) = 0$$

が成り立つ. さらに, 任意の $k+1 \le j \le \ell$ に対して, $\langle \mathbf{a}_{\ell+1}, \mathbf{c}_j^* \rangle$ は[49]

49) 帰納法の仮定から, $\mathbf{c}_j^* = \mathbf{a}_j$ であることに注意する.

$$\left\langle \frac{D_{\ell+1}}{D_\ell} \mathbf{b}_\ell^* - \sum_{i=\ell+1}^{r} \frac{\nu_i \nu_\ell B_\ell}{D_\ell} \mathbf{b}_i^*, \frac{D_j}{D_{j-1}} \mathbf{b}_{j-1}^* - \sum_{i=j}^{r} \frac{\nu_i \nu_{j-1} B_{j-1}}{D_{j-1}} \mathbf{b}_i^* \right\rangle$$

$$= - \frac{D_{\ell+1} \nu_\ell \nu_{j-1} B_{j-1} B_\ell}{D_\ell D_{\ell-1}} + \sum_{i=\ell+1}^{r} \frac{\nu_i^2 \nu_\ell \nu_{j-1} B_\ell B_{j-1} B_i}{D_\ell D_{\ell-1}}$$

$$= \frac{\nu_\ell \nu_{j-1} B_{j-1} B_\ell}{D_\ell D_{\ell-1}}\left(\sum_{i=\ell+1}^{r} \nu_i^2 B_i - D_{\ell+1} \right) = 0$$

と一致する. これより $\mathbf{a}_{\ell+1}$ は W_ℓ に直交する. 一方, GSO の定義 (1.8) から,

$$\mathbf{c}_{\ell+1}^* - \mathbf{a}_{\ell+1}$$

$$= \left(\mathbf{b}_\ell^* + \sum_{i=k}^{\ell-1} \mu_{\ell,i} \mathbf{b}_i^* - \sum_{i=k}^{\ell} \frac{\langle \mathbf{b}_\ell, \mathbf{c}_i^* \rangle}{C_i} \mathbf{c}_i^* \right) - \left(\frac{D_{\ell+1}}{D_\ell} \mathbf{b}_\ell^* - \sum_{i=\ell+1}^{r} \frac{\nu_i \nu_\ell B_\ell}{D_\ell} \mathbf{b}_i^* \right)$$

$$= \frac{D_\ell - D_{\ell+1}}{D_\ell} \mathbf{b}_\ell^* + \sum_{i=\ell+1}^{r} \frac{\nu_i \nu_\ell B_\ell}{D_\ell} \mathbf{b}_i^* + \sum_{i=k}^{\ell-1} \mu_{\ell,i} \mathbf{b}_i^* - \sum_{i=k}^{\ell} \frac{\langle \mathbf{b}_\ell, \mathbf{c}_i^* \rangle}{C_i} \mathbf{c}_i^*$$

$$= \frac{\nu_\ell B_\ell}{D_\ell} \sum_{i=\ell}^{r} \nu_i \mathbf{b}_i^* + \sum_{i=k}^{\ell-1} \mu_{\ell,i} \mathbf{b}_i^* - \sum_{i=k}^{\ell} \frac{\langle \mathbf{b}_\ell, \mathbf{c}_i^* \rangle}{C_i} \mathbf{c}_i^*$$

$$= \frac{\nu_\ell B_\ell}{D_\ell}\left(\mathbf{c}_k^* - \sum_{i=k}^{\ell-1} \nu_i \mathbf{b}_i^* \right) + \sum_{i=k}^{\ell-1} \mu_{\ell,i} \mathbf{b}_i^* - \sum_{i=k}^{\ell} \frac{\langle \mathbf{b}_\ell, \mathbf{c}_i^* \rangle}{C_i} \mathbf{c}_i^*$$

が成り立つ. また, 帰納法の仮定から, すべての $k+1 \le j \le \ell$ に対して

$$\mathbf{c}_j^* = \mathbf{a}_j = \frac{D_j}{D_{j-1}} \mathbf{b}_{j-1}^* - \frac{\nu_{j-1} B_{j-1}}{D_{j-1}}\left(\mathbf{c}_k^* - \sum_{i=k}^{j-1} \nu_i \mathbf{b}_i^* \right)$$

より, $\mathbf{b}_k^*, \mathbf{b}_{k+1}^*, \ldots, \mathbf{b}_{\ell-1}^* \in W_\ell$ が成り立つ. これより, $\mathbf{c}_{\ell+1}^* - \mathbf{a}_{\ell+1} \in W_\ell$ であることが分かる. 上記の議論から, $\mathbf{c}_{\ell+1}^* - \mathbf{a}_{\ell+1} \in W_\ell^\perp \cap W_\ell = \{\mathbf{0}\}$ であるので[50], $\mathbf{c}_{\ell+1}^* = \mathbf{a}_{\ell+1}$ が成り立つ. よって帰納的に, すべての $k+1 \le j \le r$ に対して $\mathbf{c}_j^* = \mathbf{a}_j$ であることを示せた. また, 上記の議論から, $\mathbb{R}$-ベクトル空間として $\langle \mathbf{c}_k^*, \ldots, \mathbf{c}_r^* \rangle_{\mathbb{R}} = \langle \mathbf{c}_k^*, \mathbf{b}_{k+1}^*, \ldots, \mathbf{b}_{r-1}^* \rangle_{\mathbb{R}} = \langle \mathbf{b}_k^*, \ldots, \mathbf{b}_r^* \rangle_{\mathbb{R}}$ が成り立

50) GSO の定義 (1.8) から, $\mathbf{c}_{\ell+1}^* \in W_\ell^\perp$ は明らか.

つので，$r+1 \leq j \leq n$ に対して $\mathbf{c}_j^* = \mathbf{b}_j^*$ が成り立つ．

最後に，各 $k+1 \leq j \leq r$ に対する $C_j = \|\mathbf{c}_j^*\|^2$ に関して，

$$
C_j = \frac{D_j^2}{D_{j-1}^2} B_{j-1} + \sum_{i=j}^{r} \frac{\nu_i^2 \nu_{j-1}^2 B_{j-1}^2}{D_{j-1}^2} B_i
$$

$$
= \frac{B_{j-1}}{D_{j-1}^2} \left(D_j^2 + \nu_{j-1}^2 B_{j-1} D_j \right) = \frac{D_j B_{j-1}}{D_{j-1}}
$$

が成り立つ．以上より，命題 3.3.5 が示せた． □

補題 3.3.6 命題 3.3.5 において，基底 $\{\mathbf{c}_1, \ldots, \mathbf{c}_n\}$ の GSO 係数を

$$
\xi_{i,j} = \frac{\langle \mathbf{c}_i, \mathbf{c}_j^* \rangle}{C_j} \quad (1 \leq j < i \leq n)
$$

とおく（ただし，$\xi_{i,i} = 1$ とする）．このとき，以下が成り立つ：

(1) 任意の $k+1 \leq j \leq n$ に対して，

$$
\xi_{i,j} = \begin{cases} \mu_{i-1,j-1} - \dfrac{\nu_{j-1}}{D_j} \displaystyle\sum_{s=j}^{i-1} \nu_s \mu_{i-1,s} B_s & (j+1 \leq i \leq r), \\[4mm] \mu_{i,j-1} - \dfrac{\nu_{j-1}}{D_j} \displaystyle\sum_{s=j}^{r} \nu_s \mu_{i,s} B_s & (r+1 \leq i \leq n). \end{cases}
$$

(2) $j = k$ に対して，

$$
\xi_{i,k} = \begin{cases} \dfrac{1}{D_k} \displaystyle\sum_{s=k}^{i-1} \nu_s \mu_{i-1,s} B_s & (k+1 \leq i \leq r), \\[4mm] \dfrac{1}{D_k} \displaystyle\sum_{s=k}^{r} \nu_s \mu_{i,s} B_s & (r+1 \leq i \leq n). \end{cases}
$$

(3) $i = k$ に対して，$\xi_{k,j} = \nu_j$ $(1 \leq j \leq k-1)$.

(4) 任意の $k+1 \leq i \leq r$ に対して，$\xi_{i,j} = \mu_{i-1,j}$ $(1 \leq j \leq k-1)$.

(5) その他の $1 \leq j < i \leq h$ に対して，$\xi_{i,j} = \mu_{i,j}$.

証明 命題 3.3.5 より明らか． □

アルゴリズム 12 に，(3.16) のように格子ベクトル $\mathbf{v}$ の挿入により更新された基底 $\{\mathbf{b}_1, \ldots, \mathbf{b}_n\}$ の GSO 係数行列 $(\mu_{i,j})_{1 \leq i,j \leq n}$ と GSO ベクトルの 2 乗ノルム $B_i = \|\mathbf{b}_i^*\|^2$ $(1 \leq i \leq n)$ の情報を更新するアルゴリズムを示す．

3.3 BKZ 基底簡約アルゴリズム | **111**

アルゴリズム 12 GSOupdate-BKZ(k, r)：BKZ 内で利用可能な GSO 更新

Input: n 次元格子基底 $\{\mathbf{b}_1, \ldots, \mathbf{b}_n\}$ の GSO 係数行列 $(\mu_{i,j})_{1 \leq i, j \leq n}$, GSO ベクトルの 2 乗ノルム $B_i = \|\mathbf{b}_i^*\|^2$ $(1 \leq i \leq n)$, 挿入する格子ベクトル $\mathbf{v} = \sum_{i=k}^{r} v_i \mathbf{b}_i$ $(1 \leq k \leq r \leq n)$ （ただし, $v_r = \pm 1$ と仮定）

Output: 格子ベクトル $\mathbf{v}$ を $\mathbf{b}_{k-1}$ と $\mathbf{b}_k$ の間に挿入し, $\mathbf{b}_r$ を取り除いた基底

$$\{\mathbf{b}_1, \ldots, \mathbf{b}_h\} \leftarrow \{\mathbf{b}_1, \ldots, \mathbf{b}_{k-1}, \mathbf{v}, \mathbf{b}_k, \ldots, \mathbf{b}_{r-1}, \mathbf{b}_{r+1}, \ldots, \mathbf{b}_n\}$$

の GSO 係数行列 $(\mu_{i,j})_{1 \leq i, j \leq n}$ と GSO ベクトルの 2 乗ノルム B_i $(1 \leq i \leq n)$

1: $v_1 = \cdots = v_{k-1} = 0$
2: **for** $i = 1$ to r **do**
3:    $\nu_i \leftarrow v_i$
4:    **for** $s = i + 1$ to r **do**
5:       $\nu_i \leftarrow \nu_i + \mu_{s,i} v_s$ /* $\nu_i = v_i + \sum_{s=i+1}^{r} \mu_{s,i} v_s$ */
6:    **end for**
7: **end for**
8: $D_r \leftarrow B_r$ /* $D_r = \nu_r^2 B_r = B_r$ */
9: **for** $\ell = r - 1$ downto k **do**
10:    $D_\ell \leftarrow D_{\ell+1} + \nu_\ell^2 B_\ell$ /* $D_\ell = \sum_{i=\ell}^{r} \nu_i^2 B_i$ */
11: **end for**
12: $S_{k+2} = \cdots = S_n = 0$
13: **for** $j = r$ downto $k + 1$ **do**
14:    $T \leftarrow \nu_{j-1}/D_j$
15:    **for** $i = n$ downto $r + 1$ **do**
16:       $S_i \leftarrow S_i + \nu_j \mu_{i,j} B_j, \ \mu_{i,j} \leftarrow \mu_{i,j-1} - T S_i$ /* $S_i = \sum_{s=j}^{r} \nu_s \mu_{i,s} B_s$ */
17:    **end for**
18:    **for** $i = r$ downto $j + 1$ **do**
19:       $S_i \leftarrow S_i + \nu_j \mu_{i-1,j} B_j, \ \mu_{i,j} \leftarrow \mu_{i-1,j-1} - T S_i$ /* $S_i = \sum_{s=j}^{i-1} \nu_s \mu_{i-1,s} B_s$ */
20:    **end for**
21: **end for**
22: $T \leftarrow 1/D_k$
23: **for** $i = n$ downto $r + 1$ **do**
24:    $\mu_{i,k} \leftarrow T(S_i + \mu_{i,k} \nu_k B_k)$ /* $\mu_{i,k} = (\sum_{s=k}^{r} \nu_s \mu_{i,s} B_s)/D_k$ */
25: **end for**
26: **for** $i = r$ downto $k + 2$ **do**
27:    $\mu_{i,k} \leftarrow T(S_i + \mu_{i-1,k} \nu_k B_k)$ /* $\mu_{i,k} = (\sum_{s=k}^{i-1} \nu_s \mu_{i-1,s} B_s)/D_k$ */
28: **end for**
29: $\mu_{k+1,k} \leftarrow T \nu_k B_k$
30: **for** $j = 1$ to $k - 1$ **do**
31:    **for** $i = r$ downto $k + 1$ **do**
32:       $\mu_{i,j} \leftarrow \mu_{i-1,j}$
33:    **end for**
34:    $\mu_{k,j} \leftarrow \nu_j$
35: **end for**
36: **for** $i = r$ downto $k + 1$ **do**
37:    $B_i \leftarrow D_i B_{i-1}/D_{i-1}$
38: **end for**
39: $B_k \leftarrow D_k$

3.4 スライド基底簡約アルゴリズム

Gama-Nguyen [29] が提案したスライド基底簡約アルゴリズムは，Mordell の不等式（定理 1.6.7）の証明のアイデアに基づいた簡約概念を満たす基底を出力する．本節では，その簡約基底の概念と性質を説明したのち，スライド基底簡約アルゴリズムを紹介する[51].

3.4.1 Mordell 簡約基底とその性質

ここでは，Mordell の不等式の証明のアイデアに基づいた簡約基底の概念（[61, 定義 18]）とその性質を紹介する[52].

定義 3.4.1 n 次元格子 L の基底 $\{\mathbf{b}_1, \ldots, \mathbf{b}_n\}$ の GSO ベクトルを $\mathbf{b}_1^*, \ldots, \mathbf{b}_n^*$ とする．因子 $\varepsilon \geq 0$ に対して

$$\begin{cases} \|\mathbf{b}_1\| = \lambda_1\left(\mathcal{L}(\mathbf{b}_1, \ldots, \mathbf{b}_{n-1})\right), \\ \dfrac{1}{\|\mathbf{b}_n^*\|} \leq (1+\varepsilon)\lambda_1\left(\widehat{\pi_2(L)}\right) \end{cases}$$

を満たすとき[53]，基底 $\{\mathbf{b}_1, \ldots, \mathbf{b}_n\}$ は ε に関して **Mordell 簡約されている**（Mordell-reduced）という．ただし，π_2 は格子ベクトル $\mathbf{b}_1$ で生成される $\mathbb{R}$-ベクトル空間の直交補空間 $\langle \mathbf{b}_1 \rangle_{\mathbb{R}}^{\perp}$ に対する直交射影とする．

注意 3.4.2 任意の因子 $\varepsilon \geq 0$ に関する Mordell 簡約基底は必ず存在する．実際，n 次元格子 L の HKZ 簡約基底を $\{\mathbf{b}_1, \ldots, \mathbf{b}_n\}$ とすると，

$$\|\mathbf{b}_1\| = \lambda_1(L) \leq \lambda_1\left(\mathcal{L}(\mathbf{b}_1, \ldots, \mathbf{b}_{n-1})\right)$$

より $\|\mathbf{b}_1\| = \lambda_1\left(\mathcal{L}(\mathbf{b}_1, \ldots, \mathbf{b}_{n-1})\right)$ を満たす．次に，射影格子 $\pi_2(L)$ の双対格子 $\widehat{\pi_2(L)}$ 上の最短な非零ベクトル $\mathbf{v}$ に対して，$\mathbf{d}_n = \mathbf{v}$ を満たす $\widehat{\pi_2(L)}$ の基底 $\{\mathbf{d}_2, \ldots, \mathbf{d}_n\}$ が存在する[54]．系 1.6.4 より，基底 $\{\mathbf{d}_2, \ldots, \mathbf{d}_n\}$ の双対基底は射影格子 $\pi_2(L)$ の基底 $\{\pi_2(\mathbf{b}_2'), \ldots, \pi_2(\mathbf{b}_n')\}$ $(\exists \mathbf{b}_2', \ldots, \exists \mathbf{b}_n' \in L)$ を与える．このとき，一次独立な n 個のベクトルの組

$$\{\mathbf{b}_1, \mathbf{b}_2', \ldots, \mathbf{b}_n'\} \tag{3.17}$$

は格子 L の基底である．この格子基底の GSO ベクトルを $\mathbf{b}_i'^*$ $(1 \leq i \leq n)$ と

---

[51] 実用的にはスライド基底簡約アルゴリズムは BKZ 基底簡約アルゴリズムより効率的に短い格子ベクトルを見つけるわけではないが，数学的な構造を豊富に持つアルゴリズムのため本書で取り上げた．

[52] ここでは，[29] で紹介されているスライド簡約基底より少し弱い概念を紹介する．

[53] 1.6.1 項と同じように，$\widehat{\pi_2(L)}$ は射影格子 $\pi_2(L)$ の双対格子を意味する．また，Mordell の不等式の証明とは少し異なり，2 つの $(n-1)$ 次元格子 $\mathcal{L}(\mathbf{b}_1, \ldots, \mathbf{b}_{n-1})$ と $\pi_2(L)$ を考える．

[54] 双対格子 $\widehat{\pi_2(L)}$ の HKZ 簡約基底に対して，基底ベクトルを逆順に並べ替えればよい．

おくと，射影格子基底 $\{\pi_2(\mathbf{b}_2'), \ldots, \pi_2(\mathbf{b}_n')\}$ の GSO ベクトルは $\mathbf{b}_2'^*, \ldots, \mathbf{b}_n'^*$ と一致するので，注意 1.6.5 より

$$\frac{1}{\|\mathbf{b}_n'^*\|} = \|\mathbf{d}_n\| = \lambda_1\left(\widehat{\pi_2(L)}\right) \le (1+\varepsilon)\lambda_1\left(\widehat{\pi_2(L)}\right)$$

が成り立つ．ゆえに，格子 L の基底 (3.17) は任意の因子 $\varepsilon \ge 0$ に関して Mordell 簡約されていることが分かる．

命題 3.4.3 $n \ge 3$ とする．n 次元格子 L の $\varepsilon \ge 0$ に関する Mordell 簡約基底 $\{\mathbf{b}_1, \ldots, \mathbf{b}_n\}$ に対して，以下の 4 つの不等式が成り立つ：

$$\|\mathbf{b}_1\| \le \gamma_{n-1}^{\frac{n-1}{2(n-2)}} \left(\prod_{i=2}^{n-1} \|\mathbf{b}_i^*\|\right)^{\frac{1}{n-2}}, \tag{3.18}$$

$$\left(\prod_{i=2}^{n-1} \|\mathbf{b}_i^*\|\right)^{\frac{1}{n-2}} \le \left((1+\varepsilon)\sqrt{\gamma_{n-1}}\right)^{\frac{n-1}{n-2}} \|\mathbf{b}_n^*\|, \tag{3.19}$$

$$\frac{\|\mathbf{b}_1\|}{\|\mathbf{b}_n^*\|} \le \left((1+\varepsilon)\gamma_{n-1}\right)^{\frac{n-1}{n-2}}, \tag{3.20}$$

$$\|\mathbf{b}_1\| \le \left((1+\varepsilon)^{\frac{1}{n}}\sqrt{\gamma_{n-1}}\right)^{\frac{n-1}{n-2}} \mathrm{vol}(L)^{\frac{1}{n}}. \tag{3.21}$$

証明 まず，条件 $\|\mathbf{b}_1\| = \lambda_1\left(\mathcal{L}(\mathbf{b}_1, \ldots, \mathbf{b}_{n-1})\right)$ と Hermite の定数 γ_{n-1} の定義から

$$\|\mathbf{b}_1\| \le \sqrt{\gamma_{n-1}} \left(\prod_{i=1}^{n-1} \|\mathbf{b}_i^*\|\right)^{\frac{1}{n-1}}$$

より，

$$\|\mathbf{b}_1\|^{n-2} \le \sqrt{\gamma_{n-1}}^{n-1} \prod_{i=2}^{n-1} \|\mathbf{b}_i^*\|$$

が成り立つ．これより不等式 (3.18) が成り立つ．同様に，定理 1.6.2 から $\mathrm{vol}\left(\widehat{\pi_2(L)}\right) \times \mathrm{vol}(\pi_2(L)) = 1$ であることに注意すると，

$$\frac{1}{\|\mathbf{b}_n^*\|} \le (1+\varepsilon)\lambda_1\left(\widehat{\pi_2(L)}\right) \le (1+\varepsilon)\sqrt{\gamma_{n-1}}\,\mathrm{vol}\left(\widehat{\pi_2(L)}\right)^{\frac{1}{n-1}}$$

$$= (1+\varepsilon)\sqrt{\gamma_{n-1}} \left(\prod_{i=2}^{n} \|\mathbf{b}_i^*\|\right)^{\frac{-1}{n-1}}$$

が成り立つので，

$$\prod_{i=2}^{n-1} \|\mathbf{b}_i^*\| \le \left((1+\varepsilon)\sqrt{\gamma_{n-1}}\right)^{n-1} \|\mathbf{b}_n^*\|^{n-2}$$

が分かる.これより不等式 (3.19) が成り立つ.また,不等式 (3.18) と (3.19) から,明らかに不等式 (3.20) が成り立つ.さらに,

$$
\begin{aligned}
\mathrm{vol}(L) &= \|\mathbf{b}_n^*\| \times \|\mathbf{b}_1\| \times \prod_{i=2}^{n-1} \|\mathbf{b}_i^*\| \\
&\ge \frac{\left(\prod_{i=2}^{n-1} \|\mathbf{b}_i^*\|\right)^{\frac{1}{n-2}}}{\left((1+\varepsilon)\sqrt{\gamma_{n-1}}\right)^{\frac{n-1}{n-2}}} \times \|\mathbf{b}_1\| \times \prod_{i=2}^{n-1} \|\mathbf{b}_i^*\| \\
&= \frac{\|\mathbf{b}_1\|}{\left((1+\varepsilon)\sqrt{\gamma_{n-1}}\right)^{\frac{n-1}{n-2}}} \times \left(\prod_{i=2}^{n-1} \|\mathbf{b}_i^*\|\right)^{\frac{n-1}{n-2}} \\
&\ge \frac{\|\mathbf{b}_1\|}{\left((1+\varepsilon)\sqrt{\gamma_{n-1}}\right)^{\frac{n-1}{n-2}}} \times \left(\frac{\|\mathbf{b}_1\|}{\sqrt{\gamma_{n-1}}^{\frac{n-1}{n-2}}}\right)^{n-1} \\
&= \frac{\|\mathbf{b}_1\|^n}{(1+\varepsilon)^{\frac{n-1}{n-2}} \sqrt{\gamma_{n-1}}^{\frac{n(n-1)}{n-2}}}
\end{aligned}
$$

より,

$$\|\mathbf{b}_1\|^n \le (1+\varepsilon)^{\frac{n-1}{n-2}} \sqrt{\gamma_{n-1}}^{\frac{n(n-1)}{n-2}} \mathrm{vol}(L)$$

が成り立つ.これより不等式 (3.21) が成り立つ. □

下記の命題は,次節で説明するブロック化 Mordell 簡約基底のいくつかの性質を証明する上で非常に重要である:

命題 3.4.4 整数 $\beta \ge 2$ に対して,2β 次元格子 L の基底 $\{\mathbf{b}_1, \dots, \mathbf{b}_{2\beta}\}$ が次の 2 つの条件を満たすと仮定する:(i) 部分格子基底 $\{\mathbf{b}_1, \dots, \mathbf{b}_{\beta+1}\}$ は因子 $\varepsilon \ge 0$ に関して Mordell 簡約されている.(ii) GSO ベクトル $\mathbf{b}_{\beta+1}^*$ は射影格子 $\pi_{\beta+1}(L)$ 上の最短な非零ベクトルである.このとき,

$$\frac{\prod_{i=1}^{\beta} \|\mathbf{b}_i^*\|}{\prod_{i=\beta+1}^{2\beta} \|\mathbf{b}_i^*\|} \le \left((1+\varepsilon)\gamma_\beta\right)^{\frac{\beta^2}{\beta-1}}$$

が成り立つ.

証明 GSO ベクトル $\mathbf{b}_{\beta+1}^*$ が β 次元射影格子 $\pi_{\beta+1}(L)$ 上の最短な非零ベクトルなので $\|\mathbf{b}_{\beta+1}^*\| \le \sqrt{\gamma_\beta} \mathrm{vol}\left(\pi_{\beta+1}(L)\right)^{\frac{1}{\beta}}$ が成り立ち,この不等式の両辺を

それぞれ β 乗することで,

$$\|\mathbf{b}_{\beta+1}^*\|^\beta \le \sqrt{\gamma_\beta}^\beta \mathrm{vol}(\pi_{\beta+1}(L))$$

が得られる. さらに, 式 (1.11) から $\mathrm{vol}(\pi_{\beta+1}(L)) = \prod_{i=\beta+1}^{2\beta} \|\mathbf{b}_i^*\|$ なので,

$$\prod_{i=\beta+1}^{2\beta} \|\mathbf{b}_i^*\| \ge \left(\frac{\|\mathbf{b}_{\beta+1}^*\|}{\sqrt{\gamma_\beta}}\right)^\beta \tag{3.22}$$

が成り立つ. 一方, $\{\mathbf{b}_1, \ldots, \mathbf{b}_{\beta+1}\}$ が因子 ε に関する Mordell 簡約基底であるので, 命題 3.4.3 の不等式 (3.19) と (3.20) から

$$\begin{cases} \displaystyle\prod_{i=2}^{\beta} \|\mathbf{b}_i^*\| \le \left((1+\varepsilon)\sqrt{\gamma_\beta}\right)^\beta \|\mathbf{b}_{\beta+1}^*\|^{\beta-1}, \\[2mm] \|\mathbf{b}_1\| \le \left((1+\varepsilon)\gamma_\beta\right)^{\frac{\beta}{\beta-1}} \|\mathbf{b}_{\beta+1}^*\| \end{cases}$$

が成り立つ. これら 2 つの不等式をかけ合わせることで,

$$\prod_{i=1}^{\beta} \|\mathbf{b}_i^*\| \le \left((1+\varepsilon)\gamma_\beta\right)^{\frac{\beta}{\beta-1}} \times \left((1+\varepsilon)\sqrt{\gamma_\beta}\right)^\beta \times \|\mathbf{b}_{\beta+1}^*\|^\beta \tag{3.23}$$

の不等式が得られる. 最後に, 不等式 (3.22) と (3.23) から

$$\frac{\prod_{i=1}^{\beta} \|\mathbf{b}_i^*\|}{\prod_{i=\beta+1}^{2\beta} \|\mathbf{b}_i^*\|} \le \left((1+\varepsilon)\gamma_\beta\right)^{\frac{\beta}{\beta-1}} \times \left((1+\varepsilon)\sqrt{\gamma_\beta}\right)^\beta \times \sqrt{\gamma_\beta}^\beta$$

$$= \left((1+\varepsilon)\gamma_\beta\right)^{\frac{\beta^2}{\beta-1}}$$

が得られる. $\qquad\qquad\qquad\qquad\qquad\qquad\qquad\qquad\qquad\qquad\square$

3.4.2　ブロック Mordell 簡約基底とその性質

ここでは, Mordell 簡約をブロック化した概念とその性質を紹介する.

定義 3.4.5　次元 n がブロックサイズ $\beta \ge 2$ で割り切れると仮定し, $n = \beta p$ を満たす整数を p とする. n 次元格子 L の基底 $\{\mathbf{b}_1, \ldots, \mathbf{b}_n\}$ が因子 $\varepsilon \ge 0$ とブロックサイズ β に関して**ブロック Mordell 簡約されている** (block-Mordell-reduced) とは, 次の 3 つの条件を満たすときをいう:

(i)　基底 $\{\mathbf{b}_1, \ldots, \mathbf{b}_n\}$ がサイズ簡約されている（定義 2.2.1）.

(ii) すべての $1 \le i \le p-1$ に対して，ブロック基底 $B_{[i\beta-\beta+1, i\beta+1]}$ が ε に関して Mordell 簡約されている．ただし，任意の $1 \le k \le \ell \le n$ に対して，射影格子 $\pi_k(L)$ の部分格子 $L_{[k,\ell]}$ の基底 (3.10) を $B_{[k,\ell]}$ と表す．

(iii) さらに，$\|\mathbf{b}^*_{n-\beta+1}\| = \lambda_1(L_{[n-\beta+1,n]})$ を満たす（下記の図式を参考[55]）.

$L_{[1,\beta+1]}: \quad \mathbf{b}_1 \quad \cdots \quad \mathbf{b}_{\beta+1}$

$L_{[\beta+1,2\beta+1]}: \qquad\qquad \mathbf{b}^*_{\beta+1} \quad \cdots \quad \pi_{\beta+1}(\mathbf{b}_{2\beta+1})$

$\qquad\qquad \vdots \qquad\qquad\qquad\qquad \ddots \qquad\qquad\qquad \ddots$

$L_{[n-\beta+1,n]}: \qquad\qquad\qquad\qquad\quad \mathbf{b}^*_{n-\beta+1} \quad \cdots \quad \pi_{n-\beta+1}(\mathbf{b}_n)$

[55] $\mathbf{b}^*_i = \pi_i(\mathbf{b}_i)$ であることに注意する．また，最後の行以外のブロック基底は Mordell 簡約基底である．

特に，後半 2 つの条件 (ii) と (iii) は，次の 2 つの条件と同値である[56]：

[56] この同値条件は，後述のスライド基底簡約アルゴリズムの構成にとって重要である．

- $j \equiv 1 \pmod{\beta}$ を満たす任意の整数 $1 \le j \le n - \beta + 1$ に対して，

$$\|\mathbf{b}^*_j\| = \lambda_1(L_{[j,j+\beta-1]}) \tag{3.24}$$

を満たす[57]．

[57] つまり，GSO ベクトル $\mathbf{b}^*_j$ は β 次元の部分射影格子 $L_{[j,j+\beta-1]}$ 上の最短な非零ベクトルである．

- $j \equiv 1 \pmod{\beta}$ を満たす任意の整数 $1 \le j \le n - 2\beta + 1$ に対して，

$$\frac{1}{\|\mathbf{b}^*_{j+\beta}\|} \le (1+\varepsilon)\lambda_1(\widehat{L_{[j+1,j+\beta]}}) \tag{3.25}$$

を満たす[58]．

[58] (3.24) とは異なり，添え字を 1 つずらした部分射影格子 $L_{[j+1,j+\beta]}$ を考えていることに注意する．

補題 3.4.6 次元 n がブロックサイズ $\beta \ge 2$ で割り切れ，$n = \beta p$ を満たす整数を p とする．このとき，因子 $\varepsilon \ge 0$ とブロックサイズ β に関してブロック Mordell 簡約されている n 次元格子 L の基底 $\{\mathbf{b}_1, \ldots, \mathbf{b}_n\}$ に対して，以下の 4 つの不等式が成り立つ：

(1) $j \equiv 1 \pmod{\beta}$ を満たす任意の整数 $1 \le j \le n - \beta + 1$ に対して，

$$\|\mathbf{b}^*_j\| \le \gamma_\beta^{\frac{\beta}{2(\beta-1)}} \left(\prod_{i=j+1}^{j+\beta-1} \|\mathbf{b}^*_i\| \right)^{\frac{1}{\beta-1}}$$

が成り立つ．

(2) $j \equiv 1 \pmod{\beta}$ を満たす任意の整数 $1 \le j \le n - 2\beta + 1$ に対して，

$$\left(\prod_{i=j+1}^{j+\beta-1}\|\mathbf{b}_i^*\|\right)^{\frac{1}{\beta-1}} \le \left((1+\varepsilon)\sqrt{\gamma_\beta}\right)^{\frac{\beta}{\beta-1}}\|\mathbf{b}_{j+\beta}^*\|$$

が成り立つ.

(3) $j \equiv 1 \pmod{\beta}$ を満たす任意の整数 $1 \le j \le n-2\beta+1$ に対して,

$$\frac{\|\mathbf{b}_j^*\|}{\|\mathbf{b}_{j+\beta}^*\|} \le \left((1+\varepsilon)\gamma_\beta\right)^{\frac{\beta}{\beta-1}}$$

が成り立つ.

(4) $j \equiv 1 \pmod{\beta}$ を満たす任意の整数 $1 \le j \le n-2\beta+1$ に対して,

$$\frac{\prod_{i=j}^{j+\beta-1}\|\mathbf{b}_i^*\|}{\prod_{i=j+\beta}^{j+2\beta-1}\|\mathbf{b}_i^*\|} \le \left((1+\varepsilon)\gamma_\beta\right)^{\frac{\beta^2}{\beta-1}}$$

が成り立つ.

証明 命題 3.4.3 と 3.4.4 から明らか. □

上記の補題を用いて，ブロック Mordell 簡約基底の第 1 基底ベクトルのノルムの上限を与えることができる:

定理 3.4.7 次元 n がブロックサイズ $\beta \ge 2$ で割り切れ，$n=\beta p$ を満たす整数を p とする．このとき，因子 $\varepsilon \ge 0$ とブロックサイズ β に関してブロック Mordell 簡約されている n 次元格子 L の基底 $\{\mathbf{b}_1,\ldots,\mathbf{b}_n\}$ に対して，

$$\begin{cases} \|\mathbf{b}_1\| \le \gamma_\beta^{\frac{n-1}{2(\beta-1)}} \times (1+\varepsilon)^{\frac{n-\beta}{2(\beta-1)}} \times \mathrm{vol}(L)^{\frac{1}{n}}, \\ \|\mathbf{b}_1\| \le \left((1+\varepsilon)\gamma_\beta\right)^{\frac{n-\beta}{\beta-1}} \times \lambda_1(L) \end{cases}$$

が成り立つ[59].

証明 各 $1 \le i \le p$ に対して，$S_i = L_{[i\beta-\beta+1, i\beta]}$ とおく（ここでは，S_i をブロック格子と呼ぶことにする）．このとき，

$$\mathrm{vol}(L) = \prod_{i=1}^{p} \mathrm{vol}(S_i)$$

が成り立つ[60]．また，補題 3.4.6 (4) より，

$$\frac{\mathrm{vol}(S_i)}{\mathrm{vol}(S_{i+1})} \le \left((1+\varepsilon)\gamma_\beta\right)^{\frac{\beta^2}{\beta-1}}$$

[59]

BKZ 簡約基底の性質（定理 3.3.2 など）と比較してみてほしい.

[60]

ブロック格子 S_i の体積は $\prod_{j=i\beta-\beta+1}^{i\beta}\|\mathbf{b}_j^*\|$ に一致することに注意.

が成り立つ．これより，明らかに

$$\mathrm{vol}(S_1) \le ((1+\varepsilon)\gamma_\beta)^{\frac{\beta^2}{\beta-1} \times (i-1)} \mathrm{vol}(S_i) \quad (1 \le i \le p)$$

が成り立つ．これら p 個の不等式の両辺をかけ合わせることで，

$$\mathrm{vol}(S_1)^p \le ((1+\varepsilon)\gamma_\beta)^{\frac{\beta^2}{\beta-1} \times \frac{p(p-1)}{2}} \mathrm{vol}(L)$$

$$\iff \mathrm{vol}(S_1) \le ((1+\varepsilon)\gamma_\beta)^{\frac{\beta^2}{\beta-1} \times \frac{p-1}{2}} \mathrm{vol}(L)^{\frac{1}{p}}$$

[61]
定理 2.3.2 (1)(2) の証明と同じ議論．

が得られる[61]．さらに条件 (3.24) より，$\|\mathbf{b}_1\| = \lambda_1(S_1) \le \sqrt{\gamma_\beta}\,\mathrm{vol}(S_1)^{\frac{1}{\beta}}$ なので，

$$\|\mathbf{b}_1\| \le \sqrt{\gamma_\beta} \left(((1+\varepsilon)\gamma_\beta)^{\frac{\beta^2}{\beta-1} \times \frac{p-1}{2}} \mathrm{vol}(L)^{\frac{1}{p}} \right)^{\frac{1}{\beta}}$$

$$= \sqrt{\gamma_\beta}^{\,1+\frac{\beta(p-1)}{\beta-1}} \times (1+\varepsilon)^{\frac{\beta(p-1)}{2(\beta-1)}} \times \mathrm{vol}(L)^{\frac{1}{n}}$$

$$= \sqrt{\gamma_\beta}^{\,\frac{n-1}{\beta-1}} \times (1+\varepsilon)^{\frac{n-\beta}{2(\beta-1)}} \times \mathrm{vol}(L)^{\frac{1}{n}}$$

が成り立つ．これで最初の不等式を示すことができた．

次に，$\mathbf{v} = \sum_{i=1}^{r} v_i \mathbf{b}_i$ $(\exists v_i \in \mathbb{Z}, v_r \ne 0)$ を格子 L 上の最短な非零ベクトルとする．ここで

$$q = \left\lfloor \frac{r-1}{\beta} \right\rfloor \in \mathbb{Z}$$

[62]
$q\beta + 1 \le r \le (q+1)\beta$ でかつ，$v_r \ne 0$ であることに注意する．

とおくと，ブロック格子 S_{q+1} 上のベクトル $\pi_{q\beta+1}(\mathbf{v})$ は非零である[62]．条件 (3.24) から，GSO ベクトル $\mathbf{b}_{q\beta+1}^*$ がブロック格子 $S_{q\beta+1}$ 上の最短な非零ベクトルであるので，$\|\mathbf{b}_{q\beta+1}^*\| \le \|\pi_{q\beta+1}(\mathbf{v})\| \le \|\mathbf{v}\| = \lambda_1(L)$ であり，

$$\frac{\|\mathbf{b}_1\|}{\lambda_1(L)} \le \frac{\|\mathbf{b}_1\|}{\|\mathbf{b}_{q\beta+1}^*\|}$$

が成り立つ．また，補題 3.4.6 (3) より，

$$\frac{\|\mathbf{b}_1\|}{\|\mathbf{b}_{q\beta+1}^*\|} = \prod_{i=0}^{q-1} \frac{\|\mathbf{b}_{i\beta+1}^*\|}{\|\mathbf{b}_{(i+1)\beta+1}^*\|} \le ((1+\varepsilon)\gamma_\beta)^{\frac{q\beta}{\beta-1}}$$

[63]
任意の Hermite の定数が $\gamma_\beta \ge 1$ を満たすことにも注意する．

が得られる．最後に，$q \le p-1$ に注意すると[63]，

$$\frac{\|\mathbf{b}_1\|}{\lambda_1(L)} \le ((1+\varepsilon)\gamma_\beta)^{\frac{\beta(p-1)}{\beta-1}} = ((1+\varepsilon)\gamma_\beta)^{\frac{n-\beta}{\beta-1}}$$

が成り立つので，後半の不等式を示すことができた． □

アルゴリズム 13 Slide：スライド基底簡約アルゴリズム [29]（概要のみ）

Input: n 次元格子 $L \subseteq \mathbb{Z}^m$ の基底 $\{\mathbf{b}_1, \ldots, \mathbf{b}_n\}$，ブロックサイズ $2 \leq \beta \leq n$（ただし，β は n を割り切るとする），因子パラメータ $\varepsilon \geq 0$

Output: 因子 ε とブロックサイズ β に関する Mordell 簡約基底 $\{\mathbf{b}_1, \ldots, \mathbf{b}_n\}$

1: LLL($\{\mathbf{b}_1, \ldots, \mathbf{b}_n\}, \delta$) /* LLL で基底を更新（LLL 簡約パラメータとして $\delta = 0.99$ などを選択）*/

2: **if** $j \equiv 1 \pmod{\beta}$ を満たす整数 $1 \leq j \leq n - \beta + 1$ の中で，条件 (3.24) を満たさない j が存在 **then**

3:　　SVP オラクルによりブロック基底 $B_{[j, j+\beta-1]}$ を HKZ 簡約し，ステップ 1 に戻る（ただし，対象のブロック基底以外の基底ベクトルは一切変えない）

4: **end if**

5: **if** $j \equiv 1 \pmod{\beta}$ を満たす整数 $1 \leq j \leq n - 2\beta + 1$ の中で，条件 (3.25) を満たさない j が存在 **then**

6:　　ブロック基底 $B_{[j+1, j+\beta]}$ の双対基底に対する SVP オラクルにより，

$$\frac{1}{\|\mathbf{b}^*_{j+\beta}\|} = \lambda_1(\widehat{L_{[j+1, j+\beta]}}) \tag{3.26}$$

　　を満たすようにブロック基底を簡約し，ステップ 1 に戻る（ステップ 3 と同様に，対象のブロック基底以外の基底ベクトルは一切変えない）

7: **end if**

3.4.3　スライド基底簡約アルゴリズム

アルゴリズム 13 にスライド基底簡約アルゴリズムの概要を示す（詳細アルゴリズムは [29] を参照）．入力する n 次元格子 L の基底 $\{\mathbf{b}_1, \ldots, \mathbf{b}_n\}$，ブロックサイズ $2 \leq \beta \leq n$ と因子パラメータ $\varepsilon \geq 0$ に対して，因子 ε とブロックサイズ β に関する格子 L の Mordell 簡約基底を出力する（ただし，次元 n は β で割り切れるとする）．アルゴリズム 13 内の SVP オラクル[64]とは，与えられた任意の基底に対して，その基底で生成される格子上の最短な非零ベクトルを出力するアルゴリズムとする[65]．特に，ブロック基底またはその双対基底に対して SVP オラクルを呼び出すことで，ブロック Mordell 簡約基底の 2 つの条件 (3.24) と (3.25) を満たすように基底を更新していく．ゆえに，もしアルゴリズムが停止すれば，ブロック Mordell 簡約基底が出力される（ステップ 1 の LLL 基底簡約により，出力基底はサイズ簡約されていることにも注意）．アルゴリズムの停止性については，以下が成り立つ：

命題 3.4.8　スライド基底簡約アルゴリズムは必ず停止する[66]．

証明　まず，$n = \beta p$ を満たす整数を p とし，定理 3.4.7 の証明と同じように各 $S_i = L_{[i\beta - \beta + 1, i\beta]}$ をブロック格子とする．LLL 基底簡約アルゴリズムの停

[64]
オラクル (oracle) とは神託を意味し，質問に対する神のお告げを意味する．

[65]
SVP オラクルの例として最短ベクトルの数え上げ（アルゴリズム 10）がある．双対基底に対する SVP オラクルについては [29, アルゴリズム 3] や [57, 7 節] などを参照．

[66]
停止までに呼び出す SVP オラクルの回数などの結果については，[29, 定理 2] を参照．

止性（定理 2.3.4）の証明と同じように，

$$D' = \prod_{i=1}^{p} \mathrm{vol}\left(L_{[1,i\beta]}\right)^2$$

$$= \prod_{i=1}^{p} \left(\prod_{j=1}^{i} \mathrm{vol}(S_j)^2\right) = \prod_{j=1}^{p} \mathrm{vol}(S_j)^{2(p+1-j)} \in \mathbb{Z}$$

を考える[67]．ここでは，スライド基底簡約アルゴリズム（アルゴリズム 13）内の各ステップで，$D' > 0$ の値がどう変化するのかを考える．ステップ 3 では，ブロック格子 S_j の基底 $B_{[j,j+\beta-1]}$ の更新のみで D' の値は変化しない[68]．以下で，ステップ 1 と 6 のそれぞれの内部処理について考える：

- ステップ 1 の LLL 基底簡約（アルゴリズム 5）は，サイズ基底簡約ステップと基底ベクトル交換ステップで構成され，命題 2.2.2 よりサイズ基底簡約では D' の値は変化しない．一方，基底ベクトル $\mathbf{b}_{i-1}$ と $\mathbf{b}_i$ の交換ステップで D' の値が変化する可能性があり，$i \equiv 1 \pmod{\beta}$ の場合のみ D' の値が変化する[69]．ここで，$i = 1 + \beta\ell$ $(\exists\ell \geq 1)$ の場合を考える．ブロック格子 S_ℓ における最後の基底ベクトルは $\mathbf{b}_{i-1}$ の射影ベクトルであり，$S_{\ell+1}$ の最初の基底ベクトルは $\mathbf{b}_i$ の射影ベクトルであることに注意すると，基底ベクトル交換により $\mathrm{vol}(S_\ell)$ と $\mathrm{vol}(S_{\ell+1})$ のそれぞれの値が変化する．しかし，$\mathrm{vol}(L) = \prod_{j=1}^{p} \mathrm{vol}(S_j)$ の値は一定より，積 $\mathrm{vol}(S_\ell) \times \mathrm{vol}(S_{\ell+1})$ の値は変化しない．ゆえに，定理 2.3.4 の証明と同様の議論から，基底ベクトルの交換により $\mathrm{vol}(S_\ell)$ の値が少なくとも LLL 簡約パラメータの δ 倍減少するので[70]，D' の値も少なくとも δ 倍減少する（$\frac{1}{4} < \delta < 1$ に注意）．ここで，ステップ 1 を以下のように場合分けしておく：

  (A) すべての $i \equiv 1 \pmod{\beta}$ に対して，基底ベクトル $\mathbf{b}_{i-1}$ と $\mathbf{b}_i$ の交換が一度も行われない場合，D' の値は変化しない．

  (B) ある $i \equiv 1 \pmod{\beta}$ に対して，基底ベクトル $\mathbf{b}_{i-1}$ と $\mathbf{b}_i$ の交換が少なくとも一度は行われる場合，D' の値は必ず減少する[71]．

- ステップ 6 では，$j \equiv 1 \pmod{\beta}$ を満たす整数 j に対し，条件 (3.26) を満たすようにブロック基底 $B_{[j+1,j+\beta]}$ を更新する．ここでは，$j = 1 + \beta\ell$ $(\exists\ell \geq 0)$ の場合を考える．ブロック基底 $B_{[j+1,j+\beta]}$ の更新により，$\mathrm{vol}(S_{\ell+1})$ と $\mathrm{vol}(S_{\ell+2})$ の各値は変化するが，ステップ 1 と同様の議論から積 $\mathrm{vol}(S_{\ell+1}) \times \mathrm{vol}(S_{\ell+2})$ の値は変化しないことに注意する．具体的には，

---

[67]
LLL 基底簡約アルゴリズムのときは $\prod_{i=1}^{n-1} \mathrm{vol}(L_i)^2$ を考えていた．ただし，L_i は $\{\mathbf{b}_1,\ldots,\mathbf{b}_i\}$ で生成される格子 L の部分格子とする．ここでは，そのブロック版である $D' \in \mathbb{Z}$ の値を考える．

[68]
詳細は述べていないが，ステップ 3 と 6 では対象のブロック基底以外の基底ベクトルは一切変えないことに注意．

[69]
それ以外では，1 つのブロック格子内での基底ベクトル交換なので D' の値は変化しない．

[70]
基底ベクトル交換が行われるのは Lovász 条件が成り立たない場合なので，$\delta\|\mathbf{b}_{i-1}^*\|^2 > \|\pi_{i-1}(\mathbf{b}_i)\|^2$ であることに注意．

[71]
この場合，D' の値は少なくとも δ の何乗か倍減少する．

条件 (3.25) が成り立たない場合，つまり

$$\frac{1}{\|\mathbf{b}_{j+\beta}^*\|} > (1+\varepsilon)\lambda_1(\widehat{L_{[j+1,j+\beta]}})$$

の場合，ステップ 6 の処理で $\frac{1}{\|\mathbf{b}_{j+\beta}^*\|}$ の値が減少する（つまり $\|\mathbf{b}_{j+\beta}^*\|$ の値が増大する）．ブロック格子 $S_{\ell+2}$ の最初の基底ベクトルが $\mathbf{b}_{j+\beta}$ であることに注意すると，ステップ 6 の処理で $\mathrm{vol}(S_{\ell+2})$ の値が増大する一方，$\mathrm{vol}(S_{\ell+1})$ の値は減少する．これより，ステップ 6 の処理の前後で D' の値は減少することが分かる（D' の定め方に注意する[72]）．

一方，スライド基底簡約アルゴリズム内の処理で，D' の値が変化しないことが連続して無限に続くことはない．実際，D' の値が無限に連続して変化しないと仮定すると，ステップ 6 の処理はすべて完遂され，ステップ 3 と上記 (A) の処理の無限の繰返しになる．しかし，有限回のステップ 3 の処理ですべてのブロック基底 $B_{[j,j+\beta-1]}$ は HKZ 簡約され，(A) の処理は行われないため，無限の繰返しになることはない．これらの議論から，スライド基底簡約アルゴリズムでは D' の値が着実に減少するが，D' の値が常に正の整数であることより，アルゴリズムはいつか必ず停止する． □

[72] 対象のブロック格子以外の体積は変化しないことにも注意．

3.5 SVP チャレンジにおける計算機実験

2010 年以降，ドイツのダルムシュタット工科大学によって「SVP チャレンジ」と呼ばれる SVP の求解コンテストが開催されている．その目的は SVP に対する求解アルゴリズムをテストするためで，SVP チャレンジでは $40 \leq n \leq 200$ の格子次元 n に対するランダムな格子基底がインターネット上で公開されている [*]．より具体的には，SVP チャレンジの Web ページから格子次元 n と乱数シード $s \geq 0$ に対応する $n \times n$ の格子基底行列 $\mathbf{B}$ を入手し[73]，

$$\|\mathbf{v}\| \leq 1.05 \cdot \frac{\Gamma(n/2+1)^{\frac{1}{n}}}{\sqrt{\pi}} \cdot \mathrm{vol}(L)^{\frac{1}{n}} \tag{3.27}$$

を満たす完全階数の格子 $L = \mathcal{L}(\mathbf{B}) \subseteq \mathbb{Z}^n$ 上の格子ベクトル $\mathbf{v}$ を見つけた場合，その格子ベクトルをコンテストに投稿できる（不等式 (3.27) の右辺は $1.05 \cdot \nu_n^{-\frac{1}{n}} \cdot \mathrm{vol}(L)^{\frac{1}{n}}$ と一致し[74]，注意 1.5.10 で紹介した Gauss のヒューリ

[73] 基底行列は Goldstein-Mayer によるアルゴリズム [35] で生成されたものである．生成プログラムが公開されているため，様々な次元の基底行列に対して実験することができる．

[74] ν_n は n 次元単位閉球の体積である．

[*] SVP チャレンジの Web ページ：https://www.latticechallenge.org/svp-challenge/

スティックによる第 1 逐次最小 $\lambda_1(L)$ の評価 (1.21) より 1.05 倍大きめに設定されている）．格子次元 n において，投稿した格子ベクトル $\mathbf{v} \in L$ がこれまでに見つかったベクトルよりも短ければ Web ページに掲載される[75]（Web ページではこれまでに見つかった格子ベクトルが掲載されているが，これらの格子ベクトルは必ずしも最短と限らないことに注意する）．SVP チャレンジでは，より高い次元の格子に対しどれだけ短い格子ベクトルを見つけられるかで順位が競われている．一方で，SVP チャレンジで利用する計算機環境の制限は一切なく，求解アルゴリズムや実装手法以外に計算機性能や実験規模は大きく異なる．

SVP チャレンジに対する効率的な求解アルゴリズムとして，BKZ 基底簡約アルゴリズム（アルゴリズム 11）の改良アルゴリズムである BKZ2.0 [18]（と ENUM [31] の組合せ），progressive-BKZ [7]，DeepBKZ [86]，MBKZ [91] などが利用されている．また 132 次元以上の高い格子次元の SVP チャレンジに対しては，Schnorr によるランダムサンプリング [72] の改良方式が利用されている [26]．特に，134 から 150 次元に対しては，大規模な計算機環境での実験結果が報告されている [83]（次章で，ランダムサンプリングのアルゴリズムを紹介し，その解析についても説明する）．また，2018 年 8 月末と 9 月中旬に，**篩** (sieving) と呼ばれる技法 [24] による求解結果が数多く投稿され，155 次元まで SVP チャレンジの世界記録が一気に更新された [3]．

[75]
固定した格子次元 n において，異なる乱数シード s によって異なる格子を定める基底行列が入手できる．しかし，Web ページに掲載される格子ベクトルは乱数シード s による格子の違いに関係なく，各格子次元でより短いベクトルが掲載される．

4 ランダムサンプリングアルゴリズムと その解析

前章までに紹介したアルゴリズムは同じ入力に対して常に同じ出力を返す「決定的アルゴリズム」であった．本章では，アルゴリズム内で乱数を用いることで，効率的に[1] 短い格子ベクトルを発見することを目的としたアルゴリズムを紹介する．主な内容は Schnorr の論文 [72] で提案されたランダムサンプリングアルゴリズム，および**誕生日パラドックス**を用いた時間-空間トレードオフ手法の解説である．

誕生日パラドックスとは，以下の直感に反する現象のことを指す．N 以下の自然数を一様ランダムに $k \approx \sqrt{N}$ 個サンプリングしたものを $x_1, \ldots, x_k$ とする．このとき，高確率で要素が衝突する，つまり，$k \ll N$ であるにもかかわらず $i \neq j$ かつ $x_i = x_j$ となる組 (i, j) が存在する[2]．

確率論の文脈においては，上記のパラドックスは集合中からランダムにサンプリングした要素同士の衝突の意味で用いられるが，暗号分野では特に以下の意味で用いられることが多い．秘密鍵などの情報が $x_1, \ldots, x_N$ の何れかに含まれていることが分かっており，かつ各 x_i に必要な情報が含まれるかどうかを確認するためのコストはほぼ一定であるとする．単純な攻撃[3]としてそれらを先頭から順番に調べる方法があり，計算時間の期待値は $O(N)$ である．この方法ではデータを保存する必要がないため，メモリ使用量は N の値によらず一定値 $O(1)$ である．一方で，メモリ空間を大量に使用可能な場合には，ランダムにサンプリングしたデータ $x_{i_1}, \ldots, x_{i_k}$ を一度保存し，それらの中から $x_{i_a} \approx x_{i_b}$ を満たす組を見つける[4]と，暗号アルゴリズムの構造からうまく情報が復元可能であることが多い[5]．このとき，保存するデータの個数 k を $\sqrt{N}$ 程度に調整することで，メモリ使用量が $O(\sqrt{N})$，計算時間の期待値が $O(\sqrt{N})$ であるアルゴリズムが得られる．

以上のように，メモリ使用量を増やす代わりに計算時間を減らす目的でアルゴリズムの改良を行うことを，**時間-空間トレードオフ**という．

本書では読みやすさのため，原著論文 [72] で説明が省かれている部分を必

[1]
通常，乱択アルゴリズムは決定的アルゴリズムよりも高速な処理を目的として提案されるものであるが，本章で紹介するランダムサンプリングアルゴリズムが 3.2 節で紹介した数え上げアルゴリズムに枝刈りを組み合わせたものよりも真に高速であるかどうかは未解決である．3.5 節で紹介したように，改良されたランダムサンプリングアルゴリズム [83] を組み込んだ格子基底簡約アルゴリズムは実験的には高性能である．

[2]
ここで，確率は $x_1, \ldots, x_k$ について考えるものとする．

[3]
公開されている情報のみから秘密の情報を復元する方法，またはその行為，アルゴリズム自体を攻撃と呼ぶ．

[4]
データを何らかの基準に従いソートし，隣り合う要素を比較することで時間計算量は $O(k \log k)$ となる．

[5]
必ずしも，等号 $x_{i_a} = x_{i_b}$ が成り立つ必要はなく，近いペアでも攻撃に十分であることが多い．

6)
いくつかの箇所で，Ludwig の博士論文 [52] 内の記述を参考とした.

7)
2019 年現在.

8)
例えば，SVP チャレンジの問題（60 次元，seed=0）に対して LLL アルゴリズムを適用し，数え上げ上界を Gauss のヒューリスティックから導かれる λ_1 の近似値（第 1 章 (1.21) の 2 番目の式）として ENUM アルゴリズムを実行した場合，ノード数 N は約 $1.2 \cdot 10^{14}$ で，実行に 16 スレッドのプログラムで約 4 日（シングルコア換算で約 64 日）かかる. また，70 次元の問題に対して基底簡約アルゴリズムを用いて HKZ 基底に近い状態まで簡約した場合でも，ノード数は $N = 4.95 \cdot 10^{13}$ で，16 スレッドのプログラムで約 1.8 日（シングルコア換算で約 29.5 日）である.

9)
前方の係数 $v_1, \ldots, v_{j-1}$ に影響されないという意味であり，この性質を用いて探索を効率化することができる.

要に応じて補完した[6]. そのため，論文と説明の順序が前後している箇所がある. 最初に読む際には以下の道案内を参考にしてほしい.

4.1 本章の道案内

3.2 節にて紹介した格子ベクトル数え上げアルゴリズムは，数え上げ上界 R よりもノルムの小さい格子ベクトル，つまり $|\mathbf{v}| \leq R$ を満たすすべての $\mathbf{v} \in L$ を発見することが保証されている. しかしながら，計算時間が $2^{O(n^2)}$ と膨大であり，最新の[7] デスクトップコンピュータを用いても数え上げを現実的な時間内に終了させるためには，格子の次元が 80 以下である必要があると考えられる[8]. そのため，より大きな次元の問題を実際に解くためには改良が必要である. 例えば，Gama ら [31] の Extreme pruning はベクトルを発見する確率と時間計算量のトレードオフにより改良を行っている.

格子ベクトル数え上げアルゴリズムの基本的なアイデアを振り返る. 与えられた格子基底 $\{\mathbf{b}_1, \ldots, \mathbf{b}_n\}$ に対して，その GSO ベクトル $\mathbf{b}_1^*, \ldots, \mathbf{b}_n^*$ と GSO 係数 $\mu_{i,j}$ が計算されているものとする. このとき，格子ベクトル $\mathbf{v} = \sum_{j=1}^{n} v_j \mathbf{b}_j$ を GSO ベクトルを用いて

$$\mathbf{v} = \sum_{j=1}^{n} \sigma_j \mathbf{b}_j^*$$

と表現する. 3.2 節の (3.3) 式と比べると，

$$\sigma_j = v_j + \sum_{i=j+1}^{n} \mu_{i,j} v_i \tag{4.1}$$

となるため，σ_j は GSO 係数を固定したときには $v_j, \ldots, v_n$ の関数[9]とみることができる.

同様に，(3.4) 式も $B_j := \|\mathbf{b}_j^*\|^2$ を用いて

$$\|\pi_{n+1-k}(\mathbf{v})\|^2 = \sum_{j=n+1-k}^{n} \sigma_j^2 B_j$$

とかき直すことができるため，それを変形して得られる漸化式

$$\|\pi_{n-k}(\mathbf{v})\|^2 = \|\pi_{n-k+1}(\mathbf{v})\|^2 + \sigma_{n-k}^2 B_{n-k} \tag{4.2}$$

より，差分 $\sigma_{n-k}^2 B_{n-k}$ も $v_{n-k}, \ldots, v_n$ の関数であることが分かる．ところで，この差分 $\sigma_{n-k}^2 B_{n-k}$ は図 3.1 の探索木において，ある深さ k のノード[10] に対応する格子ベクトル $\mathbf{v} = \sum_{j=n+1-k}^{n} v_j \mathbf{b}_j$ の射影長 $\|\pi_{n+1-k}(\mathbf{v})\|$ の 2 乗[11] とそのある子ノードに対応する格子ベクトル $\mathbf{v} + v_{n-k}\mathbf{b}_{n-k}$ の射影長 $\|\pi_{n-k}(\mathbf{v} + v_{n-k}\mathbf{b}_{n-k})\|$ の 2 乗の差である．この性質を用いることで，$\rho_k = \|\pi_{n+1-k}(\mathbf{v})\|^2$ から ρ_{k+1} を効率的に計算することができるため，それを木構造の深さ優先探索へと応用したのが，3.2 節で紹介した格子ベクトル数え上げアルゴリズムであった．同章で説明されているように，各 $k = 1, \ldots, n$ に対して個別に数え上げ上界

$$\|\pi_{n+1-k}(\mathbf{v})\|^2 \le R_k^2 \quad (1 \le k \le n) \tag{3.6}$$

を設定することで，計算量と探索成功確率のトレードオフ関係となる．

ランダムサンプリングアルゴリズムも同様の方針で生み出されたアルゴリズムのうちの 1 つであり，式 (4.2) の増分 $\sigma_{n-k}^2 B_{n-k}$ を制限しつつ探索を行うことで，通常の格子ベクトル数え上げアルゴリズムと比較して，計算量を抑えながら高確率で短い格子ベクトルを見つけることが期待される．

本章に含まれる内容は以下のとおりである．

- 4.2 節では，アルゴリズムの解析に必要な定義と補題の紹介を行う．この節の内容は確率論と最適化問題であり，格子と直接の関係はないため，最初は読み飛ばし，必要に応じて後から参照する程度でよい．

- 4.3 節では，本章の主要部分であるランダムサンプリングアルゴリズムおよびサンプリング基底簡約アルゴリズムを紹介する．格子ベクトルの数え上げアルゴリズム（アルゴリズム 10）に合わせて原著論文 [72] の記述を改変している．

  サンプリング基底簡約アルゴリズムは，ランダムサンプリングアルゴリズムにより発見された短い格子ベクトルを，BKZ アルゴリズムと同様に基底ベクトルに挿入し，MLLL（アルゴリズム 9）を用いて一次従属性を取り除くことで新たな基底を得るアルゴリズムである．本書では解析の困難さから，この節での紹介のみにとどめている．

- 4.4 節では，ランダムサンプリングアルゴリズムの計算量と成功確率の解析を行う．解析のため，離散的な集合である格子ベクトルの集合を，一様分布仮定（仮定 4.4.1）を用いて探索領域内の一様分布とみなし，連続的な集

[10] 係数 v_{n-k+1} に対応するノードを，深さ k と呼んでいる．

[11] つまり，アルゴリズム 10 における変数 ρ_k

合として扱うことで確率の問題に変換する．次に，入力の格子基底が1つのパラメータ q のみで近似的に表現可能であるという仮定（幾何級数仮定，仮定 4.4.3）をおき，アルゴリズムの漸近的な性能を議論する．ここで，一様分布仮定から導かれる結論と，幾何級数仮定から導かれる結論を分離しつつ議論を進めている点が原著論文 [72] の記述と異なる．また，論文において記述が省略されている成功確率の定義（4.4.2 項），証明中で用いられる仮定（平均値中央値仮定，仮定 4.4.2）等を明示し，議論の流れをより見やすくした．

- 4.5 節では，10 次元の格子を用いたランダムサンプリングアルゴリズムの数値例を紹介する．また，アルゴリズムの改良を行う場合にどのような方針を取ればよいかの大まかな説明を行い，その方針を用いた関連研究を紹介する．

- 4.6 節では，一般化誕生日パラドックスを用いた時間-空間トレードオフアルゴリズム[12] の準備として VSSP(Small Vector Sum Problem) [13] とその解法アルゴリズムを記述する．その際，ベクトル[14] のリスト Λ_1, Λ_2 から新たなリスト Λ を生成するサブルーチンを，原著論文 [72] で考えられているアルゴリズムよりも単純なものとしているため，時間計算量の評価が異なる．

- 4.7 節では，ランダムサンプリングアルゴリズムによって生成された格子ベクトルの集合から，VSSP 解法アルゴリズムを用いてより短い格子ベクトルを生成するアルゴリズムを紹介し，その漸近的な解析を行う．

本章の読み進め方であるが，まず 4.3 節のランダムサンプリングアルゴリズムを 3.2 節において紹介された格子点数え上げアルゴリズムと比較しながら理解し，次に 4.4 節の解析部分を，必要に応じて 4.2 節を参照しつつ計算を追っていくことを勧める．その際に 4.5 節の数値例も参照するとより理解が深まると期待する．続く 4.6 節，4.7 節の一般化誕生日パラドックスは順番どおりに読むことができる．

4.2 解析のための準備

本節では，ランダムサンプリングアルゴリズムの解析に用いるいくつかの補題を準備する．

[12]
本書ではこのアルゴリズムを，原著論文 [72] の "General Birthday Sampling" を直訳した「一般化誕生日サンプリングアルゴリズム」と呼ぶ．

[13]
語順と頭字語の整合性が取れていないが，原著論文 [72] の記述をそのまま使う．

[14]
VSSP の定義上，格子ベクトルでなくともよい

4.2.1 集合と確率変数

補題 4.2.1 $a < b$ を実数とする．区間 $[a, b)$ [15] の長さ $z = b - a$ が自然数で
あるとき，そこに含まれる整数点の個数は常に z である．

証明 切り上げ関数 $\lceil x \rceil$ が x 以上の最小の整数であることに注意して区間に
含まれる整数を列挙すると，

$$\lceil a \rceil, \lceil a + 1 \rceil, \ldots, \lceil b - 1 \rceil$$

となる．$b = a + z$ なので，個数は $(b - 1) - a + 1 = z$ となる． □

> [15]
> 区間 $[a, b)$ は $a \leq x < b$ を満たす実数 x の集合である．

以下では，n 次元空間内の原点対称な直方体を積記号を用いて表現する．具
体的には，正の実数 $a_1, \ldots, a_n$ に対して，

$$\prod_{i=1}^{n} [-a_i, a_i] := \left\{ (z_1, \ldots, z_n) : -a_i \leq z_i \leq a_i, 1 \leq i \leq n \right\}$$

と定義する．

以下ではいくつかの確率分布を考える．その際，記号 $a \leftarrow A$ で，a が集合
A から一様ランダムにサンプリングされたことを，$\Pr_{a \leftarrow A}$ でそのような a に関
しての確率を表す．

補題 4.2.2 $a_1, \ldots, a_n$ を正の実数とする．直方体 $C := \prod_{i=1}^{n} [-a_i, a_i]$ と定数
$q_i \in [0, a_i^2]$ を固定する．このとき，C から一様ランダムにサンプリングされ
た $(z_1, \ldots, z_n)$ が $z_i^2 \leq q_i, \forall i$ を満たす確率は以下で与えられる．

$$\Pr_{(z_1, \ldots, z_n) \leftarrow C} \left[z_i^2 \leq q_i, \forall i \right] = \prod_{i=1}^{n} \frac{\sqrt{q_i}}{a_i} \tag{4.3}$$

証明 $(z_1, \ldots, z_n)$ が C から一様ランダムにサンプリングされていることか
ら，各 z_i は閉区間 $[-a_i, a_i]$ から一様かつ独立にサンプリングされた確率変数
とみることができる．よって，変数の独立性から

$$(4.3 \text{ の左辺}) = \prod_{i=1}^{n} \Pr_{z_i \leftarrow [-a_i, a_i]} \left[z_i^2 \leq q_i \right]$$

が成り立つため，項別に評価することで主張が得られる． □

補題 4.2.3 確率変数 X を区間 $[-a, a]$ 上の一様分布とするとき，X^2 の平均
値（期待値）$\mathbf{E}[X^2]$ は以下で与えられる．

$$\mathbf{E}\left[X^2\right] = \frac{a^2}{3}$$

証明 確率変数 X^2 の確率密度関数は,

$$f(x) = \begin{cases} \dfrac{1}{2a\sqrt{x}} & (0 \le x \le a^2) \\ 0 & (\text{それ以外}) \end{cases}$$

で与えられるため, その平均値は

$$\int_0^{a^2} x f(x) dx = \frac{a^2}{3}$$

となる. □

補題 4.2.4 $X_1, \ldots, X_n$ をそれぞれ区間 $[-a, a]$ から一様かつ独立にサンプリングした確率変数とする. このとき

$$\mathbf{E}\left[(X_1 + \cdots + X_n)^2\right] = \frac{n}{3} \cdot a^2$$

が成り立つ.

証明 期待値の線形性と独立性より

$$\mathbf{E}\left[(X_1 + \cdots + X_n)^2\right] = \mathbf{E}\left[\sum_{j=1}^{n} X_j^2 + 2\sum_{j<j'} X_j X_{j'}\right]$$
$$= \sum_{j=1}^{n} \mathbf{E}\left[X_j^2\right] + 2\sum_{j<j'} \mathbf{E}\left[X_j\right]\mathbf{E}\left[X_{j'}\right] = \frac{n}{3} \cdot a^2.$$

最後の和の評価に $\mathbf{E}\left[X_j\right] = 0$ を使っている. □

4.2.2 積一定条件における和の最小化

本項ではランダムサンプリングアルゴリズムの解析中に用いる, 積一定の条件下で変数が動くときの和の最小値に関する定理を証明する.

定理 4.2.5 正の実数 $a_1 \le a_2 \le \cdots \le a_n$ と正の実数 $R < \prod_{i=1}^{n} a_i$ を固定する実数 $x_1, \ldots, x_n$ が条件

$$0 \le x_i \le a_i \quad (1 \le i \le n) \tag{4.4}$$

および

$$\prod_{i=1}^{n} x_i = R \tag{4.5}$$

を満たしながら動くとき，和 $\sum_{i=1}^{n} x_i$ の最小値は以下で与えられる．

$$\min \sum_{i=1}^{n} x_i = \sum_{i=1}^{k} a_i + (n-k) \cdot Y \tag{4.6}$$

ただし，k は

$$a_k \le \left(\frac{R}{\prod_{i=1}^{k} a_i} \right)^{1/(n-k)} \tag{4.7}$$

を満たす最大の自然数 k とし，そのときの右辺の値を Y とする．このとき各変数は $x_1 = a_1, \ldots, x_k = a_k$ かつ $x_{k+1} = \cdots = x_n = Y$ となり，$i \le k$ に対しては取り得る値の最大値，それ以外の i に対しては対応する相加相乗平均の等号成立条件を満たしている．

注意 4.2.6 定理の主張で述べられる自然数 k は必ず $1, \ldots, n-1$ のいずれかとなる．これは，$k = n$ を (4.6) に代入すると $\sum_{i=1}^{n} x_i = \sum_{i=1}^{n} a_i$ となるため，ここから $R = \prod_{i=1}^{n} x_i = \prod_{i=1}^{n} a_i$ が導かれ，条件 $R < \prod_{i=1}^{n} a_i$ に矛盾することから分かる．

定理の証明のため，非線形計画問題に対する KKT(Karush-Kuhn-Tucker) 条件を紹介する．詳細は文献 [92, 第 1 章] を参照のこと．

定理 4.2.7 （**KKT 条件**）n 次元実ベクトル $\mathbf{x} := (x_1, \ldots, x_n) \in \mathbb{R}^n$ を引数に持つ連続かつ微分可能な関数 $f(\mathbf{x})$, $g_j(\mathbf{x})$ $(j = 1, \ldots, J)$, $h_k(\mathbf{x})$ $(k = 1, \ldots, K)$ を固定し，以下で定義される $\mathbb{R}^n$ 上の最適化問題を考える．

---

n 次元実ベクトル $\mathbf{x} \in \mathbb{R}^n$ が，2 つの条件

- $g_j(\mathbf{x}) \le 0$ $(j = 1, \ldots, J)$ $\cdots$ (C1)
- $h_k(\mathbf{x}) = 0$ $(k = 1, \ldots, K)$ $\cdots$ (C2)

を満たしながら動くとき，$f(\mathbf{x})$ の最小値を求めよ．

このとき，$\mathbf{x}^* \in \mathbb{R}$ が極小値であるならば，ある実数 $\kappa_j \geq 0 (j=1,\ldots,J)$ および $\tau_k (k=1,\ldots,K)$ が存在して，条件 (C1) と (C2) の他に

$$\nabla f(\mathbf{x}^*) + \sum_{j=1}^{J} \kappa_j \nabla g_j(\mathbf{x}^*) + \sum_{k=1}^{K} \tau_k \nabla h_k(\mathbf{x}^*) = \mathbf{0} \tag{4.8}$$

および

$$\kappa_j g_j(\mathbf{x}^*) = 0 \quad (j=1,\ldots,J) \tag{4.9}$$

が成り立つ[16]．

式 (4.8) はナブラ演算子 $\nabla := \left(\dfrac{\partial}{\partial x_1}, \dfrac{\partial}{\partial x_2}, \ldots, \dfrac{\partial}{\partial x_n} \right)$ を用いたものであるため，ベクトルの等式である．成分ごとに書くと

$$\frac{\partial f(\mathbf{x}^*)}{\partial x_i} + \sum_{j=1}^{J} \kappa_j \frac{\partial g_j(\mathbf{x}^*)}{\partial x_i} + \sum_{k=1}^{K} \tau_k \frac{\partial h_k(\mathbf{x}^*)}{\partial x_i} = 0 \quad (i=1,\ldots,n)$$

となる．

この定理に我々が必要とする最小化問題を代入し，定理 4.2.5 の証明を行う．

証明 （定理 4.2.5） 最小化の対象は $f(\mathbf{x}) = x_1 + \cdots + x_n$ である．不等式による制約条件 (4.4) から，$g_i(\mathbf{x}) = x_i^2 - a_i x_i$，$J = n$，および等式による制約条件 (4.5) から $h_1(\mathbf{x}) = \prod_{i=1}^{n} x_i - R$，$K = 1$ とおく．これらを KKT 条件に代入すると，(4.8) および (4.9) はそれぞれ

$$1 + \kappa_i(2x_i - a_i) + \tau_1 \cdot \prod_{\substack{\ell=1 \\ \ell \neq i}}^{n} x_i = 0 \quad (1 \leq i \leq n) \tag{4.10}$$

および

$$\kappa_i(x_i^2 - a_i x_i) = 0 \quad (1 \leq i \leq n) \tag{4.11}$$

となる．

$\prod_{i=1}^{n} x_i = R$ より，すべての i に対して $x_i > 0$ が成り立つので，(4.10) 式は

$$1 + \kappa_i(2x_i - a_i) + \tau_1 \cdot \frac{R}{x_i} = 0 \quad (1 \leq i \leq n) \tag{4.12}$$

と表現することができる．また，(4.11) の両辺を x_i で割ることで，

---

[16]

(C1)，(C2)，(4.8) および (4.9) を連立方程式として解くことで，すべての極小値が列挙できるため，それらの中から最小値を求めることができる．

$$\kappa_i x_i = \kappa_i a_i \quad (1 \leq i \leq n)$$

となるため，これと (4.5) を (4.12) に代入すると，

$$1 + \kappa_i a_i + \frac{\tau_1 R}{x_i} = 0 \quad (1 \leq i \leq n)$$

が得られる．続いて，$i = 1, \ldots, n$ に対して成り立つ関係式

$$0 = \kappa_i (x_i - a_i) = \kappa_i a_i (x_i - a_i) = \left(-1 - \frac{\tau_1 R}{x_i}\right)(x_i - a_i)$$

より，

$$\left(1 + \frac{\tau_1 R}{x_i}\right)(x_i - a_i) = 0 \quad (1 \leq i \leq n) \tag{4.13}$$

が得られる．いま，$0 < x_i \leq a_i$ の条件から，$\tau_1 R < -a_i$ の場合には前半の因子 $\left(1 + \dfrac{\tau_1 R}{x_i}\right)$ が 0 とならないため，$x_i = a_i$ でなければならない．一方，$\tau_1 R \geq -a_i$ であれば $x_i = a_i, -\tau_1 R$ の 2 つが (4.13) の解となるが，$\tau_1 R = -a_i$ ならば解は 1 つに，$\tau_1 R > -a_i$ かつ $x_i = a_i$ を (4.10) 式に代入すると $0 > \kappa_i a_i$ となり矛盾が起きるため，結局 $x_i = -\tau_1 R$ のみが解となる．

まとめると，方程式 (4.10), (4.11) を満たす x_i の値は唯一に定まり，$x_i = \min(a_i, -\tau_1 R)$ を満たすことが分かる．これを再び等号制約条件 (4.5) に代入すると，

$$R = \prod_{i=1}^{n} x_i = \prod_{i:a_i \leq -\tau_1 R} a_i \cdot \prod_{i:a_i > -\tau_1 R} (-\tau_1 R) \tag{4.14}$$

となるため，この条件を満たす τ_1 によって $f(\mathbf{x})$ の最小値が与えられる．具体的には，(4.7) を満たす最大の自然数 k をとり，そのときの右辺を $-\tau_1 R$ の値として採用することで実現できるため，代入することで題意が示される．□

4.3　ランダムサンプリングアルゴリズム

本節では，ランダムサンプリングアルゴリズム（アルゴリズム 14）およびサンプリング基底簡約アルゴリズム（アルゴリズム 15）を紹介する．

4.3.1 ランダムサンプリングアルゴリズムの定義

アルゴリズム 14 にランダムサンプリングアルゴリズム (random sampling algorithm) の擬似コードを掲載する[17]．このアルゴリズムは，格子ベクトルをある集合から一様ランダムにサンプリングし，そのベクトルが基準値 γB_1 よりも短い場合にはそれを返し，そうでなければもう一度サンプリングを繰り返す．

アルゴリズムの入力として，格子 L の基底 $\{\mathbf{b}_1, \ldots, \mathbf{b}_n\}$，GSO 係数 $\mu_{i,j}$，GSO ベクトルの 2 乗ノルム B_i の情報の他に，2 つのパラメータ $u \in \{1, \ldots, n-1\}$ および $\gamma = 0.99$ が要求される．u でサンプリングを行う空間の広さを，γ で出力する格子ベクトルの長さの上限[18]をそれぞれ決めている．アルゴリズムの主要部分はステップ 4 からステップ 13 の **for** ループであり，その中で係数ベクトル $(v_1, \ldots, v_{n-1})$ が選択される．係数に対応する格子ベクトル $\sum_{i=1}^{n} v_i \mathbf{b}_i$ のノルムが短い場合にはステップ 15 でそれを出力し終了する．そうでない場合には **while** ループの最初に戻って繰り返す．

ステップ 5 において式 (4.1) の σ_i が計算され，その値と i に従って以下のように v_i が選択される．$i \geq n-u$ ならばステップ 6 の条件が満たされないため，ステップ 9 に飛ぶ．このとき，$-1 \leq v_i + \sigma_i < 1$ を満たす整数 v_i が常にちょうど 2 個存在することが分かる[19]ため，どちらか一方を一様乱数を用いて選ぶ．$i = n-1, \ldots, n-u$ に対して同様の選択が行われるため，選択される可能性のある係数ベクトル $(v_1, \ldots, v_n)$ は 2^u 通りである．また，$i = n-u-1, \ldots, 1$ に対しては，$-\frac{1}{2} \leq v_i + \sigma_i < \frac{1}{2}$ を満たす唯一の整数 $v_i = -\lfloor \sigma_i \rceil$ が計算される．係数を決めた後に，ステップ 12 で対応する格子ベクトルの射影長の 2 乗 $\rho_i = \|\pi_i(\mathbf{v})\|^2$ が計算される．

最終的に **for** ループを抜けた段階で格子ベクトルの長さの 2 乗 $\rho_1 = \|\mathbf{v}\|^2$ が得られているため，ステップ 14 でそれと基準値 $\gamma B_1 = \gamma \|\mathbf{b}_1\|^2$ が比較され，小さければ係数ベクトルが出力される．アルゴリズムパラメータ γ [20] が小さい場合には，出力される格子ベクトルのノルムが小さくなるが，条件が厳しくなる分 **while** ループを抜ける確率が下がり，時間計算量が多くなる．

4.3.2 サンプリング基底簡約アルゴリズム

BKZ アルゴリズム（アルゴリズム 11）と同様に，発見された $\mathbf{v}$ を $\mathbf{b}_1$ の位

---

[17] 格子ベクトルの数え上げアルゴリズム（アルゴリズム 10）に合わせ，原著論文 [72] の記述を改変している．

[18] 格子ベクトルの数え上げアルゴリズムにおける数え上げ上界 R に対応している

[19] 補題 4.2.1 で $a = -1 + \sigma_i$，$z = 2$ とおく．

[20] 原著論文では $\gamma = 0.99$ と取られている．

4.3 ランダムサンプリングアルゴリズム

アルゴリズム 14 SA：ランダムサンプリングアルゴリズム [72]

Input: n 次元格子 L の基底 $\{\mathbf{b}_1,\ldots,\mathbf{b}_n\}$ の GSO 係数 $\mu_{i,j}$ $(1 \le j < i \le n)$, GSO ベクトルの 2 乗ノルム $B_i = \|\mathbf{b}_i^*\|^2$ $(1 \le i \le n)$, パラメータ $u \in \{1,\ldots,n-1\}, \gamma = 0.99$

Output: $\|\mathbf{v}\|^2 \le \gamma\|\mathbf{b}_1\|^2$ を満たす格子ベクトル $\mathbf{v} = \displaystyle\sum_{i=1}^{n} v_i\mathbf{b}_i \in L$ の係数ベクトル $(v_1,\ldots,v_n) \in \mathbb{Z}^n$（条件を満たす $\mathbf{v}$ が探索範囲内に存在する場合）

1: **while** true **do**
2:   $v_n = 1$
3:   $\rho_n = \|\mathbf{b}_n^*\|^2$
4:   **for** $i = n - 1$ downto 1 **do**
5:     $\sigma_i = \mu_{i,n} + \displaystyle\sum_{h=i+1}^{n-1} v_h\mu_{h,i}$
6:     **if** $i < n - u$ **then**
7:       $v_i = -\lfloor\sigma_i\rceil$
8:     **else**
9:       $-1 \le \sigma_i + v_i < 1$ を満たす整数 v_i を候補の中から一様ランダムに選ぶ /* 常に 2 つの候補が存在 */
10:     **end if**
11:     $\sigma_i = \sigma_i + v_i$
12:     $\rho_i = \rho_{i+1} + \sigma_i^2 B_i$ /* $\rho_i = \|\pi_i(\mathbf{v})\|^2$ */
13:   **end for**
14:   **if** $\rho_1 < \gamma B_1$ **then**
15:     **return** $(v_1,\ldots,v_n)$ /* 格子ベクトル $\mathbf{v} \in L$ の係数ベクトルを出力 */
16:   **end if**
17: **end while**

置に挿入し，MLLL（アルゴリズム 9）を用いて一次従属性を取り除いた後に再びランダムサンプリングアルゴリズムを適用するアルゴリズムを考えることができる．

　また，小さな s に対して $\rho_s = \|\pi_s(\mathbf{v})\|^2 < \gamma B_s$ を満たす組 $(\mathbf{v}, s)$ が見つかれば，$\mathbf{b}_s$ の位置に $\mathbf{v}$ を挿入することで基底を更新することが可能である．

　これらのアイデアを取り入れたアルゴリズムの例として，原著論文第 3 節にサンプリング基底簡約アルゴリズム（アルゴリズム 15）が与えられているが，厳密な解析は困難であるため，アルゴリズムの記述のみにとどめる．また，原著論文におけるアルゴリズムの記述は，アルゴリズム 15 のステップ 3 から 5 に対応する部分のみで，終了条件が明示されていない．**Output** および **while** 文の終了条件にある曖昧な表現は著者が補完したものである．暗号解読のサブルーチンとして用いる場合には，鍵に対応する格子ベクトルが見つかった時点で終了するとよい．

アルゴリズム 15 RSR：サンプリング基底簡約アルゴリズム

Input: n 次元格子 $L \subset \mathbb{Z}^m$ $(m \geq n)$ の基底 $\{\mathbf{b}_1, \ldots, \mathbf{b}_n\}$，ランダムサンプリングアルゴリズムのパラメータ u, γ，BKZ サブルーチンのブロックサイズ $2 \leq \beta \leq n$，LLL 簡約パラメータ $\frac{1}{4} < \delta < 1$

Output: $\mathbf{b}_1$ の短い L の基底

1: LLL$(\{\mathbf{b}_1, \ldots, \mathbf{b}_n\}, \delta)$ /* LLL で基底を更新（基底の GSO 係数 $\mu_{i,j}$ と GSO ベクトルの 2 乗ノルム $B_i = \|\mathbf{b}_i\|^2$ の情報を保持しておく）*/
2: **while** （$\|\mathbf{b}_1\|$ が大きい）**do**
3: $\quad (\mathbf{v}, s) \leftarrow$ SA$(L, (\mu_{i,j})_{1 \leq j < i \leq n}, (B_i)_{i=1,\ldots,n}, u, \gamma)$ /* $\|\mathbf{b}_s^*\|^2 \leq \gamma B_s$ を満たす $(\mathbf{v}, s)$ の組 */
4: $\quad \{\mathbf{b}_1, \ldots, \mathbf{b}_n\} \leftarrow$ MLLL$(\{\mathbf{b}_1, \ldots, \mathbf{b}_{s-1}, \mathbf{v}, \mathbf{b}_s, \ldots, \mathbf{b}_n\}, \delta)$ /* s 番目のベクトルとして $\mathbf{v}$ を挿入し，MLLL で一次従属性を取り除く */
5: $\quad$ BKZ$(\{\mathbf{b}_1, \ldots, \mathbf{b}_n\}, \beta, \delta)$ /* 次の ENUM の前に BKZ-β を行う．原著論文では $\beta = 20$ */
6: **end while**

4.4 ランダムサンプリングアルゴリズムの解析

本節では，アルゴリズム 14 の計算コストおよび成功確率の解析を行う．計算コストに関しては，**while** ループ 1 回当り $O(n^2)$ 回の浮動小数点演算が必要であることがただちに分かるため，以下ではステップ 14 の条件が満たされる確率[21]について議論する．

まず，4.4.1 項において，Schnorr の原著論文内で定義された 2 つの仮定（一様分布仮定および幾何級数仮定）と，原著論文では記述の省略されている仮定（平均値中央値仮定）を紹介する．次に，4.4.2 項でアルゴリズムの重要な要素である成功確率を定義し，4.4.3 および 4.4.4 項では一様分布仮定と平均値中央値仮定から導かれる定理として出力される格子ベクトルの長さと確率の関係を与える．4.4.5 項で幾何級数仮定を導入し，アルゴリズムパラメータ u，時間計算量および発見される格子ベクトルの長さの関係を解析する．なお，空間計算量に関しては GSO 係数，2 乗ノルム，および変数 v_i, ρ_i, σ_i を保存するための領域が必要であり，$O(n^2)$ となる．最後に，4.4.6 項で主定理（定理 4.4.5）の一般化と数値例を与える．

[21] アルゴリズムの成功確率の具体的な定義は 4.4.2 項で行う．この確率を p とすると，計算コストの期待値は大まかに $O(n^2/p)$ であると考えることができる．

4.4.1 解析で用いられる仮定

以下では，ランダムサンプリングアルゴリズム（アルゴリズム 14）の解析

に用いる仮定を紹介する．以下，ステップの番号はすべてアルゴリズム 14 内のものとする．

仮定 4.4.1　（一様分布仮定，Randomness Assumption[72]）ステップ 11 実行後の σ_i は，$i < n - u$ に対しては $\left[-\dfrac{1}{2}, \dfrac{1}{2} \right]$ の，$n - u \leq i \leq n - 1$ に対しては $[-1, 1]$ の独立な一様乱数とみなすことができる．

注意 4.4.1　厳密には，例えば σ_{n-1} は 2 種類の値しかとることができないため一様乱数とみなすことはできない．また，各 σ_i もステップ 5 で計算されているように，他の $\mu_{h,i}$ と v_h の結合として表現することができるため，格子基底を固定すると独立とは限らなくなる．この仮定が厳密には成り立たないことは [52] で指摘されており，どの程度のずれがあるのかを実験的に確認する研究が存在する [16,82]．実際の解析中では，σ_i が一様分布であることは厳密には求められておらず，σ_i^2 が一様分布の 2 乗，つまり $1/\sqrt{x}$ に比例した確率密度関数を持つこと，またはその範囲を適当な閉区間 $[-a, a]$ へと制限したときに，期待値が補題 4.2.3 のように与えられることを要求している．

　ランダムサンプリングアルゴリズムの成功確率の評価は一様分布仮定が成り立つものとして行われるため，以降本章ではこれを仮定して議論を行う．

仮定 4.4.2　（平均値中央値仮定）$a_1, \ldots, a_n$ を正の実数とする．直方体 $C := \prod\limits_{i=1}^{n} [-a_i, a_i]$ から一様ランダムに取られた点 $(z_1, \ldots, z_n)$ に対して，そのノルムの 2 乗の確率変数 $X = \sum\limits_{i=1}^{n} z_i^2$ を考える．このとき，

$$\Pr_{z_1, \ldots, z_n} \left[X \leq \mathbf{E}[X] \right] \geq \frac{1}{2}$$

が成り立つ．

　この仮定は $\mathbf{E}[X] \geq \mathrm{med}(X)$ [22] と同値である．$n = 1$ の場合には $\mathbf{E}[X] = \dfrac{1}{3} a_1^2$ となり，確率が $\dfrac{1}{\sqrt{3}} > \dfrac{1}{2}$ となることが計算できるが，一般の場合の証明は知られていない．

仮定 4.4.3　（幾何級数仮定，Geometric Series Assumption[72]）LLL，BKZ 等の格子基底簡約アルゴリズムにより簡約された基底 $\{\mathbf{b}_1, \ldots, \mathbf{b}_n\}$ の射影長は，ある定数 $q \in \left[\dfrac{3}{4}, 1 \right)$ を用いて

[22] $\mathrm{med}(X)$ は確率変数 X の中央値で，X の確率密度関数 $p_X(x)$ が与えられたときに $\int_{-\infty}^{a} p_X(x) dx = \dfrac{1}{2}$ を満たす a として定義される．

$$\frac{\|\mathbf{b}_i^*\|^2}{\|\mathbf{b}_1\|^2} = q^{i-1} \tag{4.15}$$

と書くことができる.

注意 4.4.2   仮定中に用いられている定数 q を**幾何級数仮定定数**（もしくは省略して **GSA 定数**）と呼ぶ. この仮定は, $\log \|\mathbf{b}_i^*\|$ のグラフを描いたときにそれがある直線上に乗ることを主張しているため, 仮定の検証として, $(i, \log_2 \|\mathbf{b}_i^*\|)$ をプロットした図が用いられることが多い.

式 (4.15) は厳密に成り立つわけではないが, 適切に q を選べば, 両辺の差は十分小さいと原著論文で主張されている. また, 200 次元の格子基底に対して BKZ-20 アルゴリズムを適用した後の $\log_2(\|\mathbf{b}_1\|^2/\|\mathbf{b}_n^*\|^2)$ のグラフが紹介されている ([72, Fig. 1]). しかしながら, その後の研究でサンプリング基底簡約アルゴリズムのループを繰り返した後の GSO ベクトルは, 小さい i に対して GSA を満たさなくなること [52, Figure 3.2], $\beta \approx 100$ 程度の強い BKZ アルゴリズム[23] を適用した後の基底は $i \approx n$ の付近で $\log \|\mathbf{b}_i^*\|^2$ が直線からずれることが指摘されている [7, Figure 3].

[23)] 本書の 3.3 節で紹介した形の BKZ アルゴリズムではこの大きさのブロックサイズを用いると現実的な時間では計算が終了しないが, 様々な改良が施されたアルゴリズム [7,18,23] を用いることで実験を行うことができる.

4.4.2 成功確率の定義

アルゴリズムの入力が固定されたときの成功確率 p_{succ} を, **while** ループ 1 回当りの, ステップ 14 における条件 $\rho_1 < \gamma B_1$ が満たされる確率として定義する. ループ 1 回の中では, ステップ 9 において $v_{n-u}, \ldots, v_{n-1}$ がランダムに選ばれるため, これを確率変数として見ると, 以下のように表現できる.

$$p_{\text{succ}} := \Pr_{v_{n-u}, \ldots, v_{n-1}} [\rho_1 < \gamma B_1]$$

また, アルゴリズムの挙動を追うことで, 入力と $v_{n-u}, \ldots, v_{n-1}$ の選択から σ_i $(i = 1, \ldots, n-1)$ が一意に定まることが分かるため, 上の確率は

$$p_{\text{succ}} = \Pr_{\sigma_1, \ldots, \sigma_{n-1}} [\rho_1 < \gamma B_1] \tag{4.16}$$

とかくこともできる. p_{succ} が非常に小さい場合でも, **while** ループを複数回繰り返すことでアルゴリズム全体の成功確率, つまり複数回のループの中で 1 度でも短いベクトルが出力される確率を上げることが可能である. 繰り返しの回数を N とすると, そのうち 1 回でも成功する確率は

$$1 - (1 - p_{\text{succ}})^N \approx N \cdot p_{\text{succ}} \tag{4.17}$$

となる[24].

いま，$\rho_1 = \|\mathbf{v}\|^2$ であり，

$$\|\mathbf{v}\|^2 = \sum_{i=1}^{n-1} \sigma_i^2 B_i + B_n \tag{4.18}$$

と展開できるため，式 (4.16) は

$$p_{\text{succ}} = \Pr_{\sigma_1, \ldots, \sigma_{n-1}} \left[\sum_{i=1}^{n-1} \sigma_i^2 B_i + B_n < \gamma B_1 \right]$$

と σ_i のみを使った式に変形できる．$\sigma_1, \ldots, \sigma_{n-u-1}$ は残りの σ_i と B_i を使った複雑な式となるため，このままでは解析が困難である．

ここで，一様分布仮定を用いて，$\sigma_1, \ldots, \sigma_{n-u-1}$ を区間 $\left[-\dfrac{1}{2}, \dfrac{1}{2}\right]$ の，$\sigma_{n-u}, \ldots, \sigma_{n-1}$ を区間 $[-1, 1]$ の一様分布とそれぞれみなす．このとき，成功確率は

$$p_{\text{succ}} = \Pr_{\boldsymbol{\sigma} \leftarrow \mathsf{RS}} \left[\sum_{i=1}^{n-1} \sigma_i^2 B_i + B_n \leq \gamma B_1 \right] \tag{4.19}$$

と表現できる．ただし，式中の $\boldsymbol{\sigma} \leftarrow \mathsf{RS}$ [25] は確率変数 $(\sigma_1, \ldots, \sigma_{n-1})$ を直方体

$$\left[-\frac{1}{2}, \frac{1}{2}\right]^{n-u-1} \times [-1, 1]^u$$

から一様ランダムにサンプリングすることを示す．以下では，出力されるベクトル長の上界の2乗 γB_1 と成功確率 (4.19) との関係を議論する．

4.4.3 一様分布仮定と平均値中央値仮定からの帰結

本節の目的は以下の定理を証明し，ランダムサンプリングアルゴリズムの性能を知ることである[26]．

定理 4.4.3 $k < n - u - 1$ 個の実数 $Q_i \in \left(0, \dfrac{1}{4}\right]$，$B_i := \|\mathbf{b}_i^*\|^2$ および

$$Q = \frac{1}{3} \sum_{i=1}^{k} Q_i B_i + \frac{1}{12} \sum_{i=k+1}^{n-u-1} B_i + \frac{1}{3} \sum_{i=n-u}^{n-1} B_i + B_n \tag{4.20}$$

[24]
N が p_{succ}^{-1} よりもずっと小さい場合にはこの近似が成り立つが，大きい場合には (4.17) の左辺は 1 に近づく．例えば，$N = p_{\text{succ}}^{-1}$ と取ると確率は $1 - 1/e \approx 0.632$ となり，右辺の $N \cdot p_{\text{succ}}^{-1} = 1$ とは離れてしまう．

[25]
RS は Random Sampling の意である．

[26]
原著論文 [72] では，解析の最初から幾何級数仮定を用いて $B_i = q^{i-1} B_1, Q_i = \frac{1}{4} q^{k-i}$ とした状態で議論を進めているが，本書では一様分布仮定から導かれる結論と，幾何級数仮定からの結論を分離しつつ議論を進めるため，一般の定数 Q_i を用いる．

27)
Q の定義式に現れる係数 $\frac{1}{3}$ および $\frac{1}{12}$ は，確率変数 σ_i を $[-1,1]$ および $\left[-\frac{1}{2}, \frac{1}{2}\right]$ から一様ランダムに取ったときの σ_i^2 の平均値（補題 4.2.3）である．

28)
成功確率 (4.19) において，γB_1 の代わりに Q とおいたものである．

を固定する[27]．仮定 4.4.1 および 4.4.2 のもとで，アルゴリズム 14 の 1 回あたりのサンプリング（ステップ 4 から 13）が $\sqrt{Q}$ よりも短い格子ベクトルを出力する確率 p_{succ}，つまり $\rho_1 < Q$ となる確率[28]は $p := 2^{k-1} \prod_{i=1}^{k} \sqrt{Q_i}$ 以上である．

証明 いま，事象 $\mathbf{S}$ を

$$\mathbf{S} \Leftrightarrow \left[\sigma_i^2 \leq Q_i,\ 1 \leq i \leq k\right]$$

と定義し，確率 (4.19) において $\gamma B_1 = Q$ を代入したものを

$$\Pr_{\boldsymbol{\sigma} \leftarrow \mathsf{RS}}\left[\|\mathbf{v}\|^2 \leq Q\right] = \Pr_{\boldsymbol{\sigma} \leftarrow \mathsf{RS}}\left[\|\mathbf{v}\|^2 \leq Q \big| \mathbf{S}\right] \cdot \Pr_{\boldsymbol{\sigma} \leftarrow \mathsf{RS}}[\mathbf{S}]$$

と分解する．後半部分は補題 4.2.2 を用いると厳密に

$$\Pr_{\boldsymbol{\sigma} \leftarrow \mathsf{RS}}[\mathbf{S}] = 2^k \prod_{i=1}^{k} \sqrt{Q_i} \tag{4.21}$$

と計算可能であるため，前半の条件付き確率が $\frac{1}{2}$ 以上であることを示す．

事象 $\mathbf{S}$ のもとでの $(\sigma_1, \ldots, \sigma_{n-1})$ の分布は区間の直積集合

$$\prod_{i=1}^{k} \left[-\sqrt{Q_i}, \sqrt{Q_i}\right] \times \left[-\frac{1}{2}, \frac{1}{2}\right]^{n-u-k-1} \times [-1,1]^u \tag{4.22}$$

内の一様分布であるので，条件付き確率をかき直して

$$\Pr_{\boldsymbol{\sigma} \leftarrow \mathsf{RS}}\left[\|\mathbf{v}\|^2 \leq Q \big| \mathbf{S}\right] = \Pr_{\boldsymbol{\sigma} \leftarrow \mathsf{S}}\left[\|\mathbf{v}\|^2 \leq Q\right]$$

とする．ただし，右辺の $\boldsymbol{\sigma} \leftarrow \mathsf{S}$ は確率変数 $(\sigma_1, \ldots, \sigma_{n-1})$ を直方体 (4.22) から一様にサンプリングしたものと定義する．

このとき，事象 $\mathbf{S}$ のもとでの確率変数 $\|\mathbf{v}\|^2$ の期待値が Q であることが以下のようにして分かる．期待値の線形性から

$$\mathbf{E}_{\boldsymbol{\sigma} \leftarrow \mathsf{S}}\left[\|\mathbf{v}\|^2\right] = \sum_{i=1}^{n-1} B_i \cdot \mathbf{E}_{\boldsymbol{\sigma} \leftarrow \mathsf{S}}\left[\sigma_i^2\right] + B_n$$

と個別に分解可能であり，各期待値は補題 4.2.3 から直接導かれる以下の式

$$
\mathop{\mathbf{E}}_{\sigma \leftarrow \mathsf{S}}\left[\sigma_i^2\right] =
\begin{cases}
\dfrac{Q_i}{3} & (i = 1, \ldots, k) \\[2mm]
\dfrac{1}{12} & (i = k+1, \ldots, n-u-1) \\[2mm]
\dfrac{1}{3} & (i = n-u, \ldots, n-1)
\end{cases}
\tag{4.23}
$$

として計算できる.

ここまでの議論と, 仮定 4.4.2 の不等式

$$
\mathop{\mathrm{Pr}}_{\sigma \leftarrow \mathsf{S}}\left[\|\mathbf{v}\|^2 \le \mathbf{E}[\|\mathbf{v}\|^2] = Q\right] > \frac{1}{2}
$$

を用いることで, 定理 4.4.3 の証明が完了する.　　　　　　　　　　□

この定理の応用として, 格子ベクトルの長さとそれを出力する確率の関係について次項で議論する.

4.4.4　定理 4.4.3 の応用

入力基底 $\{\mathbf{b}_1, \ldots, \mathbf{b}_n\}$ と k を固定する. 定理 4.4.3 の成功率評価を式変形すると, 関係式

$$
p = 2^{k-1} \prod_{i=1}^{k} \sqrt{Q_i} \Leftrightarrow \prod_{i=1}^{k} Q_i = p^2 2^{-2k+2}
$$

が得られる. 上式と $Q_i \in \left(0, \dfrac{1}{4}\right]$ を満たしながら動く Q_i の中で式 (4.20) を最小化する組合せを求めることで, 成功確率 p と発見される格子ベクトルのノルムの上界 $\sqrt{Q}$ が関係づけられると期待される[29].

以下, 話を簡単にするため, $B_1, \ldots, B_k$ を降順に並べ替えたものを新たに $B_1 \ge B_2 \ge \cdots \ge B_k > 0$ とし, 変数 $y_i := Q_i B_i \in \left(0, \dfrac{B_i}{4}\right]$ を定義する. 式 (4.20) 中の変数部分 $\displaystyle\sum_{i=1}^{k}(Q_i B_i) = \sum_{i=1}^{k} y_i$ のみを考える. 積

$$
\prod_{i=1}^{k} y_i = \prod_{i=1}^{k}(B_i Q_i) = 4p^2 \prod_{i=1}^{k} \frac{B_i}{4}
$$

が一定値 R のとき, 和

[29]
定理 4.4.3 の証明にあるように, 仮定から導かれる確率的な議論を基にしているため, あくまでも期待であり厳密な証明とはならない. また, 関係式 $p \ge p_{\mathrm{succ}}$ を用いて同様の議論を行うことも可能だが, 結論が変わらないので簡単のため p_{succ} の代わりに p を使って議論を進める.

$$\sum_{i=1}^{k} y_i = \sum_{i=1}^{k} (Q_i B_i)$$

を最小化する y_i の組合せは，定理 4.2.5 により，

$$R' := \left(\frac{R}{\prod_{i=k'+1}^{k}(B_i/4)} \right)^{1/k'} = (4p^2)^{1/k'} \cdot \left(\prod_{i=1}^{k'} \frac{B_i}{4} \right)^{1/k'} \geq \frac{B_{k'+1}}{4} \quad (4.24)$$

を満たす最小の k' を用いて $y_i = R'$ $(i = 1, \ldots, k')$ および $y_i = \dfrac{B_i}{4}$ $(i = k' + 1, \ldots, k)$ で与えられることが分かる．これらを式 (4.20) に代入して，

$$Q = \frac{k'}{3}R' + \frac{1}{12}\sum_{i=k'+1}^{n-u-1} B_i + \frac{1}{3}\sum_{i=n-u}^{n-1} B_i + B_n \quad (4.25)$$

を得る．

　成功確率 p は，ループ 1 回当りに $\sqrt{Q}$ よりも短いベクトルを見つける確率の下限であった．いま，$p = 2^{-u}$ とおいたときの $\sqrt{Q}$ を考えると，それより小さいノルムを持つベクトルが見つかる確率 p_{succ} は定理 4.4.3 より 2^{-u} よりも大きくなる．アルゴリズムは全部で 2^u 本のベクトルからランダムにサンプリングするので，アルゴリズムを十分長い時間[30] 動かした後には，それらすべてが尽くされていると考えられる．よって，それらの中に $\sqrt{Q}$ よりも短いベクトルが含まれている確率は，

$$1 - (1 - p_{\text{succ}})^{2^u} > 1 - (1 - p)^{2^u} > 1 - \frac{1}{e} \approx 0.632$$

となる．つまり，$p = 2^{-u}$ とおいたときの $\sqrt{Q}$ が，アルゴリズムが見つけることのできるベクトルの長さの指標を与えると期待される．この議論をより精密にし，計算量と近似率の関係を定量的に求めるため，次節で幾何級数仮定を用いた議論を行う．

　前述したように，発見した格子ベクトルを $\mathbf{b}_1$ の位置に挿入し，MLLL アルゴリズムを用いて従属性を除去した後に再びアルゴリズム 14 を適用することで，より短い格子ベクトルを探索するアルゴリズムが構成可能である（アルゴリズム 15）．また，実装上の改良として，(4.25) で与えられる Q を目的関数とし，それを小さくするように発見した格子ベクトルの挿入および格子基底簡約を行うアルゴリズムの研究が，発展的な課題として考えられる[31]．

---

[30]
ループを 2^u 回程度実行することを想定している．ただし，誕生日パラドックスの議論により $2^{u/2}$ 回程度のサンプリングで衝突が発生するため，あらかじめ順序を決定してからサンプリングを行うことも考えられる．

[31]
論文 [26] では，和 $\sum_{i=1}^{n} B_i$ を目的関数として格子基底簡約を行うアルゴリズムが提案されている．

4.4.5 幾何級数仮定を用いた解析

$B_i = \|\mathbf{b}_i\|^2$ であったので, 確率 $p = 2^{-u}$ と幾何級数仮定定数 q を前節の議論に代入し, 式 (4.25) を書き直すと, 以下を得る.

定理 4.4.4 一様分布仮定と幾何級数仮定が成り立つとし, n, u, q を固定する.

$$R' := 2^{(2-2u)/k'} q^{(k'-1)/2} \frac{B_1}{4} \geq q^{k'} \frac{B_1}{4} \tag{4.26}$$

を満たす最小の自然数 k' に対して, Q の最小値は

$$\begin{aligned}
\frac{Q}{B_1} &= \frac{k'R'}{3B_1} + \frac{1}{12} \sum_{i=k'+1}^{n-u-1} q^{i-1} + \frac{1}{3} \sum_{i=n-u}^{n-1} q^{i-1} + q^{n-1} \\
&= \frac{k'R'}{3B_1} + \frac{q^{k'} + 3q^{n-u-1} - 4q^{n-1}}{12(1-q)} + q^{n-1}
\end{aligned} \tag{4.27}$$

で与えられる[32].

上記定理では u を固定した後に k' を決めていたが, 逆に k' を目標値として定めることもできる. k' の最小性より, (4.26) において k' の代わりに $k'-1$ とすると, 不等号の向きが逆転し,

$$2^{(2-2u)/(k'-1)} q^{(k'-2)/2} < q^{k'-1} \tag{4.28}$$

が得られる[33]. これを整理すると,

$$u > 1 - \frac{k'(k'-1)}{4} \log_2 q \tag{4.29}$$

となるため, k' と計算量との関係をみることができる[34]. ここまでの議論をまとめて, k' を固定した時の計算量および近似率の解析を行うと, Schnorr の論文 [72] における主定理が得られる.

定理 4.4.5 ([72, Theorem 1]) $k' \geq 24$ を自然数とし, 幾何級数仮定定数 q は

$$\frac{3}{4} \leq q \leq \left(\frac{6}{k'}\right)^{1/k'}$$

を満たすとする. u を式 (4.29) を満たす自然数とし, 格子の次元 n は $3k'+u+1$ よりも大きいと仮定する. このとき, ランダムサンプリングアルゴリズムが

$$O\left(n^2 q^{-k'(k'-1)/4}\right) \tag{4.30}$$

[32] このときの $\sqrt{Q}$ がアルゴリズムのループを 2^u 回実行したときに見つけることのできるノルムの近似値を与える.

[33] 両辺を $\frac{B_1}{4}$ で割っている.

[34] 原著論文では二項係数 $\binom{k'}{2}$ を用いた表現であるが, 本書では分数で表現する.

時間で，$\|\mathbf{b}\|^2 < 0.99\|\mathbf{b}_1\|^2$ を満たす格子ベクトル $\mathbf{b}$ を発見する確率は $1/2$ 以上となる．

証明　(4.27) 式を上から抑えることで評価する．(4.29) を変形すると，

$$\frac{2-2u}{k'} < \frac{k'-1}{2}\log_2 q$$

となり，これを用いて (4.26) 式の R' を上から評価すると，$R' < q^{k'-1}\dfrac{B_1}{4}$ が得られる．よって，(4.27) の第3式第1項は，

$$\frac{k'R'}{3B_1} < \frac{k'}{12}q^{k'-1}$$

と評価できる．また $n-u-1 \geq 3k'$ と $q > \dfrac{3}{4}$ より，第2項は

$$\frac{q^{k'}+3q^{n-u-1}-4q^{n-1}}{12(1-q)}+q^{n-1} < \frac{q^{k'}+3q^{3k'}}{12(1-q)}$$

となる．

いま，2変数関数

$$f(k',q) = \frac{k'}{12}q^{k'-1} + \frac{q^{k'}+3q^{3k'}}{12(1-q)} \tag{4.31}$$

を定義し，この関数が定理の主張の範囲で 0.99 よりも小さくなることを示す．k' を固定したとき，$f(k',q)$ は q の単調増加関数であるので，$q = \left(\dfrac{6}{k'}\right)^{1/k'}$ のときに最大値をとる．これを k' の関数として、あらためて $F(k')$ とおく．つまり，

$$F(k') := f\left(k', \left(\frac{6}{k'}\right)^{1/k'}\right) = \frac{1}{2}\frac{1}{(6/k')^{1/k'}} + \frac{1}{12}\frac{6+18\cdot(6/k')^2}{k'\left(1-(6/k')^{1/k'}\right)} \tag{4.32}$$

とする．この関数 $F(k')$ が k' の単調減少関数となることが以下のようにして分かる．まず，関数 $q(k) = \left(\dfrac{6}{k}\right)^{1/k}$ が $k = 6e \approx 16.31$ で極小値を取り，$k > 6e$ に対しては単調増加となることに注意する．ここから，式 (4.32) の第1項が単調減少であることが分かる．第2項に関してはその分母の微分が

$$\frac{d}{dk'}[k'(1-q(k'))] = (1-q(k')) + \frac{q(k')}{k'} + q(k')\log q(k') \geq \frac{q(k')}{k'} > 0$$

となり正となること，および分子が単調減少関数となることから，全体として単調減少であることが示される．

以上より，関数 $f(k', q)$ は $k' = 24$，$q(24) = \left(\dfrac{1}{4}\right)^{1/24} \approx 0.9439$ のときに最大値 $0.97052\ldots$ をとることが分かるため，まとめると

$$\frac{Q}{B_1} < f(24, q(24)) < 0.99$$

が示されたことになる．

式 (4.29) から，

$$u = \left\lceil 2 - \frac{k'(k'-1)}{4} \cdot \log_2 q \right\rceil \tag{4.33}$$

と設定すると，アルゴリズム 14 のループ 1 回当りの成功確率が

$$p_{\mathrm{succ}} > p := 2^{-u} > \frac{1}{8} \cdot 2^{\{k'(k'-1)/4\} \cdot \log_2 q}$$

であり，ループ回数の期待値はその逆数

$$\frac{1}{p_{\mathrm{succ}}} < 8 \cdot 2^{-\{k'(k'-1)/4\} \cdot \log_2 q} = 8 q^{-k'(k'-1)/4} =: A$$

で与えられる．よって，計算時間の期待値は 1 ループ当りの計算コスト $O(n^2)$ をかけて $O\left(n^2 q^{-k'(k'-1)/4}\right)$ となる．このときの成功確率は

$$1 - \left(1 - 2^{-u}\right)^A > 1 - \frac{1}{e} > \frac{1}{2}$$

となり，題意が示された． $\qquad\qquad\qquad\qquad\qquad\qquad\qquad\square$

▌ 4.4.6 定理 4.4.5 の発展と数値例

証明から明らかなように，$f(24, q(24)) \approx 0.9705$ と主張の 0.99 の間には差がある[35]．原著論文 Remark 1 で指摘されているように，$q = \left(\dfrac{6}{k'}\right)^{1/k'}$ の定数 6 を大きな数 $\delta < 12$ で置き換えることで，少ない計算量でより良い近似率を得ることのできるアルゴリズムを得ることができる．

具体的には，任意の正の実数 $\delta < 12$ を固定したときに，自然数 $k' \geq \delta \cdot e$，$q \in \left[\dfrac{3}{4}, (\delta/k')^{1/k'}\right]$ に対して，(4.31) 式の上界が

35)
このことは Ludwig [52] によって指摘されている．

$$f(k', q) \leq f\left(k', \left(\frac{\delta}{k'}\right)^{1/k'}\right) = \frac{\delta}{12}\frac{1}{(\delta/k')^{1/k'}} + \frac{1}{12}\frac{\delta + 3\delta \cdot (\delta/k')^2}{k'\left(1 - (\delta/k')^{1/k'}\right)}$$

(4.34)

となることを上記定理と同様の手法で証明可能である．$\delta = 12$ に対しては，不等式 (4.34) の右辺が 1 よりも大きくなることが示される．また，理論上は $\delta \approx 0$ に対しても結果を得ることができるが，対応する u は 2,3 程度の小さな自然数となるため，一様分布仮定が成り立たず現実的には意味のない結果と考えられる．

k' と δ に具体的な値を代入し，0.99 よりも小さいものを選ぶと，原著論文の Table 2 と同様の表を得ることができる[36]．表 4.1 に，いくつかの (k', δ) について，サンプリング空間の広さに関するパラメータ $u = \left\lceil 2 - \frac{k'-1}{4}\log_2\frac{\delta}{k'}\right\rceil$ および近似因子 $\|\mathbf{b}_1\|/\lambda_1(L)$ の上界 $apfa$ [37] を掲載する．表中太字で書かれている行は，対応する k' が δ に対して $f(k', q) < 0.99$ を満たす最小の自然数であることを示している．例えば $(\delta, k') = (6, 40)$ とした場合には時間計算量 2^{29}，近似率の上界が 1.02400^n であるが，$(\delta, k') = (7, 40)$ の場合には時間計算量 2^{27}，近似率の上界が 1.02203^n となることが表から読み取れる．ここから，δ を大きくとり，それに合わせて u を調整することで，計算時間および近似率を改良できることが分かる．

また，$\delta = 9$ に対しては $k' \geq 244$ に対して $f(k', q) < 0.99$ となるが，そのときの u が 291 となるため，サンプリング空間が膨大となり現実的なパラメータではないと考えられる．図 4.1 に $\delta = 6, 7, 8$ に対する $f(k', (\delta/k')^{1/k'})$ のグラフを掲載する．

表中のパラメータ u は式 (4.33) を用いて計算されている．また，近似因子の上界は以下の定理 4.4.6 による．

定理 4.4.6 格子の次元を n，幾何級数仮定定数を q とおくと，

$$apfa < q^{-n/2}$$

(4.35)

証明 補題 1.4.2 において $i = 1$ とおくと，$\lambda_1 \geq \min_i \|\mathbf{b}_i^*\|$ となるため，

$$apfa \leq \max_i \frac{\|\mathbf{b}_1\|}{\|\mathbf{b}_i^*\|} = \max_i \frac{1}{q^{(i-1)/2}} = q^{(-n+1)/2} < q^{-n/2}$$

$\square$

---

[36] 表中では δ が自然数の場合のみ示しているが，実数に対しても同様の表をつくることができる．

[37] "approximation factor" の省略である．

表 4.1 いくつかの δ に対して，式 (4.34) の右辺が 0.99 よりも小さくなる k' の値．$f(k', (\delta/k')^{1/k'})$ および $apfa$ の列は，数値計算の結果を小数点以下第 6 位で切り上げしている．太字の行は対応する k' が δ に対して $f(k', (\delta/k')^{1/k'}) < 0.99$ を満たす最小の自然数であることを示す．

δ	k'	$f(k', (\delta/k')^{1/k'})$	u	$apfa$ の上界
6	**24**	**0.97053**	**14**	**1.02931^n**
6	25	0.95212	15	1.02896^n
6	30	0.88493	19	1.02719^n
6	35	0.84219	24	1.02552^n
6	40	0.81236	29	1.02400^n
7	**40**	**0.98276**	**27**	**1.02203^n**
7	45	0.95122	32	1.02090^n
7	50	0.92709	37	1.01986^n
7	55	0.90794	43	1.01892^n
7	60	0.89230	48	1.01807^n

δ	k'	$f(k', (\delta/k')^{1/k'})$	u	$apfa$ の上界
8	**80**	**0.98867**	**68**	**1.01450^n**
8	85	0.97911	74	1.01400^n
8	90	0.97062	80	1.01354^n
8	95	0.96302	86	1.01311^n
8	100	0.95615	93	1.01271^n
8	105	0.94992	99	1.01234^n
8	110	0.94423	106	1.01199^n
8	115	0.93900	112	1.01166^n
8	120	0.93417	119	1.01135^n
8	125	0.92971	125	1.01106^n

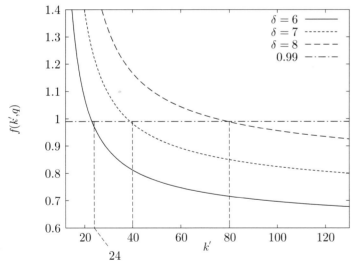

図 4.1 δ を固定したときの $f\left(k', (\delta/k')^{1/k'}\right)$ のグラフ

4.5 ランダムサンプリングアルゴリズムの実験例

　以下の行列で定義される $n = 10$ 次元格子を例に，$u = 4$ としたときのランダムサンプリングアルゴリズム（アルゴリズム 14）の例[38] を示す．分かりやすさ[39] のため，下半三角行列としている．

$$
L =
\begin{bmatrix}
128 & 0 & 0 & 0 & 0 & 0 & 0 & 0 & 0 & 0 \\
-25 & 125 & 0 & 0 & 0 & 0 & 0 & 0 & 0 & 0 \\
-3 & 40 & 114 & 0 & 0 & 0 & 0 & 0 & 0 & 0 \\
-24 & -46 & 46 & 98 & 0 & 0 & 0 & 0 & 0 & 0 \\
-62 & -16 & -45 & -6 & 106 & 0 & 0 & 0 & 0 & 0 \\
-52 & 41 & 30 & 12 & -45 & 95 & 0 & 0 & 0 & 0 \\
13 & 32 & 13 & -31 & 30 & 44 & 87 & 0 & 0 & 0 \\
-50 & -35 & 29 & -39 & -37 & -7 & -31 & 79 & 0 & 0 \\
47 & 15 & -45 & -2 & -9 & 1 & 25 & -27 & 76 & 0 \\
-49 & -26 & -40 & 13 & 17 & 19 & -4 & 32 & 34 & 70
\end{bmatrix}
=
\begin{bmatrix}
\mathbf{b}_1 \\
\mathbf{b}_2 \\
\mathbf{b}_3 \\
\mathbf{b}_4 \\
\mathbf{b}_5 \\
\mathbf{b}_6 \\
\mathbf{b}_7 \\
\mathbf{b}_8 \\
\mathbf{b}_9 \\
\mathbf{b}_{10}
\end{bmatrix}
$$

　アルゴリズムの実行開始後，まずステップ 2 および 3 で $v_{10} = 1$ と $\rho_{10} = \|\mathbf{b}_{10}^*\|^2 = 4900$ と設定され，次の **for** ループ内で格子ベクトル $\mathbf{v} = \mathbf{b}_{10} + \sum_{i=1}^{9} v_i \mathbf{b}_i$ の結合係数 v_i が添え字の大きい順に決定される．

- $i = 9$ のとき，ステップ 5 の計算は $\sigma_9 = \mu_{10,9} = 34/76$ となる．$i \geq n-u = 6$ なのでステップ 6 の条件式は満たされず，ステップ 9 に進む．その際，v_9 が $-1 \leq \sigma_9 + v_9 < 1$ を満たす整数，つまり $\{-1, 0\}$ のどちらかの要素が確率 $1/2$ で選ばれる．ここでは，$v_9 = -1$ が選ばれたとする．続いてのステップ 11 および 12 でそれぞれ $\sigma_9 = \sigma_9 + v_9 = -21/38$ および $\rho_9 = 4900 + 1764 = 6664$ が計算され，**for** ループの先頭に戻り i が 1 減らされる．

- $i = 8$ のときには $\sigma_8 = \mu_{10,8} + v_9 \mu_{9,8} = 59/79$ となり，$\{-1, 0\}$ が v_8 の候補となる．$v_8 = -1$ が選ばれたとすると，ステップ 11，12 で $\sigma_8 = \sigma_8 + v_8 = -20/79$ および $\rho_8 = 7064$ となる．

- 同様に，v_7 は候補 $\{-1, 0\}$ から $v_7 = 0$ が，v_6 は候補 $\{-1, 0\}$ から $v_6 = 0$ が選ばれたとすると $i = 6$ のループの終了時点で $\rho_6 = 7693$ となる．

---

[38] SVP チャレンジのサンプル問題に対して LLL アルゴリズムを適用した基底の GSO 係数を用いて，$L_{i,i} = \lfloor C \cdot \|\mathbf{b}_i^*\| \rceil$ および $L_{i,j} = \lfloor C \cdot \|\mathbf{b}_i^*\| \cdot \mu_{i,j} \rceil$ と計算している．ここで，数値を小さくするため，四捨五入の前に定数 $C = 0.1$ をかけている．

[39] 行列の (i, j) 成分を $L_{i,j}$ と書くと，直交基底の射影長および GSO 係数がそれぞれ $\|\mathbf{b}_i^*\| = L_{i,i}$ および $\mu_{i,j} = L_{i,j}/L_{i,i}$ で計算できる．

- $i = 5, \ldots, 1$ に対してはステップ6の条件が満たされるため，自動的に $v_i = -\lfloor \sigma_i \rceil$ と取られる．具体的な値は $(v_1, v_2, v_3, v_4, v_5) = (0, 0, 0, -1, -1)$ となり，最終的に $\rho_1 = 16347$ が得られる．このとき，$\rho_1 > \gamma B_1 = 16220.16\ldots$ であるので，ステップ14の条件式は満たされず，再びステップ2に戻る．ここまでがアルゴリズムの1ループとなる．

表4.2に，$i = 9, 8, 7, 6$ に対して選ばれる v_i の値と，得られる ρ_1 および対応する格子ベクトルを掲載する．選択の列にある $s_9, \ldots, s_6 \in \{L, H\}$ は，ステップ9で設定された $\sigma_i + v_i$ の絶対値が大きいほう（High）を取るか小さいほう（Low）を取るかの選択を表している．上の例は9行目の $HLLL$ を示している．一般的に，小さいほうを選択したほうが最終的なノルムが小さくなる傾向があるが，すべての s_i を L にしても最良のものが得られるとは限らない．

4.5.1 関連研究と発展的な課題

ランダムサンプリングアルゴリズムはその単純さゆえに実装が容易であり，2003年の発表 [72] 以降多くの改良が考えられてきた．例えば，ステップ6から10で v_i を選択する際に，$\sigma_i + v_i$ の範囲がより広くなるように選択する戦略，i ごとに選択範囲を調整する戦略により改良を施したアルゴリズムが存在する [27, 52, 90, 98]．

アルゴリズムの動作から分かるように，ステップ6から10で選択された v_i により，$(\sigma_i + v_i)^2 B_i$ が ρ_{i+1} に加算される．そのため，できる限り $|\sigma_i + v_i|$ が小さくなるようなサンプリング戦略が有効である．一例として，$\sigma_i + v_i$ が0に近くなるような偏った確率分布を用いてサンプリングを行うことで，アルゴリズムの改良となる可能性がある．

4.5.1.1 問題設定について

本節で紹介したアルゴリズムはSVPを近似的に解くためのものであるが，近似CVPを解くためのアルゴリズムへと拡張可能である．具体的には，目標ベクトルを $\mathbf{x}$，そのGSOベクトルへの分解を $\mathbf{x} = \sum_{i=1}^{n} \xi_i \mathbf{b}_i^*$ としたとき，

表 4.2 ランダムサンプリングアルゴリズムの実行例

選択 s9	s8	s7	s6	$(v_9, v_8, \ldots, v_2, v_1)$	ρ_1	$\mathbf{v}$
L	L	L	L	(0 0 0 0 0 0 0 0 0)	12592	(-49 -26 -40 13 17 19 -4 32 34 70)
L	L	L	H	(0 0 0 0 -1 -1 0 0 -1)	22052	(-63 -51 -25 7 -44 -76 -4 32 34 70)
L	L	H	L	(0 0 0 1 -1 -1 0 0 -1)	18770	(-50 -19 -12 -24 -14 -32 83 32 34 70)
L	L	H	H	(0 0 0 1 0 0 0 0 0)	22532	(-36 6 -27 -18 47 63 83 32 34 70)
L	H	L	L	(0 -1 0 0 -1 0 1 -1 -1)	16467	(-19 -14 44 -40 -52 26 27 -47 34 70)
L	H	L	H	(0 -1 0 0 -1 0 0 0 -1)	19261	(-13 -16 -54 46 -7 -69 27 -47 34 70)
L	H	H	L	(0 -1 -1 0 0 -1 1 -1 0)	18186	(34 -62 -14 -15 24 -18 -60 -47 34 70)
L	H	H	H	(0 -1 -1 0 -1 -1 1 -1 0)	19265	(-18 -21 16 -3 -21 77 -60 -47 34 70)
H	L	L	L	(-1 -1 0 0 0 -1 0 0 0)	16347	(40 56 -25 -38 -43 25 2 -20 -42 70)
H	L	L	H	(-1 -1 0 -1 0 -1 0 0 -1)	18918	(-60 -31 -9 48 2 -70 2 -20 -42 70)
H	L	H	L	(-1 -1 -1 0 0 0 1 0 0)	20617	(-38 48 31 -13 33 -19 -85 -20 -42 70)
H	L	H	H	(-1 -1 -1 -1 0 0 1 0 1)	27101	(41 49 -53 -1 -12 76 -85 -20 -42 70)
H	H	L	L	(-1 0 0 0 -1 0 0 0 1)	14941	(32 -41 5 15 26 18 -29 59 -42 70)
H	H	L	H	(-1 0 0 0 0 -1 0 1 0)	22151	(-7 59 20 9 -35 -77 -29 59 -42 70)
H	H	H	L	(-1 0 0 -1 -1 0 0 0 0)	18313	(31 -34 33 -22 -5 -33 58 59 -42 70)
H	H	H	H	(-1 0 1 0 -1 0 0 -1 0)	23967	(-18 -33 -51 -10 -50 62 58 59 -42 70)

CVP は以下を最小化する格子ベクトル $\mathbf{v} = \sum_{i=1}^{n} \sigma_i \mathbf{b}_i^*$ を見つける問題とみることができる.

$$\|\mathbf{v} - \mathbf{x}\|^2 = \sum_{i=1}^{n} (\sigma_i - \xi_i)^2 \|\mathbf{b}_i^*\|^2$$

よって,アルゴリズム 14 における σ_i の計算時にバイアス $-\xi_i$ だけずらすことで CVP を解くアルゴリズムが得られ[40],成功確率および計算コストの解析もほぼ同様に行うことができる.

暗号分野で用いられる格子問題の分類として,SVP 型と CVP 型の分類の他に問題設定の形で分ける方法があり,それぞれ**近似型問題設定** (Approximation Setting) と**唯一型問題設定** (Unique Setting) と呼ばれる.近似型問題設定では解となる格子ベクトルが複数存在し,それらの中の任意の 1 本を見つけることが目標となる.例として,近似版の SVP [41] では発見するべきノルムの上界 R が $\nu_n^{-1/n} \mathrm{vol}(L)^{1/n}$ [42] よりも大きく設定されており,それよりも短い非零ベクトルを 1 本見つけることが求められる.数え上げアルゴリズムを用いてこの種の問題を解く場合,厳密な SVP と比較して探索範囲が広がる代わりに解のうちの 1 つを見つけた時点でアルゴリズムの実行を打ち切ることができるため,時間計算量を下げることができる.多くのランダムサンプリングアルゴリズムの改良では,この設定で解析を行っている.

唯一型問題設定では,解となるベクトルが存在する範囲が明示的に与えられ[43],その中に存在することが保証されている解を見つけることが目標となる.代表例である unique SVP は,ノルムの上界 $R \ll \nu_n^{-1/n} \mathrm{vol}(L)^{1/n}$ が与えられ,$\|\mathbf{v}\| \le R$ を満たす非零格子ベクトルが符号の違いを除いてただ 1 つ存在することが保証されているときにそれを求める問題である.格子の数え上げアルゴリズムを用いてこの種の問題を解く際には,数え上げ上界を一般的な SVP よりも小さく取ることが可能であるため,探索範囲が狭くなりその結果時間計算量が下がる.

唯一型問題設定に対するランダムサンプリングアルゴリズムの解析に関する研究はまだ多くはなく [6],その理解も十分とは言えない.近似型問題設定に対する解析手法では多くの場合,考えている格子が十分ランダムに近いことを仮定して,その上で Gauss のヒューリスティックスや一様分布仮定を用いて成功確率を下から評価している.一方で,唯一型問題設定では格子や目標ベクトルの分布が一様ランダムであると仮定できず,一様分布仮定が成り

[40]
実際には,軽微な修正が必要.

[41]
正式な定義は定義 1.7.2 を参照.

[42]
ν_n は n 次元単位球の体積であり,この値は Gauss のヒューリスティックスを用いた最短ベクトルの長さの近似値(第 1 章注意 1.5.10 式 (1.21))と等価である.

[43]
LWE 問題のように範囲ではなくある確率分布として与えられる場合もある.

立たないためである.

4.5.1.2 乱数の使用と計算の共通化について

ランダムサンプリングアルゴリズム(アルゴリズム 14)において,**while**
ループ中の v_i の選択をランダムに行った場合,$2^{u/2}$ 回程度ループを実行する
と誕生日パラドックスによりベクトルの衝突,つまり全く同じ係数ベクトル
$(v_{n-1}, \ldots, v_1)$ が 2 回以上選ばれ[44],アルゴリズムの効率が低下する.

この問題を避けるため,選択を規則的に行う改良が提案されている [26, 90].
選択を規則的にした場合の利点として,アルゴリズム 14 の計算の共通化によ
る高速化が挙げられる.例えば,ある **while** ループにおける $(v_{n-1}, \ldots, v_{n-u})$
の選択と別のループにおける選択が最後の 1 つを除いて同一であった場合,
$i = n-1, \ldots, n-u+1$ までは同じ計算を 2 回行っているため無駄が発生す
る.格子ベクトルの数え上げアルゴリズム(アルゴリズム 10)と同様に,木
構造の探索を用いるとこの種の無駄を省くことができる.また,その場合に
は格子の数え上げアルゴリズムと同様に,ρ_i が γB_1 を超えた時点で計算を打
ち切り,ステップ 2 に戻ることでわずかながら計算を高速化することも可能
である.

---

[44]
パラメータ u を固定した
とき,可能な $(v_{n-1}, \ldots, v_1)$
の個数は 2^u であるため,
$\sqrt{2^u} = 2^{u/2}$ 回程度のサ
ンプリングで衝突が起こ
る可能性が高い.

4.6　Small Vector Sum 問題 (VSSP) とその解法アルゴリズム

本項では,次節で紹介する一般化誕生日サンプリングアルゴリズムの準備
として,**Small Vector Sum 問題**(VSSP)[45] を取り上げ,その解法アル
ゴリズムを紹介する.問題を定義した後に,基本となる $t = 1$ に対応する解
法アルゴリズムを紹介する.次に,基本アルゴリズムを一般化し,$t \geq 2$ に対
するアルゴリズムのサブルーチンを構成する.最後に,$t \geq 2$ に対するアルゴ
リズムとその解析を与える.

---

[45]
頭字語については注釈 13
を参照.

4.6.1　VSSP の定義

本項では,VSSP の定義および解析に必要な補題を与える.

定義 4.6.1 $((2^t, \mathbf{m}, k)\text{-VSSP})$ k を自然数, $\mathbf{m} = (m_1, \ldots, m_k) \in \mathbb{R}^k_{\geq 0}$, $m = \sum_{i=1}^{k} m_i$ とする. $T = 2^t$ 個のリスト $\Lambda_1, \ldots, \Lambda_T \subset \left[-\frac{1}{2}, \frac{1}{2}\right]^k$ が与えられている[46]) とする. このとき, Small Vector Sum 問題とは, 各リストのベクトル $\mathbf{x}_j = (x_{j,1}, \ldots, x_{j,k}) \in \Lambda_j$ で,

$$\left| \sum_{j=1}^{T} x_{j,i} \right| \leq \frac{1}{2} \cdot 2^{-m_i} \ (1 \leq i \leq k) \tag{4.36}$$

を満たすものを求める問題である.

[46)
リストを示す記号として原著論文では L_j を用いているが, 格子を表す記号と区別するため本節では Λ_j を用いる.

注意 4.6.2 各リスト Λ_j は集合ではなく, $\left[-\frac{1}{2}, \frac{1}{2}\right]^k$ からの一様ランダムなサンプリングを行うオラクル, つまり呼ぶごとにベクトル $\mathbf{x}$ を返すサブルーチンのようなものを想定している.

一方で, 本節で述べる VSSP 解法アルゴリズムでは, アルゴリズムパラメータとして Λ_j からサンプリングされるベクトルの本数 n_j があらかじめ与えられているため, 以降は各 Λ_j をベクトルの集合 $\{\mathbf{x}_1^{(j)}, \ldots, \mathbf{x}_{n_j}^{(j)}\}$ と同一視する. このとき, Λ_j の各元は $\left[-\frac{1}{2}, \frac{1}{2}\right]^k$ から一様かつ独立にサンプリングされていて, 互いに異なると仮定する.

また, VSSP 問題の時間計算量解析においてはサンプリングのための時間は無視できるものとし, 次節の一般化誕生日サンプリングアルゴリズムの解析においては, サンプリングはランダムサンプリングアルゴリズムをサブルーチンとして用いるためベクトル 1 本当り $O(n^2)$ であると仮定している.

補題 4.6.3 [72, Lemma 3] 実数 $y > 0$ を固定する. x_1, x_2 を区間 $\left[-\frac{y}{2}, \frac{y}{2}\right]$ から一様かつ独立にサンプリングした実数とする. $\alpha \in [0, 2y]$ に対して,

$$\Pr_{x_1, x_2} \left[|x_1 + x_2| \leq \frac{\alpha}{2} \right] = \frac{\alpha}{y} \left(1 - \frac{\alpha}{4y} \right)$$

が成り立つ.

証明 図 4.2 より, $-\frac{y}{2} \leq x_1, x_2 \leq \frac{y}{2}$ かつ $|x_1 + x_2| \leq \frac{\alpha}{2}$ を満たす領域の面積を計算することで得られる. 正方形の面積が y^2, 色の付いていない三角形の面積が $\frac{(2y - \alpha)^2}{8}$ であることから, 色付き部分の面積が

$$y^2 - 2 \cdot \frac{(2y - \alpha)^2}{8} = \alpha y - \frac{\alpha^2}{4}.$$

これを y^2 で割ることで，求める確率となる． □

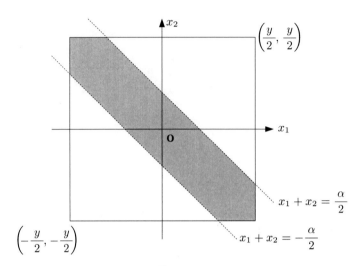

図 4.2　補題 4.6.3 の証明

この補題を k 次元に拡張することで，以下の系が得られる．

系 4.6.4　非負成分のベクトル $\mathbf{m} = (m_1, \ldots, m_k) \in \mathbb{R}^k_{\geq 0}$ を 1 つ固定し，$m = \sum_{i=1}^{k} m_i$ とする．$j = 1, 2$ に対して，ベクトル $\mathbf{x}_j = (x_{j,1}, \ldots, x_{j,k}) \in \mathbb{R}^k$ を，k 次元直方体

$$\left[-\frac{1}{2}, \frac{1}{2}\right]^k := \left\{(z_1, \ldots, z_k) : |z_i| \leq \frac{1}{2}, 1 \leq i \leq k\right\}$$

から一様ランダムかつ独立にサンプリングした点とする．このとき，

$$\Pr_{\mathbf{x}_1, \mathbf{x}_2}\left[|x_{1,i} + x_{2,i}| \leq \frac{1}{2} \cdot 2^{-m_i}, 1 \leq i \leq k\right] = 2^{-m} \cdot \prod_{i=1}^{k}\left(1 - 2^{-m_i - 2}\right) \quad (4.37)$$

が成り立つ．

証明　$\mathbf{x}_1, \mathbf{x}_2$ の各成分が独立に取られていると仮定できるため，補題 4.6.3 に $\alpha = 2^{-m_i}, y = 1$ を代入することで直接証明可能である．

$$
\begin{aligned}
(\text{左辺}) \quad &= \prod_{i=1}^{k} \left(\Pr_{x_{1,i}, x_{2,i}} \left[|x_{1,i} + x_{2,i}| \le \frac{1}{2} \cdot 2^{-m_i} \right] \right) \\
&= \prod_{i=1}^{k} \left(2^{-m_i} \left(1 - \frac{2^{-m_i}}{4} \right) \right) = (\text{右辺})
\end{aligned}
$$

$\square$

4.6.2 $t = 1$ の場合の VSSP の解法

$(2^1, \mathbf{m}, k)$-VSSP は以下の定理で示すように，単純なマッチングを用いて解くことができる．

定理 4.6.5 自然数 k，ベクトル $\mathbf{m} \in \mathbb{R}_{\ge 0}^{k}$ を VSSP のパラメータとする．$(2^1, \mathbf{m}, k)$-VSSP を高確率で解くことのできる，時間計算量

$$
O\left(k \cdot 2^m \cdot \prod_{i=1}^{k} \left(1 - 2^{-m_i - 2} \right)^{-1} \right)
$$

かつ，空間計算量

$$
O\left(k \cdot 2^{m/2} \cdot \prod_{i=1}^{k} \left(1 - 2^{-m_i - 2} \right)^{-1/2} \right)
$$

のアルゴリズムが存在する．

証明 アルゴリズムパラメータ $C > 1$ を固定し，リスト Λ_1, Λ_2 の要素の個数をそれぞれ

$$
N = C \cdot 2^{m/2} \cdot \prod_{i=1}^{k} \left(1 - 2^{-m_i - 2} \right)^{-1/2}
$$

とする[47]．すべての $\mathbf{x}_1 \in \Lambda_1$ と $\mathbf{x}_2 \in \Lambda_2$ の組合せに対して和 $\mathbf{x}_1 + \mathbf{x}_2$ を計算し，その中から条件 (4.36) を満たすものを出力する単純なアルゴリズムを考える．これが題意を満たしていることは以下のようにして示される．

仮定より，Λ_1, Λ_2 の元が一様ランダムかつ互いに独立であるため，系 4.6.4 を用いると 1 つの $\mathbf{x}_1 + \mathbf{x}_2$ が条件を満たす確率が $\left(\dfrac{C}{N} \right)^2$ であることが分かる．可能な $(\mathbf{x}_1, \mathbf{x}_2)$ の組合せの総数が N^2 であることから，それらの中に条件を満たす組が 1 つ以上含まれている確率は

[47] 実際には要素の個数は自然数であるため，右辺は天井関数 $\lceil \cdot \rceil$ 等で囲んで整数化しなければならないが，見やすさのために省略する．以降も同様とする．

$$1 - \left(1 - \left(\frac{C}{N}\right)^2\right)^{N^2} \geq 1 - e^{-C^2}$$

となるため，C を大きくとることで確率を 1 に近づけることができる．例えば，$C = 3$ と取れば右辺は 0.9998 よりも大きくなる．

計算時間はベクトルのマッチング時間 $O(kN^2)$ から，使用メモリは Λ_1, Λ_2 を保存するための領域 $O(kN)$ から与えられる． $\square$

注意 4.6.6 2つの集合 Λ_1 と Λ_2 から，近いベクトルの組 $(\mathbf{x}_1, \mathbf{x}_2)$ を求めるアルゴリズムの計算量について，上記定理の証明中ではすべての組合せに対してその成分の差の絶対値を計算し，$\frac{1}{2} \cdot 2^{-m_i}$ よりも小さいかどうかをチェックする単純なアルゴリズムを想定している．確率的ではあるがより高速な手法として，Indyk らにより開発された局所性鋭敏型ハッシュを用いた探索手法 [22, 39] があるが，本書の内容を超えるため省略する．

4.6.3 リストのマージアルゴリズム

一般の $t \geq 2$ に対する VSSP 解法アルゴリズムの大まかな流れは以下のようになる．与えられたリスト $\Lambda_1, \ldots, \Lambda_{2^t}$ を2つずつに区切り，2^{t-1} 個の組 $(\Lambda_{2j-1}, \Lambda_{2j})$, $j = 1, 2, \ldots, 2^{t-1}$ とする．それぞれの組をマージし，新たなリスト $\Lambda'_1, \ldots, \Lambda'_{2^{t-1}}$ を生成する．このとき，Λ'_j には $\mathbf{x} + \mathbf{y}$ $(\mathbf{x} \in \Lambda_{2j-1}, \mathbf{y} \in \Lambda_{2j})$ で，その成分が小さいものを入れる．この操作により，$(2^t, \mathbf{m}, k)$-VSSP を別のベクトル $\mathbf{m}'$ を用いた $(2^{t-1}, \mathbf{m}', k)$-VSSP に変換する．同様の操作をリストが2個になるまで繰り返し，最終的に $t = 1$ の VSSP として前節のアルゴリズムを用いて解くことで，高確率で解が出力される．

本節では，リストの組 (Λ_1, Λ_2) から新たな組 Λ' を生成するためのサブルーチンを構成する．これは，前節のアルゴリズム（定理 4.6.5）をバケツソートの考え方を用いて一般化したものである．

定理 4.6.7 k を自然数，$\mathbf{m} = (m_1, \ldots, m_k) \in \mathbb{R}^k_{\geq 0}$ を実数ベクトル，$m = \sum_{i=1}^k m_i$ とする．$C, D \geq 1$ をそれぞれ

$$D \leq \frac{3}{4} \cdot C^2 \tag{4.38}$$

を満たす実数とする．

Λ_1, Λ_2 をそれぞれ大きさ $N = C^k 2^m$ の集合とし，その元は $\left[-\frac{1}{2}, \frac{1}{2}\right]^k$ から一様ランダムに選ばれ互いに異なるものとする．このとき，集合

$$S = \left\{ \mathbf{x} + \mathbf{y} : \mathbf{x} \in \Lambda_1, \mathbf{y} \in \Lambda_2, |x_i + y_i| \le \frac{1}{2} \cdot 2^{-m_i}, 1 \le i \le k \right\}$$

の元の中から $2^m D^k$ 個を列挙する，時間計算量が $O(\text{TimeMerge}(D; m_1, \ldots, m_k))$ かつ空間計算量が $O(kN)$ のアルゴリズムで，高確率に成功するものが存在する．ここで，x_i, y_i はそれぞれベクトル $\mathbf{x}, \mathbf{y}$ の第 i 成分を表す．

計算時間を表す関数は

$$\begin{aligned} &\text{TimeMerge}(D; m_1, \ldots, m_k) \\ &:= k \cdot D^k \cdot \prod_{i=1}^{k} \left(2^{2m_i - m_i'} \left(1 - 2^{-m_i + m_i' - 2} \right)^{-1} \right) \end{aligned} \tag{4.39}$$

となる．ただし，各 i に対して M_i を 2^{m_i} 以下の最大の自然数とし，$m_i' = \log_2 M_i$ とする．

証明　まず，集合 S の元の個数は，系 4.6.4 から

$$|S| \approx |\Lambda_1| |\Lambda_2| \cdot 2^{-m} \cdot \prod_{i=1}^{k} (1 - 2^{-m_i - 2}) = C^{2k} 2^m \cdot \prod_{i=1}^{k} (1 - 2^{-m_i - 2}) \tag{4.40}$$

であり，$m_i \ge 0$ と制約式 (4.38) から，

$$(4.40 \text{ の右辺}) \ge \left(\frac{3}{4}\right)^k C^{2k} 2^m \ge D^k 2^m \tag{4.41}$$

であることが分かる．つまり，$|S|$ は $D^k 2^m$ よりも大きい[48]ことが期待されるため，十分な時間をかければ列挙が可能であることが分かる．

以下では，単純なマッチングよりも高速なアルゴリズムを与える．集合 $\left[-\frac{1}{2}, \frac{1}{2}\right]^k$ を各軸ごとに M_i 個に分割する．つまり，$1 \le j_i \le M_i$ に対して，バケツ

$$\begin{aligned} &B(j_1, \ldots, j_k) := \\ &\left\{ (z_1, \ldots, z_k) : -\frac{1}{2} + \frac{j_i - 1}{M_i} \le z_i < -\frac{1}{2} + \frac{j_i}{M_i} \quad, 1 \le i \le k \right\} \end{aligned}$$

を定義する[49]．Λ_1, Λ_2 の元を各バケツに振り分け

[48]
格子暗号解読への応用を想定しているため，k はある程度大きい自然数，例えば $k \ge 10$ としてアルゴリズムを動作させることを仮定する．また，すべての m_i が 0 の場合には，(4.41) 式の左側の不等式は等号となるが，応用上そのようなことは起こりにくいと考えられる．

[49]
$j_i = M_i$ に対しては右側の不等号に等号が含まれ，$z_i \le \frac{1}{2}$ となる．

$$\Lambda_1(j_1,\ldots,j_k) := B(j_1,\ldots,j_k) \cap \Lambda_1$$
$$\Lambda_2(j_1,\ldots,j_k) := B(j_1,\ldots,j_k) \cap (-\Lambda_2)$$

とする．ここで，$-\Lambda_2 := \{-\mathbf{y} : \mathbf{y} \in \Lambda_2\}$ である．各 i と $(j_1,\ldots,j_k)$ に対して，集合の要素数はそれぞれ

$$|\Lambda_i(j_1,\ldots,j_k)| \approx N \cdot \mathrm{vol}B(j_1,\ldots,j_k) = C^k \cdot \prod_{i=1}^{k} 2^{m_i - m_i'}$$

と評価される．

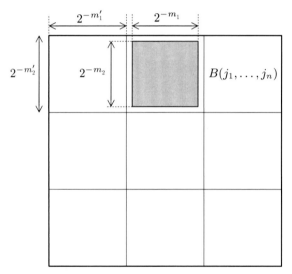

図 4.3 集合 $\left[-\frac{1}{2},\frac{1}{2}\right]^k$ のバケツへの分割．色付きの部分は一辺が 2^{-m_i} の直方体であり，1つの $B(j_1,\ldots,j_n)$ よりも小さい．

バケツへの配分を行った後に，各インデックス $(j_1,\ldots,j_k)$ に対して，$\mathbf{x} \in \Lambda_1(j_1,\ldots,j_k)$ と $\mathbf{y} \in \Lambda_2(j_1,\ldots,j_k)$ をマッチング[50]し，$\mathbf{x}-\mathbf{y}$ が条件

$$|x_i - y_i| \leq \frac{1}{2} \cdot 2^{-m_i},\ 1 \leq i \leq k \tag{4.42}$$

を満たすものを以下の個数だけ出力したところで次のインデックスへ処理を進める．

[50] Λ_1, Λ_2 の元はランダムに取られていると仮定しているので，メモリに格納されている $\mathbf{x}$ と $\mathbf{y}$ を先頭から順にロードしてマッチングを行う単純な方法を仮定する．

$$M := D^k \cdot \prod_{i=1}^{k} 2^{m_i - m_i'} \tag{4.43}$$

このアルゴリズムが題意を満たすことを示す．1つの $(j_1, \ldots, j_k)$ を固定したとき，ランダムにサンプリングした $\mathbf{x} \in \Lambda_1(j_1, \ldots, j_k)$ と $\mathbf{y} \in \Lambda_2(j_1, \ldots, j_k)$ に対して $\mathbf{x} - \mathbf{y} \in S$ となる確率は，補題 4.6.3 において $y = 2^{-m_i'}$，$\alpha = 2^{-m_i}$ とすることで，系 4.6.4 と同様の証明手法を用いて

$$\Pr[\mathbf{x} - \mathbf{y} \in S] = \prod_{i=1}^{k} \left(2^{-m_i + m_i'} (1 - 2^{-m_i + m_i' - 2}) \right)$$

であることが示せる．可能な組合せの数と上の確率の積から条件 (4.42) を満たす組 $(\mathbf{x}, \mathbf{y})$ の個数の期待値は

$$\begin{aligned}
&|\Lambda_1(j_1, \ldots, j_k)| \cdot |\Lambda_2(j_1, \ldots, j_k)| \cdot \Pr[\mathbf{x} - \mathbf{y} \in S] \\
&= C^{2k} \cdot \prod_{i=1}^{k} \left(2^{m_i - m_i'} (1 - 2^{-m_i + m_i' - 2}) \right)
\end{aligned} \tag{4.44}$$

となる．$m_i \geq m_i'$ からこの個数が M 以上であることが分かる．

ただし，$m_i = m_i'$ かつ $D = \dfrac{3}{4} C^2$ である場合には (4.44) $= M$ となるため，これが期待値であることから十分な数のベクトルが見つからない可能性がある．その場合，足りない分のベクトルを次のインデックスで補うかまたは C を少し大きく取り直してアルゴリズムの実行をやり直す等の対策が必要となる．

1回の $\mathbf{x} - \mathbf{y} \in S$ の判定に $O(k)$ 時間が必要なことから，必要数のペアを列挙するために必要な時間の期待値は

$$O(k) \cdot \frac{M}{\Pr[\mathbf{x} - \mathbf{y} \in S]} = O\left(k \cdot D^k \cdot \prod_{i=1}^{k} \left(2^{2(m_i - m_i')} \left(1 - 2^{-m_i + m_i' - 2} \right)^{-1} \right) \right)$$

であり，バケツの個数が $2^{m_1' + \cdots + m_k'}$ であることから，合計の計算コストがそれらの積 (4.39) で与えられることが分かる．また，必要なメモリは Λ_1, Λ_2 の元，およびそれらを保存するバケツの分であるため，$2 \cdot k(|\Lambda_1| + |\Lambda_2|) = O(kN)$ となる． $\square$

注意 4.6.8 不等式

$$\log_2(2^{m_i} - 1) < m_i' \leq m_i \tag{4.45}$$

の右側より，

$$1 - 2^{-m_i + m_i' - 2} \geq \frac{3}{4}$$

が示せる．これを用いて，TimeMerge 関数 (4.39) を上から

$$k \cdot \left(\frac{4}{3}D\right)^k \cdot 2^m \cdot \prod_{i=1}^{k} 2^{m_i - m_i'} \tag{4.46}$$

と評価することができる．ここで，不等式 (4.45) の左側から示される評価

$$2^{m_i - m_i'} \leq \frac{2^{m_i}}{2^{m_i} - 1}$$

を用いることで，m_i のみの式による上界

$$\text{TimeMerge}(D; m_1, \ldots, m_k) \leq k \cdot \left(\frac{4}{3}D\right)^k \cdot 2^m \cdot \prod_{i=1}^{k} \left(\frac{2^{m_i}}{2^{m_i} - 1}\right)$$

が得られる．

すべての m_i が大きい場合には右辺の積因子が 2^m で近似できるため，後に示す評価式 (4.47) に漸近していくことが分かる．また，m_i が 0 に近い場合には $2^{2m_i}/(2^{m_i} - 1)$ は大きな値となるが，$m_i < 1$ であれば $m_i = 0$ であるためそのようなインデックス i に対しては

$$2^{m_i - m_i'} = 2^{m_i}$$

と評価することで，m_i のみを用いた上界となる．

上の定理において，すべての 2^{m_i} が自然数である場合には $m_i = m_i'$ が成り立つため，

$$2^{2m_i - m_i'} \left(1 - 2^{-m_i + m_i' - 2}\right)^{-1} = \frac{4}{3} \cdot 2^{m_i}$$

となり，評価式が以下の単純な形となる．

$$\text{TimeMerge}(D; m_1, \ldots, m_k) = k \cdot \left(\frac{4}{3} \cdot D\right)^k \cdot 2^m \tag{4.47}$$

4.6.4　一般の $t \geq 2$ に対する VSSP の解法

定理 4.6.7 の証明で与えたアルゴリズムを用いて，$T = 2^t$ 個のリスト $\Lambda_{0,j}$ ($j = 0, \ldots, T - 1$) をトーナメント式にマージすることで，VSSP を解くアル

4.6 Small Vector Sum 問題 (VSSP) とその解法アルゴリズム

アルゴリズム 16 $(2^t,\mathbf{m},k)$-VSSP を解くアルゴリズム

Input: 自然数 k, $T = 2^t$, $\mathbf{m} = (m_1,\ldots,m_k) \in \mathbb{R}^k_{\geq 0}$, それぞれの要素数が $N = \left(\dfrac{4}{3}\right)^k \cdot 2^{m/(t+1)}$ のリスト $\Lambda_{0,j}$ $(j = 1,\ldots,2^t)$

Output: $(2^t,\mathbf{m},k)$-VSSP の解:
$$\mathbf{x}_j = (x_{j,1},\ldots,x_{j,k}) \in \Lambda_{0,j} \text{ で } \left|\sum_{j=1}^{T} x_{j,i}\right| \leq \frac{1}{2} \cdot 2^{-m_i}, \forall i \text{ をみたすベクトル.}$$

1: **for** $t' = 0$ to $t - 1$ **do**
2:    **for** $j = 1$ to $2^{t-t'-1}$ **do**
3:       $\Lambda_{t',2j-1}$ と $\Lambda_{t',2j}$ から，定理 4.6.7 のアルゴリズムを用いて $\Lambda_{t'+1,j}$ を生成
4:    **end for**
5: **end for**
6: $\Lambda_{t,1}$ の中から条件を満たすベクトルを探し，出力する

ゴリズム（アルゴリズム 16）が得られる．例として，$t=3$ に対するマージの概略を図 4.4 に示す．

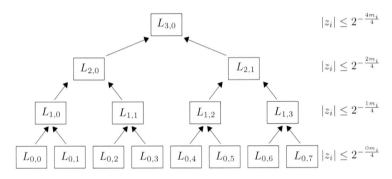

図 **4.4** $t=3$ の VSSP を解くアルゴリズム

以下では，このアルゴリズムが正しく動作することを証明するが，そのために一様分布仮定（仮定 4.4.1）と同様の，扱う集合内の点が一様に分布することを主張する以下の仮定が必要となる[51]．

仮定 4.6.1 アルゴリズム 16 の入力を固定する．このとき，すべての t' と j に対して，ステップ 3 で出力された $\Lambda_{t',j}$ 内の点は k 次元直方体
$$\prod_{i=1}^{k}\left[-\frac{1}{2} \cdot 2^{-m_i \cdot t'/(t+1)}, \frac{1}{2} \cdot 2^{-m_i \cdot t'/(t+1)}\right]$$

[51] 原著論文 [72, Theorem 2] ではこの仮定も一様分布仮定と呼ばれているが，実際にはより強いことを主張している．また，仮定は厳密に成り立つわけではなく，レベル t' が上がるに従い $\mathbf{x} = \mathbf{0}$ を中心とした正規分布を切り取った形に近づいていくと予想される．

内の一様分布とみなすことができる.

定理 4.6.9　アルゴリズム 16 は，$(2^t, \mathbf{m}, k)$-VSSP を高い確率で解く時間計算量

$$O\left(2^t \cdot \text{TimeMerge}\left(\frac{4}{3}; \frac{m_1}{t+1}, \ldots, \frac{m_k}{t+1}\right)\right)$$

かつ空間計算量

$$O\left(k \cdot 2^t \cdot \left(\frac{4}{3}\right)^k 2^{m/(t+1)}\right)$$

のアルゴリズムである.

証明　初期値としてそれぞれが $\left(\frac{4}{3}\right)^k \cdot 2^{m/(t+1)}$ 本のベクトルを含むレベル 0 のリスト $\Lambda_{0,j}$ $(j = 1, \ldots, 2^t)$ が与えられているとする.

いま，レベル t' から $t'+1$ の操作を，$j = 1, \ldots, 2^{t-t'-1}$ に対してリストの組 $(\Lambda_{t',2j-1}$ と $\Lambda_{t',2j})$ から，新たなリスト

$$\Lambda_{t'+1,j} := \left\{ \mathbf{x}_1 + \mathbf{x}_2 : \begin{array}{l} \mathbf{x}_1 \in \Lambda_{t',2j-1}, \mathbf{x}_2 \in \Lambda_{t',2j}, \\ |x_{1,i} + x_{2,i}| \leq \frac{1}{2} \cdot 2^{-m_i \cdot (t'+1)/(t+1)}, 1 \leq i \leq k \end{array} \right\}$$

を構成する操作によって定義する. この計算を定理 4.6.7 のアルゴリズムを用いて行うため，

$$\Lambda_{t',2j-1}, \Lambda_{t',2j} \subset \prod_{i=1}^{k} \left[-\frac{1}{2} \cdot 2^{-m_i \cdot t'/(t+1)}, \frac{1}{2} \cdot 2^{-m_i \cdot t'/(t+1)} \right]$$

を各軸に沿って $2^{m_i \cdot t'/(t+1)}$ 倍にスケーリングした集合

$$\overline{\Lambda_{t',J}} := \left\{ \left(2^{m_1 \cdot t'/(t+1)} z_1, \ldots, 2^{m_k \cdot t'/(t+1)} z_k \right) : (z_1, \ldots, z_k) \in \Lambda_{t',J} \right\},$$
$$J = 2j-1, 2j$$

を構成する. 仮定 4.6.1 より，$\overline{\Lambda_{t',J}}$ の各点は立方体 $\left[-\frac{1}{2}, \frac{1}{2}\right]^k$ 内の一様分布とみなすことができる. 定理 4.6.7 のアルゴリズムを $\mathbf{m} = \left(\frac{m_1}{t+1}, \ldots, \frac{m_k}{t+1}\right)$，$C = D = \frac{4}{3}$ とおいてサブルーチンとして用いることで，$N = \left(\frac{4}{3}\right)^k 2^{m/(t+1)}$ 個の点集合

$$\overline{\Lambda_{t'+1,j}} := \left\{ (z_1, \ldots, z_k) : |z_i| \leq \frac{1}{2} \cdot 2^{-m_i/(t+1)}, 1 \leq i \leq k \right\}$$

を得ることができる．これを再び各軸に沿って $2^{-m_i \cdot t'/(t+1)}$ 倍にスケーリングすることで集合 $\Lambda_{t'+1,j}$ が得られる．以上のマージ操作を，すべての $t' = 0, \ldots, t-1$ と $j = 1, \ldots, 2^{t-t'-1}$ に対して行う．

レベルが1段上がるごとにリストの数は半減するため，レベル t ではただ1つのリスト $\Lambda_{t,0}$ のみが残り，その中のどの要素 $\mathbf{x} \in \Lambda_{t,0}$ も $|x_i| \leq \frac{1}{2} \cdot 2^{-m_i \cdot t/(t+1)}$ $(1 \leq i \leq k)$ を満たしていることが分かる．再び仮定 4.6.1 より，$\mathbf{x}$ の分布は一様であるとみなすことができるため，k 次元直方体

$$\prod_{i=1}^{k} \left[-\frac{1}{2} \cdot 2^{-m_i}, \frac{1}{2} \cdot 2^{-m_i} \right] \tag{4.48}$$

に含まれるベクトル $\mathbf{x}$ の個数の期待値は

$$|\Lambda_{t,0}| \cdot \frac{\displaystyle\prod_{i=1}^{k} 2^{-m_i}}{\displaystyle\prod_{i=1}^{k} 2^{-m_i \cdot t/(t+1)}} = \left(\frac{4}{3} \right)^k$$

となる．これらのうちの1つを出力することを要求されているため，アルゴリズムは十分高い確率で VSSP を解くことが期待される．

レベル0において各リスト $\Lambda_{0,j}$ が $\left(\frac{4}{3} \right)^k \cdot 2^{m/(t+1)}$ 本の k 次元ベクトルを持つことから，空間計算量は

$$O(k \cdot T \cdot |\Lambda_{0,j}|) = O\left(k \cdot 2^t \cdot \left(\frac{4}{3} \right)^k 2^{m/(t+1)} \right)$$

となる[52]．時間計算量は1回当りのマージにかかるコストが式 (4.39) で与えられ，全部で $2^t - 1$ 回のマージが必要であることから[53]，

$$O\left(2^t \cdot \mathrm{TimeMerge}\left(\frac{4}{3}; \frac{m_1}{t+1}, \ldots, \frac{m_k}{t+1} \right) \right)$$

となる． $\square$

評価式 (4.47) の導出と同様に，すべての 2^{m_i} が整数の場合には時間計算量がより単純な式で与えられる．

[52]
ランダムサンプリングアルゴリズムのように，集合 $\Lambda_{0,j}$ の元を任意のタイミングで取得可能な場合には，マージの順序を工夫することで，2^t を t へと減らすことが可能であるが，原著論文の記述に合わせて 2^t のままとする．

[53]
最終段階で，k 次元直方体 (4.48) に含まれるベクトルを探索するためのコストは他の操作と比較して無視できるほどに小さいため，$O(\cdot)$ に吸収される．

系 4.6.10 すべての $2^{m_i/(t+1)}$ が整数の場合には，$\mathrm{TimeMerge}\left(\dfrac{4}{3}; \dfrac{m_1}{t+1}, \ldots,\right.$
$\left.\dfrac{m_k}{t+1}\right)$ が簡単な式 (4.47) で与えられることを用いて，時間計算量の単純な式

$$O\left(k \cdot 2^t \cdot \left(\frac{4}{3}\right)^{2k} \cdot 2^{m/(t+1)}\right)$$

を示すことができる．

4.7 VSSP 解法アルゴリズムとランダムサンプリングアルゴリズムとの組合せ

本節では，ランダムサンプリングアルゴリズムを時間-空間トレードオフの考え方により改良したアルゴリズムを紹介する．ランダムサンプリングアルゴリズムの必要記憶領域が次元 n の多項式で抑えられていたのに対し，指数関数的な記憶領域を用いることでより高速かつ近似率の良い近似最短ベクトル問題のアルゴリズムが構成できる．具体的には、SA（アルゴリズム 14）のステップ 2 から 13 を用いてサンプリングされた格子ベクトルを一度保存した後，それらの線形和の中で短い格子ベクトルを前節の VSSP 解法アルゴリズムを用いて探索する 2 段階の構成となる．

概要をアルゴリズム 17 に示す．ランダムサンプリングアルゴリズムにより生成された格子ベクトルを GSO ベクトルの一次結合 $\mathbf{v} = \displaystyle\sum_{i=1}^{n} \sigma_i \mathbf{b}_i^*$ として表現し，その係数ベクトルの最初の成分 $\boldsymbol{\sigma} = (\sigma_1, \ldots, \sigma_k)$ を VSSP アルゴリズム（アルゴリズム 16）に入力する．アルゴリズムパラメータは VSSP の次元 k およびレベル t とし，定理 4.4.5 と同様に，$k \geq 24$，$n \geq 3k + u + 1$ および $q^k \leq \dfrac{6}{k}$ を仮定する．また，本節においてもこれまでに用いた仮定 4.4.1，4.4.2，4.4.3 および 4.6.1 が成り立ち，VSSP アルゴリズムは正しく解を返すものと仮定する．

ステップ 2 で生成したリストを，

$$\Lambda_\ell := \left\{\boldsymbol{\sigma}_j^{(\ell)}\right\}_{j=1,\ldots,N} := \left\{\left(\sigma_{j,1}^{(\ell)}, \ldots, \sigma_{j,k}^{(\ell)}\right)\right\}_{j=1,\ldots,N}$$

とする（$\ell = 1, \ldots, T = 2^t$）．一様分布仮定（仮定 4.4.1）により，各 $\boldsymbol{\sigma}_j^{(\ell)}$ を

アルゴリズム 17 GBS：一般化誕生日サンプリングアルゴリズム

Input: n 次元格子 L の基底 $\{\mathbf{b}_1,\ldots,\mathbf{b}_n\}$ の GSO 係数 $\mu_{i,j}$ $(1 \le j < i \le n)$，GSO ベクトルの 2 乗ノルム $B_i = \|\mathbf{b}_i^*\|^2$ $(1 \le i \le n)$，パラメータ $k,u,t \in \mathbb{N}$，$T = 2^t$，$\gamma = 0.99$，$m_i = \log_2(\|\mathbf{b}_i^*\|/\|\mathbf{b}_k^*\|)$，$m = \sum_{i=1}^{k} m_i$，$N = \left\lceil \left(\dfrac{4}{3}\right)^k 2^{m/(t+1)} \right\rceil$

Output: $\|\mathbf{v}\|^2 \le \gamma\|\mathbf{b}_1\|^2$ を満たす格子ベクトル $\mathbf{v} = \sum_{i=1}^{n} v_i\mathbf{b}_i \in L$ の係数ベクトル $(v_1,\ldots,v_n) \in \mathbb{Z}^n$（$\mathbf{v}$ が存在する場合）

1: SA（アルゴリズム 14）のステップ 4 からステップ 13 の **for** ループを $T \cdot N$ 回実行し，格子ベクトルを GSO ベクトルの一次結合として書いたときの係数ベクトル $\boldsymbol{\sigma}_j = (\sigma_{j,1},\ldots,\sigma_{j,n})$ を保存する
2: 保存された係数ベクトルを N 本ごとのグループに分け，各ベクトルの最初の k 次元を取り出したものをリスト $\Lambda_1,\ldots,\Lambda_T$ とする．
3: $\mathbf{m} = (m_1,\ldots,m_k)$ として $(2^t,\mathbf{m},k)$-VSSP を解く．このとき，Λ_ℓ $(\ell = 1,\ldots,T)$ からどのベクトルが選択されたのかを示すインデックスとして j_ℓ の情報を返すものとする
4: VSSP 解法アルゴリズムの出力 $(\mu_1,\ldots,\mu_k)$ から格子ベクトル $\mathbf{v} = \sum_{i=1}^{n} \mu_i\mathbf{b}_i^*$ を復元し，$\|\mathbf{v}\|^2 \le \gamma\|\mathbf{b}_1\|^2$ であれば出力して終了．そうでなければ失敗とする

立方体 $\left[-\dfrac{1}{2}, \dfrac{1}{2}\right]^k$ 内から一様かつ独立にサンプリングしたベクトルと見ることができる．ステップ 3 の VSSP 解法アルゴリズムの出力 $(\mu_1,\ldots,\mu_k)$ は，インデックス $j_\ell \in \{1,\ldots,N\}$，$\ell = 1,\ldots,T$ を用いて，

$$\mu_i = \sum_{\ell=1}^{T} \sigma_{j_\ell,i}^{(\ell)} \ (1 \le i \le k)$$

とかくことができる．ここで用いたインデックス j_ℓ を用いて，$i = k+1$ 以降の μ_i も同様に

$$\mu_i = \sum_{\ell=1}^{T} \sigma_{j_\ell,i}^{(\ell)} \ (k+1 \le i \le n)$$

と復元すると，作り方からこれはある格子ベクトル $\mathbf{v} \in L$ の GSO 係数となっているため，関係式 $\mathbf{v} = \sum_{i=1}^{n} \mu_i\mathbf{b}_i^*$ を用いて格子ベクトルが復元できる．

4.7.1 アルゴリズムが出力するベクトルの長さ

4.4 節のランダムサンプリングアルゴリズムの解析と同様に，集合の元が一様分布であるとする仮定（仮定 4.6.1）から導かれる結論を最初に与え，その結果に対して幾何級数仮定 $\frac{\|\mathbf{b}_i^*\|^2}{\|\mathbf{b}_1\|^2} = q^{i-1}$ を代入する.

定理 4.7.1 アルゴリズム 17 のステップ 4 で復元された格子ベクトル $\mathbf{v}$ の，長さの 2 乗の期待値は

$$\mathbf{E}[\|\mathbf{v}\|^2] = \frac{k}{12} \cdot \|\mathbf{b}_k^*\|^2 + \frac{2^t}{12} \sum_{i=k+1}^{n-u-1} \|\mathbf{b}_i^*\|^2 + \frac{2^t}{3} \sum_{i=n-u}^{n-1} \|\mathbf{b}_i^*\|^2 + 2^t \cdot \|\mathbf{b}_n^*\|^2$$

で与えられる.

証明 $i = 1, \ldots, k$ に対しては，GSO 係数ベクトル $(\mu_1, \ldots, \mu_k)$ が直方体

$$\prod_{i=1}^{k} \left[-\frac{1}{2} \cdot 2^{-m_i}, \frac{1}{2} \cdot 2^{-m_i} \right]$$

内の一様分布であるとみなせることから，

$$\mathbf{E}\left[\mu_i^2\right] = \frac{1}{12} \cdot 2^{-2m_i} = \frac{1}{12} \frac{\|\mathbf{b}_k^*\|^2}{\|\mathbf{b}_i^*\|^2}, \ (1 \leq i \leq k)$$

となる. 一方，$i \geq k+1$ に対しては $\mu_i^2 = \left(\sum_{\ell=1}^{T} \sigma_{j_\ell, i}^{(\ell)} \right)^2$ の期待値が補題 4.2.4 を用いて

$$\mathbf{E}\left[\mu_i^2\right] = \begin{cases} \dfrac{2^t}{12} & (i = k+1, \ldots, n-u-1) \\[2mm] \dfrac{2^t}{3} & (i = n-u, \ldots, n-1) \\[2mm] 2^t & (i = n) \end{cases}$$

と計算可能であるため，

$$\mathbf{E}\left[\|\mathbf{v}\|^2\right] = \sum_{i=1}^{n} \|\mathbf{b}_i^*\|^2 \mathbf{E}\left[\mu_i^2\right]$$

に代入すると題意を得る. $\qquad\square$

系 4.7.2 定理 4.7.1 において幾何級数仮定を仮定し，$\frac{\|\mathbf{b}_i^*\|^2}{\|\mathbf{b}_1\|^2} = q^{i-1}$ を代入すると，

$$
\mathbf{E}\left[\frac{\|\mathbf{v}\|^2}{\|\mathbf{b}_1\|^2}\right] = \frac{k}{12}q^{k-1} + \frac{2^t}{12}\sum_{i=k+1}^{n-u-1}q^{i-1} + \frac{2^t}{3}\sum_{i=n-u}^{n-1}q^{i-1} + 2^t \cdot q^{n-1}
$$
$$
= \frac{k}{12}q^{k-1} + \frac{2^t}{12}\frac{q^k + 3q^{n-u-1} - 4q^{n-1}}{1-q} + 2^t \cdot q^{n-1}
$$

(4.49)

となる.

この系を用いることで，以下の主張が得られる.

定理 4.7.3 ([72, Theorem 2 前半]) VSSP パラメータ $k, t \geq 1$ が $k \geq 6 \cdot e^{(9/8) \cdot 2^t} > 56$ を，格子次元 n とランダムサンプリングアルゴリズムのパラメータが $n \geq 3k + u + 1$ を，幾何級数仮定定数が不等式 $q^k \leq \frac{6}{k}$ をそれぞれ満たすとする．また，仮定 4.4.2, 4.4.3, および 4.6.1 が成り立つものとし，VSSP アルゴリズム（アルゴリズム 16）は正しく解を出力すると仮定する．このとき，アルゴリズム 17 は，確率 $\frac{1}{2}$ 以上で $\|\mathbf{v}\|^2 \leq 0.99\|\mathbf{b}_1\|^2$ を満たす格子ベクトルを出力する.

証明 式 (4.49) を定理 4.4.5 と同様の手法で上から評価する.

$$
(4.49) = \frac{k}{12}q^{k-1} + \frac{2^t}{12}\frac{q^k + 3q^{n-u-1}}{1-q} + \frac{2^t}{12}\frac{8q^{n-1} - 12q^n}{1-q}
$$

より，第 2 項，第 3 項をそれぞれ $n \geq 3k + u + 1$, $q \geq \frac{3}{4}$ を用いて抑えることで，

$$
(4.49) < \frac{k}{12}q^{k-1} + \frac{2^t}{12}\frac{q^k + 3q^{3k}}{1-q}
$$

となる．この右辺を $g(k, q)$ とおき，その上限について定理 4.4.3 と同様の方針で調べる．いま，$g(k, q)$ は明らかに q に関して単調増加であるので，その最大値 $q(k) = \left(\frac{6}{k}\right)^{1/k}$ を代入することで，

$$
g(k, q) \leq g(k, q(k)) = \frac{1}{2q(k)} + \frac{2^t}{2} \cdot \frac{1 + 108/k^2}{k(1 - q(k))}
$$

となる.

また，k, t の条件から，$k \geq 6 \cdot e^{(9/8) \cdot 2^t} \geq 6 \cdot e^{9/4}$ であるため，$q(k)$ の動く範囲に関して，不等式

$$
-\log q(k) = \frac{1}{k}\log\frac{k}{6} < \frac{1}{25}
$$

が成り立つ. $0 \leq x \leq \dfrac{1}{25}$ に対して成立する不等式 $1 - e^{-x} \geq \dfrac{49}{50}x$ に $x = -\log q(k) = \dfrac{1}{k}\log\dfrac{k}{6}$ を代入して整理すると,

$$k(1 - q(k)) > \frac{49}{50}\log\frac{k}{6} \geq \frac{49}{50}\cdot\frac{9}{8}\cdot 2^t = \left(\frac{21}{20}\right)^2 \cdot 2^t > \frac{11}{10}\cdot 2^t.$$

よって, $g(k, q(k))$ の上界を

$$g(k, q(k)) < \frac{1}{2q(k)} + \frac{5}{11}\left(1 + \frac{108}{k^2}\right)$$

と求めることができる. この右辺は明らかに k の単調減少関数であり, $k = 57$ のときに $g(57, q(57)) = 0.98979...$ となるため, $6e^{(9/8)\cdot 2^t}$ よりも大きな自然数 k に対して, 値が 0.99 よりも小さくなることが示された.

$\mathbf{E}\left[\|\mathbf{v}\|^2\right] < 0.99\|\mathbf{b}_1\|^2$ から $\Pr\left[\|\mathbf{v}\|^2 < 0.99\|\mathbf{b}_1\|^2\right] > \dfrac{1}{2}$ を示すまでの議論は, 仮定 4.6.1 より和 $\displaystyle\sum_{\ell=1}^{T}\sigma_{j_\ell,i}^{(\ell)}$ が区間 $[-2^{-m_i}, 2^{-m_i}]$ 内の一様分布であるとみなすことができることから, 仮定 4.4.2 を用いて定理 4.4.3 の証明における終盤の議論と同様に可能である.　　　　　　　　　　　□

定理の証明では比較的大雑把な不等式を用いて抑えたが, 数値計算により, $t = 2$ および 3 とき, それぞれ $k \geq 382,\ 21159$ に対して $g(k, q(k)) < 0.99$ がなりたつことが確認できる. これは, 定理の主張に具体的な t を代入した $6\cdot e^{(9/8)\cdot 2^2} > 540,\ 6\cdot e^{(9/8)\cdot 2^3} > 48618$ と比べると小さくなる[54].

54) また, このことから $t \geq 3$ に対しては対象となる格子が数万次元を超えるため, 現実的には計算困難なアルゴリズムとなると考えられる.

4.7.2　アルゴリズムの計算時間

アルゴリズム 17 の計算量について, $t = 1$ の場合と $t \geq 2$ の場合に分けて解析を行う. これは原著論文 [72, Theorem 2] の後半に対応する. まず, 計算時間評価に用いる補題を用意する.

補題 4.7.4　$k \geq 31$, q は不等式

$$\frac{3}{4} \leq q \leq q(k) = \left(\frac{6}{k}\right)^{1/k} \tag{4.50}$$

を満たすとする. このとき,

$$\prod_{i=0}^{k-1}\left(1-\frac{1}{4}q^{i/2}\right) > \left(\frac{3}{4}\right)^{2k/3} \tag{4.51}$$

である.

証明 区間 $[0, k-1]$ において,関数 $f(x) = \log\left(1 - \frac{1}{4}q^{x/2}\right)$ は上に凸であるため[55],$i \in [0, k-1]$ に対して

$$f(i) \geq \frac{i}{k-1}f(k-1) + \frac{k-1-i}{k-1}f(0)$$

となる.よって,$i = 0, \ldots, k-1$ に対して

$$\log\left(1-\frac{1}{4}q^{i/2}\right) \geq \log\frac{3}{4} + \frac{i}{k-1}\cdot\left\{\log\left(1-\frac{1}{4}q^{(k-1)/2}\right) - \log\frac{3}{4}\right\}$$

が成り立つため,和を取ると

$$\sum_{i=0}^{k-1}\log\left(1-\frac{1}{4}q^{i/2}\right) \geq \frac{k}{2}\log\frac{3}{4} + \frac{k}{2}\log\left(1-\frac{1}{4}q^{(k-1)/2}\right)$$

が得られる.これと (4.51) 式で対数を取ったものとを組み合わせると,示すべき不等式は

$$\frac{k}{2}\log\left(1-\frac{1}{4}q^{(k-1)/2}\right) \geq \frac{k}{6}\log\frac{3}{4}$$

となり,両辺を $\frac{k}{2}$ で割って $\log$ を外すと

$$1 - \left(\frac{3}{4}\right)^{1/3} \geq \frac{1}{4}q^{(k-1)/2} \tag{4.52}$$

となる.

不等式 (4.52) の左辺は数値計算により 0.0914 よりも大きいことが分かるかる.また,右辺は,$q(k) = \left(\frac{6}{k}\right)^{1/k}$ が単調増加であること[56]を用いると,$k \geq 47$ に対して

$$(4.52) \text{ 式の右辺} \leq \frac{1}{4}q(k)^{(k-1)/2} = \frac{1}{4}q(k)^{-1/2}\sqrt{\frac{6}{k}}$$
$$\leq \frac{1}{4}\left(\frac{6}{47}\right)^{-1/94}\sqrt{\frac{6}{47}} < 0.0914$$

と評価できるため,不等式 (4.51) が成り立つ.

$31 \leq k \leq 46$ に対しては個別に $q = q(k)$ を代入して数値計算を行うことで

[55]
以下の議論は対数の底が 1 よりも大きな実数であれば成り立つため,特に指定しない.

[56]
定理 4.4.5 の証明参照.

確かめることができる. □

次に，計算量の漸近評価に用いるための k と m の関係式を与える.

補題 4.7.5 VSSP の入力パラメータにおいて，幾何級数仮定定数 $q \in [3/4, 1)$ と自然数 k が

$$q^{k-1} > \frac{6}{k-1} \tag{4.53}$$

を満たすとする．このとき，

$$m < \frac{k}{4} \log_2 \frac{k}{6} \tag{4.54}$$

証明 k, q に関する条件を式変形すると $\log_2 q$ の下からの評価

$$\frac{1}{k-1} \log_2 \frac{6}{k-1} < \log_2 q \tag{4.55}$$

が得られるため，これに $m = \sum_{i=1}^{k} m_i = -\dfrac{k(k-1)}{4} \cdot \log_2 q$ を代入すると，

$$m < \frac{k}{4} \log_2 \frac{k-1}{6}$$

が得られる． □

以下では，$t = 1$ の場合と $t \geq 2$ の場合に分けてアルゴリズム 17 の時間および空間計算量の評価を行うが，$k \geq 31$，幾何級数仮定が成り立ちその定数 q が (4.50) および (4.53) を満たすとし，それ以外の設定は定理 4.7.3 と同一とする.

注意 4.7.6 条件式 (4.53) を満たす k が存在するためには，方程式 $q^k = \dfrac{6}{k}$ の正の実根が 2 つ存在する必要があり，そのためには幾何級数仮定定数が $0.9405 \approx e^{-1/6e} < q < 1$ の範囲にある必要がある[57]．ブロックサイズ 20 程度の BKZ アルゴリズムを適用することでこの条件が満たされるため，この仮定は現実的であると考えられる．以下の計算時間評価では暗にこれらの条件を仮定する.

また，不等式 (4.50) から m の下界

$$m \geq \frac{k-1}{4} \log_2 \frac{k}{6}$$

を示すことができるため，補題 4.7.5 の評価がある程度精密であることが分

[57)]
方程式 $y^x = 6/x$ を x について解くと，Lambert の W 関数を用いて表現されるのでその値域を考える.

かる.

定理 4.7.7 $t = 1$ とする.アルゴリズム 17 の時間計算量,空間計算量はそれぞれ $2^{T_1}, 2^{S_1}$.ただし

$$T_1 = \frac{k}{4} \log_2 k - 0.369k + O(\log k)$$

および

$$S_1 = \frac{k}{8} \log_2 k - 0.184k + O(\log k)$$

で与えられる.

証明 $t = 1$ のとき,VSSP を解くために必要な格子ベクトルのサンプル数は定理 4.6.5 より,

$$|\Lambda_1| = |\Lambda_2| = O\left(2^{m/2} \cdot \prod_{i=1}^{k} \left(1 - 2^{-m_i - 2}\right)^{-1/2}\right) \tag{4.56}$$

であった.

幾何級数仮定 $m_i = \log_2 q^{(-k+i)/2}$ と補題 4.7.4 から

$$\prod_{i=1}^{k} \left(1 - 2^{-m_i - 2}\right)^{-1/2} = \prod_{i=1}^{k} \left(1 - \frac{1}{4} \cdot q^{(-k+i)/2}\right)^{-1/2} \leq \left(\frac{4}{3}\right)^{k/3}$$

となるので,

$$|\Lambda_1| = |\Lambda_2| = O\left(2^{m/2} \left(\frac{4}{3}\right)^{k/3}\right) \tag{4.57}$$

と評価できる.ここに補題 4.7.5 の結果を代入して,

$$|\Lambda_1| = |\Lambda_2| = 2^{(k/8) \log_2(k/6) + (k/3) \log_2(4/3) + O(1)} \tag{4.58}$$

となる[58].

時間計算量に関してはランダムサンプリング 1 回当りの計算量が $O(n^2)$ であることから,ステップ 2 にかかる時間が $O(n^2|\Lambda_1|)$.また,ステップ 3 における VSSP アルゴリズムの呼び出しが定理 4.6.9 の証明から $O(k \cdot |\Lambda_1| \cdot |\Lambda_2|)$ 時間であるため,後者のほうが明らかに支配的となる.これに評価式 (4.58) を代入すると,主張を得ることができる.

空間計算量に関してはステップ 2 のリスト Λ_1, Λ_2 を保存するための領域 $O(k \cdot |\Lambda_1|)$ が必要であり,同様に評価式 (4.58) を代入することで得ることが

[58] 定理 4.6.5 における定数 C が 2 のべき乗の $O(1)$ として現れている.

できる. □

注意 4.7.8 式 (4.57) に

$$m = -\frac{k(k-1)}{4} \cdot \log_2 q$$

から導かれる $2^m = q^{-k(k-1)/4}$ を代入すると

$$|\Lambda_1| = |\Lambda_2| = O\left(\left(\frac{4}{3}\right)^{k/3} \cdot q^{-k(k-1)/8}\right) \tag{4.59}$$

が得られ, T_1, S_1 が [72, Theorem 2] の主張と同様の表現となる.

定理 4.7.9 アルゴリズム 17 の入力パラメータを $t \geq 2$ とする. 幾何級数仮定が成り立つものとし,

それ以外の設定は定理 4.7.3 と同一とする. このとき, アルゴリズム 17 の時間計算量は

$$O\left(2^t \cdot \mathrm{TimeMerge}\left(\frac{4}{3}; \frac{m_1}{t+1}, \dots, \frac{m_k}{t+1}\right)\right) = 2^{T_2}$$

ただし

$$T_2 = t + 0.831k + \frac{k \log_2(k/6)}{4(t+1)} + \frac{4(t+1)k}{\log_2(k/6)} + O(\log k). \tag{4.60}$$

空間計算量は

$$O\left(k \cdot 2^t \cdot \left(\frac{4}{3}\right)^k 2^{m/(t+1)}\right) = 2^{S_2}$$

ただし

$$S_2 = t + 0.416k + \frac{k \log_2(k/6)}{4(t+1)} + O(\log k) \tag{4.61}$$

で与えられる.

証明 定理 4.7.7 の証明と同様に行う.

空間計算量に関して, ステップ 2 においてサンプリングされた $T \cdot N = 2^t \cdot \left\lceil 2^{m/(t+1)} \cdot (4/3)^k \right\rceil$ 本のベクトルを保存するための領域が必要であり, これが

$$O\left(k \cdot 2^t \cdot |\Lambda_j|\right) = O\left(k \cdot 2^t \cdot \left(\frac{4}{3}\right)^k 2^{m/(t+1)}\right) \tag{4.62}$$

$$= O(2^{\log_2 k + t + k \log_2(4/3) + m/(t+1)}) = 2^{S_2}$$

となる.

時間計算量に関して, ステップ 2 におけるランダムサンプリング 1 回当り
の計算量が $O(n^2)$ であることから, ベクトルのサンプリングに必要な時間が

$$O\left(n^2 \cdot 2^t \cdot |\Lambda_j|\right) = O\left(n^2 \cdot 2^t \cdot \left(\frac{4}{3}\right)^k 2^{m/(t+1)}\right) \tag{4.63}$$

となる. また, ステップ 3 における VSSP アルゴリズムの実行にかかる時間
は, 定理 4.6.9 の証明から

$$O\left(2^t \cdot \mathrm{TimeMerge}\left(\frac{4}{3}; \frac{m_1}{t+1}, \ldots, \frac{m_k}{t+1}\right)\right) \tag{4.64}$$

で与えられる. 残りのステップにおける計算時間は無視できることから, 以
上 2 つのステップを処理するためのコストが全体の時間計算量を支配するこ
とが分かる.

TimeMerge 関数の漸近的評価 (4.47) において m_i の代わりに $\dfrac{m_i}{t+1}$ とおき,
$D = \dfrac{4}{3}$ とした式を (4.64) 式に代入した

$$O\left(k \cdot 2^t \cdot \left(\frac{4}{3}\right)^{2k} 2^{m/(t+1)}\right) \tag{4.65}$$

と (4.63) を比較すると, パラメータに関する仮定と応用上の設定より, $k \cdot$ [59]
$(4/3)^{2k} \gg n^2$ であるため[59], ステップ 3 の時間計算量が支配的となること
が分かる. よって, ここからは TimeMerge$(\cdot)$ を上から評価する.

あらためて $n_i = \dfrac{m_i}{t+1}$ とし, TimeMerge 関数の定義と同様に $N_i = \lfloor 2^{n_i}\rfloor$,
$n_i' = \log_2 N_i$ とすることで,

$$\begin{aligned}
&\mathrm{TimeMerge}\left(\frac{4}{3}; \frac{m_1}{t+1}, \ldots, \frac{m_k}{t+1}\right) \\
&= k \cdot \left(\frac{4}{3}\right)^k \cdot \prod_{i=1}^{k}\left(2^{2n_i - n_i'}\left(1 - 2^{-n_i + n_i' - 2}\right)^{-1}\right)
\end{aligned} \tag{4.66}$$

と表現できる. ここで, さらに簡単のため $a = q^{-1/2(t+1)}$ とおくと, $2^{n_i} = a^{k-i}$, $2^{n_i'} = \lfloor a^{k-i}\rfloor$ とかけて, TimeMerge$(\cdot)$ は

59)
パラメータ k は定理 4.7.3
と同様に, $k > 56$ で
あるため, この左辺は
$(4/3)^{2k} > 5.5 \cdot 10^{15}$ と
なり, 現実的な次元の格
子に対しては不等式が成
立すると仮定できる.

$$k \cdot \left(\frac{4}{3}\right)^k 2^{m/(t+1)} \cdot \prod_{i=1}^{k-1} \frac{a^i}{\lfloor a^i \rfloor} \cdot \prod_{i=1}^{k} \left(1 - \frac{1}{4} \cdot \frac{\lfloor a^i \rfloor}{a^i}\right)^{-1}$$

となる.

$a > 0$ であることから不等式 $\lfloor a^i \rfloor / a^i \leq 1$ が成り立ち,

$$\left(1 - \frac{1}{4} \cdot \frac{\lfloor a^i \rfloor}{a^i}\right)^{-1} \leq \frac{4}{3}$$

となるため上から

$$\mathrm{TimeMerge}(\cdot) \leq k \cdot \left(\frac{4}{3}\right)^{2k} 2^{m/(t+1)} \cdot \prod_{i=1}^{k-1} \frac{a^i}{\lfloor a^i \rfloor} \tag{4.67}$$

と評価できる.

いま, 最後の積因子 $I = \prod_{i=1}^{k-1} a^i / \lfloor a^i \rfloor$ を上から抑えるため, 不等式

$$I < \prod_{i=1}^{\infty} \frac{a^i}{\lfloor a^i \rfloor}$$

を考え, この右辺を以下の3つの因子の積に分解して個別に評価する.

$$I_1 = \prod_{i=1}^{2K} \frac{a^i}{\lfloor a^i \rfloor}, \ I_2 = \frac{a^{2K+1}}{\lfloor a^{2K+1} \rfloor}, \ I_3 = \prod_{i=2K+2}^{\infty} \frac{a^i}{\lfloor a^i \rfloor}$$

ただし, K は $a^K < 2 \leq a^{K+1}$ を満たすインデックスとする. $K = \lceil (\log_2 a)^{-1} \rceil - 1 = \lceil -2(t+1)(\log_2 q)^{-1} \rceil - 1$ である.

$i = 1, \ldots, K$ に対しては, $\lfloor a^i \rfloor = 1$ であるから,

$$\frac{a^i}{\lfloor a^i \rfloor} = a^i \ (1 \leq i \leq K). \tag{4.68}$$

また, $i = K+1, \ldots, 2K$ に対しては, $\lfloor a^i \rfloor \geq 2$ より

$$\frac{a^i}{\lfloor a^i \rfloor} \leq \frac{a^i}{2} < a^{i-K} \ (K+1 \leq i \leq 2K) \tag{4.69}$$

となるため,

$$I_1 < \prod_{i=1}^{K} a^i \prod_{i=K+1}^{2K} a^{i-K} = a^{K(K+1)} < 2^{K+1}.$$

$i = 2K+1$ に対しては,

$$I_2 = \frac{a^{2K+1}}{\lfloor a^{2K+1} \rfloor} \leq \frac{a^{2K+1}}{3} < \frac{4}{3}a \tag{4.70}$$

と評価できる.

$i \geq 2K+2$ に対しては,$a^i \geq 4$ を用いて

$$\frac{a^i}{\lfloor a^i \rfloor} \leq \frac{a^i}{a^i - 1} = 1 + \frac{1}{a^i - 1} < \exp\left(\frac{1}{a^i - 1}\right) \leq \exp\left(\frac{4}{3} \cdot a^{-i}\right) \tag{4.71}$$

とし,評価式

$$\sum_{i=2K+2}^{\infty} a^{-i} < 2\sum_{i=2K+2}^{3K+2} a^{-i} < 2(K+1)a^{-2K-2} < \frac{1}{2}(K+1)$$

および $e^{2/3} < 2$ を用いることで,

$$I_3 < \exp\left(\frac{4}{3} \cdot \frac{1}{2}(K+1)\right) < 2^{K+1}$$

となる.

以上をまとめると,

$$I < \frac{4}{3}a \cdot 2^{2K+2} < \frac{16a}{3} \cdot 2^{2/\log_2 a} = \frac{16a}{3} \cdot 2^{-4(t+1)/\log_2 q} < \frac{16a}{3} \cdot 2^{4(t+1)k/\log_2(k/6)}$$

となる[60].これと補題 4.7.5 から導かれる

$$\left(\frac{4}{3}\right)^{2k} \quad 2^{m/(t+1)} < 2^{0.831k + \{k\log_2(k/6)\}/4(t+1)}$$

を組み合わせることで,時間計算量の上界は,$2^t \cdot (4.67) = 2^{T_2}$ となる[61]. □

注意 4.7.10 与えられた k に対して,時間計算量の評価における指数部 (4.60) の主要項

$$t + 0.831k + \frac{k\log_2(k/6)}{4(t+1)} + \frac{4(t+1)k}{\log_2(k/6)} \tag{4.72}$$

を t の関数と見ると,

$$t = \frac{\sqrt{k}\log_2(k/6)}{2\sqrt{\log_2(k/6) + 4k}} - 1$$

のときに最小値をとる[62].この t を (4.72) に代入して整理すると,

$$2k\sqrt{1 + \log_2(k/6)/4k} - 1 + 0.831k$$

となり,$2.831k + O(\log k)$ であることが分かる.この評価を T の定義式 (4.60)

[60]
ここまでの評価は $k < 2K + 2$ の場合にも $\sum_{i=2K+2}^{k} = 0$ と解釈することで成り立つ.

[61]
比例定数 $16a/3$ は,$q \geq \frac{3}{4}$ から,指数部分の $O(\log k)$ に吸収される.

[62]
この t を k の関数として見たとき,$\frac{\log_2 k}{4} - 1$ に漸近するゆっくりと増加する関数であり,例えば $t \geq 1$ となる最小の自然数を計算すると $k = 1542$ となる.

に代入すると,

$$T_2 = 2.831k + O(\log k)$$

となり, 漸近的に計算時間量が指数となることが分かる.

最適値の t を空間計算量の指数部分 (4.62) に代入すると, 同様の議論により

$$S_2 = 1.416k + O(\log k)$$

となることが示せるため, 空間計算量も漸近的に指数となることが分かる.

注意 4.7.11 定理 4.7.9 の結論において $t = 1$ とすると, リスト 1 つ当りのベクトルの本数は

$$|\Lambda_j| = N = \left\lceil 2^{m/2} \cdot \left(\frac{4}{3}\right)^k \right\rceil$$

であり, これは定理 4.7.7 の証明における式 (4.57) と比較すると (4/3) にかかるべき乗が異なる.

これは, 定理 4.7.7 のアルゴリズムでは発見されるベクトルの本数の期待値が 1 であったのに対し, $t \geq 2$ に対するアルゴリズム (アルゴリズム 16) では本数の期待値が $(4/3)^k$ であることの違いからきている. 後者の設定において, $|\Lambda_j|$ をより小さくとることで効率的なアルゴリズムとできる可能性がある.

5 近似版CVP解法とLWE問題への適用

前章までは，ある近似因子における近似版のSVP（定義1.7.2）を効率的に解くためのLLLやBKZなどの格子基底簡約アルゴリズムを中心に紹介した[1]．本章では，ある大きな近似因子における近似版のCVP（定義1.7.4）を効率的に解く方法を紹介する．また，多くの現代格子暗号の安全性を支えるLWE(Learning with Errors)問題とその代表的な求解法を紹介する．

5.1　近似版のCVPに対する解法

本節では，Babaiの最近平面アルゴリズム (Babai's nearest plane algorithm) などのCVPを近似的に解く効率的な方法を紹介する[2]（図5.1を参照[3]）．簡単のため，本節では完全階数のn次元整数格子$L \subseteq \mathbb{Z}^n$のみを扱う．

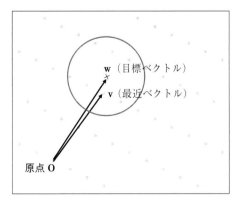

図 5.1　近似版のCVPイメージ：格子Lの基底と目標ベクトル$\mathbf{w}$が与えられたとき，$\mathbf{w}$に近い格子ベクトルを見つけよ（近似版CVPでは最近ベクトル$\mathbf{v} \in L$以外の，目標ベクトルに十分近い格子ベクトルを見つけてもよい）．

[1] 格子基底簡約で短い格子ベクトルを見つけることができるが，最短ベクトルを見つけることは保証されない．LLLでは$\gamma(n) = \alpha^{\frac{n-1}{2}}$ $(\alpha > \frac{4}{3})$，BKZでは$\gamma(n) = \gamma_\beta^{\frac{n-1}{\beta-1}}$の近似因子における近似版のSVPを解くことが保証される．

[2] 本節の内容については[28, 18章]を参考にした．また，その他の参考テキストとして[14, 4.4節]などを参照．

[3] 図5.1における円は目標ベクトル$\mathbf{w}$を中心とし，近似版のCVPとして円内にある$\mathbf{w}$に十分近い格子ベクトルを見つける問題をイメージしている．

5.1.1 Babai の最近平面アルゴリズム

目標ベクトルに近い格子ベクトルを見つける効率的な方法として，Babai の最近平面アルゴリズム [8] が代表的である[4]．n 次元格子 $L \subseteq \mathbb{Z}^n$ の基底 $\{\mathbf{b}_1, \ldots, \mathbf{b}_n\}$ に対して，$(n-1)$ 個の基底ベクトル $\mathbf{b}_1, \ldots, \mathbf{b}_{n-1}$ で生成される $\mathbb{R}$-ベクトル空間と格子 L の部分格子をそれぞれ

$$U = \langle \mathbf{b}_1, \ldots, \mathbf{b}_{n-1} \rangle_{\mathbb{R}}, \quad L' = L \cap U = \mathcal{L}(\mathbf{b}_1, \ldots, \mathbf{b}_{n-1})$$

とする[5]．最近平面アルゴリズムでは，与えられた目標ベクトル $\mathbf{w} \in \mathbb{Z}^n$ と平面 $U + \mathbf{y} = \{\mathbf{u} + \mathbf{y} : \mathbf{u} \in U\}$ との距離が最小となる格子ベクトル $\mathbf{y} \in L$ を1つ見つける．目標ベクトル $\mathbf{w}$ の平面 $U + \mathbf{y}$ への直交射影ベクトルを $\mathbf{w}'$ とし，平面 U 上のベクトルを $\mathbf{w}'' = \mathbf{w}' - \mathbf{y}$ とおく[6]：

$$\mathbb{R}^n = \langle \mathbf{b}_1, \ldots, \mathbf{b}_n \rangle_{\mathbb{R}} \ni \mathbf{w} \longmapsto \mathbf{w}'' = \mathbf{w}' - \mathbf{y} \in U = \langle \mathbf{b}_1, \ldots, \mathbf{b}_{n-1} \rangle_{\mathbb{R}}.$$

このとき，平面 U 上のベクトル $\mathbf{w}''$ に近い格子 L' 上のベクトル $\mathbf{y}'$ を見つけることで[7]，目標ベクトル $\mathbf{w}$ に近い格子ベクトル $\mathbf{v} = \mathbf{y} + \mathbf{y}' \in L$ が得られる[8]．これが最近平面アルゴリズムの基本的なアイデアで，次の補題では具体的な2つのベクトル $\mathbf{y} \in L$ と $\mathbf{w}' \in U + \mathbf{y}$ の見つけ方を示す：

補題 5.1.1 格子 L の基底 $\{\mathbf{b}_1, \ldots, \mathbf{b}_n\}$ の GSO ベクトルを $\mathbf{b}_1^*, \ldots, \mathbf{b}_n^*$ とする．目標ベクトル $\mathbf{w} = \sum_{j=1}^{n} \ell_j \mathbf{b}_j^*$ $(\ell_j \in \mathbb{R})$ に対して，2つのベクトル

$$\mathbf{y} = \lfloor \ell_n \rceil \mathbf{b}_n, \quad \mathbf{w}' = \sum_{j=1}^{n-1} \ell_j \mathbf{b}_j^* + \lfloor \ell_n \rceil \mathbf{b}_n^*$$

を定める．このとき，$\mathbf{y}$ は平面 $U + \mathbf{y}$ と目標ベクトル $\mathbf{w}$ との距離を最小とする格子 L の元で，$\mathbf{w}'$ は $\mathbf{w}$ の平面 $U + \mathbf{y}$ 上への直交射影ベクトルである[9]．

証明 任意の格子ベクトル $\mathbf{y} = \sum_{j=1}^{n} \ell'_j \mathbf{b}_j \in L$ $(\ell'_j \in \mathbb{Z})$ に対して，平面 $U + \mathbf{y}$ と目標ベクトル $\mathbf{w}$ との距離は

$$\inf_{\mathbf{u} \in U} \|\mathbf{w} - (\mathbf{u} + \mathbf{y})\|$$

とかける．各基底ベクトルは $\mathbf{b}_k = \sum_{i=1}^{k} \mu_{k,i} \mathbf{b}_i^*$ とかけることより[10]，

$$\mathbf{y} = \sum_{j=1}^{n-1} \ell''_j \mathbf{b}_j^* + \ell'_n \mathbf{b}_n^* \quad (\exists \ell''_j \in \mathbb{R})$$

---

[4] ただし，必ずしも目標ベクトルに最も近い格子ベクトルを見つけるとは限らない．

[5] 特に，空間 U は $\mathbb{R}^n$ における超平面である．

[6] 後述の補題 5.1.1 で具体的な $\mathbf{y}$ と $\mathbf{w}'$ の構成法を示す．

[7] つまり，平面 U 上の $\mathbf{w}''$ を目標ベクトルとする格子 L' 上の CVP に帰着されていることに注意する．また，格子 L' の次元が $(n-1)$ で，格子 L の次元 n から1つ落ちていることにも注意する．

[8] 最近平面アルゴリズムでは，これらの処理を再帰的に繰り返す（後述のアルゴリズム 18 を参照）．

[9] つまり，$\mathbf{w}' \in U + \mathbf{y}$ かつ $(\mathbf{w} - \mathbf{w}') \perp (U + \mathbf{y})$ を満たす．また，$\mathbf{y}$ は目標ベクトル $\mathbf{w}$ に最も近い格子ベクトルではないことに注意．

[10] $\mu_{k,i}$ は格子基底に対する GSO 係数で，$\mu_{k,k} = 1$ とする．

5.1 近似版の CVP に対する解法 　177

アルゴリズム 18 Babai の最近平面アルゴリズム [8]（補題 5.1.1 に基づく）

Input: n 次元格子 $L \subseteq \mathbb{Z}^n$ の基底 $\{\mathbf{b}_1, \ldots, \mathbf{b}_n\}$ と目標ベクトル $\mathbf{w} \in \mathbb{Z}^n$
Output: 目標ベクトル $\mathbf{w}$ に近い格子ベクトル $\mathbf{v} \in L$
 1: 入力基底の GSO ベクトル $\mathbf{b}_1^*, \ldots, \mathbf{b}_n^*$ を計算
 2: $\mathbf{w}_n \leftarrow \mathbf{w}$
 3: **for** $i = n$ downto 1 **do**
 4: 　$\ell_i = \dfrac{\langle \mathbf{w}_i, \mathbf{b}_i^* \rangle}{\|\mathbf{b}_i^*\|^2} \in \mathbb{Q}$
 5: 　$\mathbf{y}_i \leftarrow \lfloor \ell_i \rceil \mathbf{b}_i \in L$
 6: 　$\mathbf{w}_{i-1} \leftarrow \mathbf{w}_i - (\ell_i - \lfloor \ell_i \rceil)\mathbf{b}_i^* - \mathbf{y}_i$ /* 目標ベクトルを更新 */
 7: **end for**
 8: **return** $\mathbf{v} = \mathbf{y}_1 + \cdots + \mathbf{y}_n \in L$

とかける．任意のベクトル $\mathbf{u} \in U$ に対して，

$$
\mathbf{w} - (\mathbf{u} + \mathbf{y})
$$
$$
= \sum_{j=1}^{n-1} (\ell_j - \ell_j'')\mathbf{b}_j^* - \mathbf{u} + (\ell_n - \ell_n')\mathbf{b}_n^* \in U + (\ell_n - \ell_n')\mathbf{b}_n^*
$$

が成り立つ．ただし，定理 1.2.2 (3) から $U = \langle \mathbf{b}_1^*, \ldots, \mathbf{b}_{n-1}^* \rangle_{\mathbb{R}}$ に注意する．また，GSO ベクトルの直交性から，$\mathbf{u} = \sum_{j=1}^{n-1} (\ell_j - \ell_j'')\mathbf{b}_j^* \in U$ のとき，$\|\mathbf{w} - (\mathbf{u} + \mathbf{y})\|^2$ は最小となり，その値は $(\ell_n - \ell_n')^2 \|\mathbf{b}_n^*\|^2$ である．これらの議論から，$\mathbf{y} = \lfloor \ell_n \rceil \mathbf{b}_n \in L$ は平面 $U + \mathbf{y}$ と目標ベクトル $\mathbf{w}$ との距離を最小とする格子ベクトルである[11]（つまり，$\ell_n' = \lfloor \ell_n \rceil$ をとる）．さらに，このとき

$$
\mathbf{w}' - \mathbf{y} = \sum_{j=1}^{n-1} \ell_j \mathbf{b}_j^* + \lfloor \ell_n \rceil (\mathbf{b}_n^* - \mathbf{b}_n)
$$
$$
= \sum_{j=1}^{n-1} \ell_j \mathbf{b}_j^* - \lfloor \ell_n \rceil \sum_{i=1}^{n-1} \mu_{n,i} \mathbf{b}_i^* \in U
$$

を満たすので，$\mathbf{w}' \in U + \mathbf{y}$ である．また，$\mathbf{w} - \mathbf{w}' = (\ell_n - \lfloor \ell_n \rceil)\mathbf{b}_n^* \in U^\perp$ より，$\mathbf{w}'$ は目標ベクトル $\mathbf{w}$ の平面 $U + \mathbf{y}$ への直交射影ベクトルである． □

　アルゴリズム 18 に，補題 5.1.1 に基づいた Babai の最近平面アルゴリズムを示す．また，実装する上で簡単かつ高速な最近平面アルゴリズムをアルゴリズム 19 に示しておく[12]．アルゴリズム 18 と 19 では，入力する n 次元格子 $L \subseteq \mathbb{Z}^n$ の基底 $\{\mathbf{b}_1, \ldots, \mathbf{b}_n\}$ と目標ベクトル $\mathbf{w} \in \mathbb{Z}^n$ に対して，$\mathbf{w}$ に近い格子 L 上のベクトルを出力する．

11)
このような格子ベクトルは無数に存在するが，その中で $\mathbf{y} = \lfloor \ell_n \rceil \mathbf{b}_n$ が最も単純な形であるため，アルゴリズムとして実装した場合の計算コストが小さく済む．

12)
出力される格子ベクトルはアルゴリズム 18 と同じである．ベクトル $\mathbf{y}_i$ を保存する必要がなく，メモリ領域が少なくて済む．

アルゴリズム 19 Babai の最近平面アルゴリズム [8]（高速版）

Input: n 次元格子 $L \subseteq \mathbb{Z}^n$ の基底 $\{\mathbf{b}_1, \ldots, \mathbf{b}_n\}$ と目標ベクトル $\mathbf{w} \in \mathbb{Z}^n$
Output: 目標ベクトル $\mathbf{w}$ に近い格子ベクトル $\mathbf{v} \in L$

1: 入力基底の GSO ベクトル $\mathbf{b}_1^*, \ldots, \mathbf{b}_n^*$ を計算
2: $\mathbf{b} \leftarrow \mathbf{w}$
3: **for** $i = n$ downto 1 **do**
4: $\quad \ell = \dfrac{\langle \mathbf{b}, \mathbf{b}_i^* \rangle}{\|\mathbf{b}_i^*\|^2} \in \mathbb{Q}$ の最近似整数 $c = \lfloor \ell \rceil$ を計算
5: $\quad \mathbf{b} \leftarrow \mathbf{b} - c\mathbf{b}_i$
6: **end for**
7: **return** $\mathbf{v} = \mathbf{w} - \mathbf{b} \in L$

例 5.1.2 アルゴリズム 18 の数値例を示す．3 次元格子 L の基底 $\{\mathbf{b}_1, \mathbf{b}_2, \mathbf{b}_3\}$ を $\mathbf{b}_1 = (1, 2, 3), \mathbf{b}_2 = (3, 0, -3), \mathbf{b}_3 = (3, -7, 3)$ とし，目標ベクトルを $\mathbf{w} = (10, 6, 5)$ とする．入力基底の GSO ベクトルは

$$\mathbf{b}_1^* = (1, 2, 3), \quad \mathbf{b}_2^* = \left(\frac{24}{7}, \frac{6}{7}, -\frac{12}{7} \right), \quad \mathbf{b}_3^* = \left(\frac{10}{3}, -\frac{20}{3}, \frac{10}{3} \right)$$

となる．以下で，アルゴリズム 18 内の $\mathbf{w}_i, \ell_i, \mathbf{y}_i$ $(i = 3, 2, 1)$ を計算する：

$$\begin{cases} \mathbf{w}_3 = \mathbf{w}, \quad \ell_3 = \dfrac{\langle \mathbf{w}_3, \mathbf{b}_3^* \rangle}{\|\mathbf{b}_3^*\|^2} = \dfrac{3}{20}, \quad \mathbf{y}_3 = \lfloor \ell_3 \rceil \mathbf{b}_3 = \mathbf{0}, \\[2mm] \mathbf{w}_2 = \left(\dfrac{19}{2}, 7, \dfrac{9}{2} \right), \quad \ell_2 = \dfrac{\langle \mathbf{w}_2, \mathbf{b}_2^* \rangle}{\|\mathbf{b}_2^*\|^2} = 2, \quad \mathbf{y}_2 = 2\mathbf{b}_2, \\[2mm] \mathbf{w}_1 = \left(\dfrac{7}{2}, 7, \dfrac{21}{2} \right), \quad \ell_1 = \dfrac{\langle \mathbf{w}_1, \mathbf{b}_1^* \rangle}{\|\mathbf{b}_1^*\|^2} = \dfrac{7}{2}, \quad \mathbf{y}_1 = 4\mathbf{b}_1. \end{cases}$$

ゆえに，出力される格子ベクトルは

$$\mathbf{v} = \mathbf{y}_1 + \mathbf{y}_2 + \mathbf{y}_3 = 4(1, 2, 3) + 2(3, 0, -3) = (10, 8, 6) \in L$$

であり，目標ベクトル $\mathbf{w} = (10, 6, 5)$ に近い格子ベクトルであることが分かる．

格子基底が簡約されている場合，Babai の最近平面アルゴリズムは目標ベクトルにかなり近い格子ベクトルを出力することができる．以下では，標準[13]の簡約パラメータ $\delta = \frac{3}{4}$ に対する LLL 簡約基底における最近平面アルゴリズムが出力する格子ベクトルと目標ベクトルとの距離の上界を紹介する：

補題 5.1.3 簡約パラメータ $\delta = \frac{3}{4}$ に対し n 次元格子 L の基底 $\{\mathbf{b}_1, \ldots, \mathbf{b}_n\}$ が LLL 簡約されているとし，その GSO ベクトルを $\mathbf{b}_1^*, \ldots, \mathbf{b}_n^*$ とする．目標ベクトル $\mathbf{w}$ に対する最近平面アルゴリズムの出力ベクトルを $\mathbf{v} \in L$ とすると，

---

[13]
一般の簡約パラメータ δ に対しては後述の注意 5.1.5 を参照.

$$\|\mathbf{w} - \mathbf{v}\|^2 \le \frac{2^n - 1}{4} \|\mathbf{b}_n^*\|^2$$

が成り立つ.

証明 格子次元 n に関する帰納法で示す. $n = 1$ の場合は, アルゴリズムの構成から明らかに成り立つ. $n \ge 2$ の場合, 最近平面アルゴリズムの出力ベクトルを $\mathbf{v} = \mathbf{y} + \mathbf{y}'$ と表す. ただし, 補題 5.1.1 と同様に, $\mathbf{y}$ は平面 $U + \mathbf{y}$ と目標ベクトル $\mathbf{w}$ との距離を最小とする格子 L 上のベクトルとする. また, $\mathbf{w}$ の平面 $U + \mathbf{y}$ への直交射影ベクトルを $\mathbf{w}'$ とし, $\mathbf{w}'' = \mathbf{w}' - \mathbf{y} \in U$ を目標ベクトルとする部分格子 $L' = L \cap U = \mathcal{L}(\mathbf{b}_1, \ldots, \mathbf{b}_{n-1})$ 上の最近平面アルゴリズムの出力ベクトルを $\mathbf{y}'$ とする. ここで, 帰納法の仮定として[14],

$$\|\mathbf{w}'' - \mathbf{y}'\|^2 \le \frac{2^{n-1} - 1}{4} \|\mathbf{b}_{n-1}^*\|^2$$

が成り立つとしてよい. さらに定理 2.3.2 (1) から $\|\mathbf{b}_{n-1}^*\|^2 \le 2\|\mathbf{b}_n^*\|^2$ より, 目標ベクトル $\mathbf{w}$ と格子ベクトル $\mathbf{v} \in L$ の距離は,

$$
\begin{aligned}
\|\mathbf{w} - \mathbf{v}\|^2 &= \|\mathbf{w} - (\mathbf{y} + \mathbf{y}')\|^2 \\
&= \|\mathbf{w} - \mathbf{w}' + \mathbf{w}' - (\mathbf{y} + \mathbf{y}')\|^2 \\
&= \|\mathbf{w} - \mathbf{w}'\|^2 + \|\mathbf{w}'' - \mathbf{y}'\|^2 \\
&\le \frac{1}{4}\|\mathbf{b}_n^*\|^2 + \frac{2^{n-1} - 1}{4}\|\mathbf{b}_{n-1}^*\|^2 \\
&\le \left(\frac{1}{4} + \frac{2^{n-1} - 1}{2}\right)\|\mathbf{b}_n^*\|^2 = \frac{2^n - 1}{4}\|\mathbf{b}_n^*\|^2
\end{aligned}
$$

を満たす[15]. これより補題を証明できた. □

定理 5.1.4 補題 5.1.3 と同様に, n 次元格子 L の基底 $\{\mathbf{b}_1, \ldots, \mathbf{b}_n\}$ が簡約パラメータ $\delta = \frac{3}{4}$ に関して LLL 簡約されているとする. 目標ベクトル $\mathbf{w}$ に対する最近平面アルゴリズムの出力ベクトルを $\mathbf{v} \in L$ とする. このとき, 任意の格子ベクトル $\mathbf{u} \in L$ に対し $\|\mathbf{w} - \mathbf{v}\|^2 \le 2^n \|\mathbf{w} - \mathbf{u}\|^2$ が成り立つ[16].

証明 格子次元 n に関する帰納法で示す. $n = 1$ の場合は, $\mathbf{v}$ は目標ベクトル $\mathbf{w}$ に最も近い格子ベクトルより, 明らかに成り立つ. $n \ge 2$ の場合, 補題 5.1.3 の証明と同様に, $\mathbf{v} = \mathbf{y} + \mathbf{y}'$ と表す. ただし, $\mathbf{y} \in L$ は平面 $U + \mathbf{y}$ と目標ベクトル $\mathbf{w}$ との距離を最小とする格子ベクトルとする. また, $\mathbf{w}$ の平面 $U + \mathbf{y}$ への直交射影ベクトルを $\mathbf{w}'$ としたとき, $\mathbf{w}'' = \mathbf{w}' - \mathbf{y} \in U$ を目標ベクトルとする部分格子 $L' = L \cap U = \mathcal{L}(\mathbf{b}_1, \ldots, \mathbf{b}_{n-1})$ 上の最近平面アルゴリ

[14]

$(n-1)$ 次元の部分格子基底 $\{\mathbf{b}_1, \ldots, \mathbf{b}_{n-1}\}$ も LLL 簡約されていることに注意する.

[15]

補題 5.1.1 の証明から, $\|\mathbf{w} - \mathbf{w}'\|^2 \le \frac{1}{4}\|\mathbf{b}_n^*\|^2$ であることに注意. また, $\mathbf{w} - \mathbf{w}'$ と $\mathbf{w}'' - \mathbf{y}' \in U$ は直交するので, 3 行目の等式が成り立つ.

[16]

特に $\mathbf{u}$ を目標ベクトル $\mathbf{w}$ に最も近い格子ベクトルとすると, 最近平面アルゴリズムは近似因子 $\gamma(n) = 2^{\frac{n}{2}}$ に対する近似版 CVP (定義 1.7.4) を効率的に解くアルゴリズムであることが分かる.

ズムの出力ベクトルを $\mathbf{y}'$ とする．目標ベクトル $\mathbf{w}$ に最も近い格子ベクトルを $\mathbf{u} \in L$ とする．このとき，以下の 2 つの場合に分けて考える：

- まず $\mathbf{u} \in U + \mathbf{y}$ の場合，$\mathbf{u} - \mathbf{w}' \in U$ と $\mathbf{w} - \mathbf{w}'$ は直交するので，

$$\|\mathbf{u} - \mathbf{w}\|^2 = \|\mathbf{u} - \mathbf{w}'\|^2 + \|\mathbf{w}' - \mathbf{w}\|^2$$

が成り立つ．これより，$\mathbf{u} \in L$ は $\mathbf{w}$ に最も近い格子ベクトルなので，$\mathbf{u}$ は $\mathbf{w}'$ に最も近い格子ベクトルであることが分かる．よって，$\mathbf{u} - \mathbf{y}$ は $\mathbf{w}'' = \mathbf{w}' - \mathbf{y} \in U$ に最も近い格子 L' 上のベクトルである．ここで，帰納法の仮定として，

$$\|\mathbf{y}' - \mathbf{w}''\| < 2^{\frac{n-1}{2}} \|(\mathbf{u} - \mathbf{y}) - \mathbf{w}''\|$$
$$\iff \|\mathbf{y} + \mathbf{y}' - \mathbf{w}'\| < 2^{\frac{n-1}{2}} \|\mathbf{u} - \mathbf{w}'\|$$

が成り立つとしてよい．ゆえに，

$$
\begin{aligned}
\|\mathbf{v} - \mathbf{w}\|^2 &= \|\mathbf{y} + \mathbf{y}' - \mathbf{w}\|^2 \\
&= \|\mathbf{y} + \mathbf{y}' - \mathbf{w}' + \mathbf{w}' - \mathbf{w}\|^2 \\
&\leq \|\mathbf{y} + \mathbf{y}' - \mathbf{w}'\|^2 + \|\mathbf{w}' - \mathbf{w}\|^2 \\
&< 2^{n-1} \|\mathbf{u} - \mathbf{w}'\|^2 + \|\mathbf{u} - \mathbf{w}\|^2 - \|\mathbf{u} - \mathbf{w}'\|^2 \\
&= 2^{n-1}(\|\mathbf{u} - \mathbf{w}\|^2 - \|\mathbf{w}' - \mathbf{w}\|^2) + \|\mathbf{u} - \mathbf{w}\|^2 - \|\mathbf{u} - \mathbf{w}'\|^2 \\
&\leq (2^{n-1} + 1)\|\mathbf{u} - \mathbf{w}\|^2 < 2^n \|\mathbf{u} - \mathbf{w}\|^2
\end{aligned}
$$

が成り立つ．

- 次に $\mathbf{u} \notin U + \mathbf{y}$ の場合，補題 5.1.1 の証明から目標ベクトル $\mathbf{w}$ と平面 $U + \mathbf{y}$ との距離 $\|\mathbf{w} - \mathbf{w}'\|$ は $\frac{1}{2}\|\mathbf{b}_n^*\|$ 以下なので，

$$\frac{1}{2}\|\mathbf{b}_n^*\| \leq \|\mathbf{u} - \mathbf{w}\|$$

が成り立つ[17]．さらに，補題 5.1.3 より

$$
\begin{aligned}
\|\mathbf{v} - \mathbf{w}\|^2 &\leq \frac{2^n - 1}{4}\|\mathbf{b}_n^*\|^2 \\
&\leq (2^n - 1)\|\mathbf{u} - \mathbf{w}\|^2 < 2^n \|\mathbf{u} - \mathbf{w}\|^2
\end{aligned}
$$

が成り立つ．

上記の議論から定理を証明できた． $\qquad\square$

[17]
もし $\|\mathbf{u} - \mathbf{w}\| < \frac{1}{2}\|\mathbf{b}_n^*\|$ ならば，$\mathbf{u}$ は平面 $U + \mathbf{u}$ と目標ベクトル $\mathbf{w}$ との距離が最小とする格子ベクトルなので，$\mathbf{u} \in U + \mathbf{y}$ となり矛盾する．

注意 5.1.5 n 次元格子 L の基底 $\{\mathbf{b}_1, \ldots, \mathbf{b}_n\}$ と目標ベクトル $\mathbf{w}$ に対する最近平面アルゴリズムの出力ベクトルを $\mathbf{v} \in L$ とする. 格子基底の GSO ベクトルを $\mathbf{b}_1^*, \ldots, \mathbf{b}_n^*$ とする. このとき, 補題 5.1.3 の証明と同様の議論から,

$$\|\mathbf{w} - \mathbf{v}\|^2 \leq \frac{1}{4} \sum_{i=1}^{n} \|\mathbf{b}_i^*\|^2$$

であることが示せる[18]. これより, 一般の簡約パラメータ δ に対して基底 $\{\mathbf{b}_1, \ldots, \mathbf{b}_n\}$ が LLL 簡約されている場合, 定理 2.3.2 (1) から

$$\|\mathbf{w} - \mathbf{v}\|^2 \leq \frac{\|\mathbf{b}_n^*\|^2}{4} \sum_{i=1}^{n} \alpha^{n-i} = \frac{\alpha^n - 1}{4(\alpha - 1)} \|\mathbf{b}_n^*\|^2$$

が成り立つ[19]. 特に, 標準の簡約パラメータ $\delta = \frac{3}{4}$ に対しては $\alpha = 2$ より, 補題 5.1.3 が成り立つことが確認できる.

注意 5.1.6 n 次元格子 L の基底 $\{\mathbf{b}_1, \ldots, \mathbf{b}_n\}$ に対して, その GSO ベクトル $\mathbf{b}_1^*, \ldots, \mathbf{b}_n^*$ による基本閉平行体を

$$\overline{\mathcal{P}}_{1/2}^*(\mathbf{b}_1, \ldots, \mathbf{b}_n) := \left\{ \sum_{i=1}^{n} x_i \mathbf{b}_i^* : x_i \in \mathbb{R}, |x_i| \leq \frac{1}{2} \right\} \tag{5.1}$$

と定義する[20]. 定理 1.2.2 (4) より, この平行体の体積は格子 L の体積 $\mathrm{vol}(L)$ に一致することに注意する. 格子 L 上にはない目標ベクトル $\mathbf{w}$ に対する最近平面アルゴリズムの出力ベクトルを $\mathbf{v} \in L$ とする. このとき,

$$\mathbf{v} - \mathbf{w} \in \overline{\mathcal{P}}_{1/2}^*(\mathbf{b}_1, \ldots, \mathbf{b}_n)$$

が成り立つ[21]. つまり, 最近平面アルゴリズムの出力ベクトル $\mathbf{v}$ は, 集合 $\mathbf{w} + \overline{\mathcal{P}}_{1/2}^*(\mathbf{b}_1, \ldots, \mathbf{b}_n)$ に含まれる唯一つの格子ベクトルに一致する[22].

目標ベクトル $\mathbf{w}$ に最も近い格子ベクトルが集合 $\mathbf{w} + \overline{\mathcal{P}}_{1/2}^*(\mathbf{b}_1, \ldots, \mathbf{b}_n)$ に含まれない場合は, 最近平面アルゴリズムではその最近格子ベクトルを見つけることができない. その問題に対して Lindner-Peikert [50] は, 全数探索と最近平面アルゴリズムとの組合せにより, 目標ベクトルに近い複数個の格子ベクトルを出力可能とするアルゴリズムを提案した.

注意 5.1.7 任意の目標ベクトル $\mathbf{w}$ は格子 L の基底ベクトル $\mathbf{b}_1, \ldots, \mathbf{b}_n$ の実数係数の線形結合 $\mathbf{w} = \sum_{i=1}^{n} a_i \mathbf{b}_i$ ($\exists a_i \in \mathbb{R}$) で表すことができる. ここで, 格子ベクトルを

[18) 実際, 補題 5.1.3 と同様に $\mathbf{v} = \mathbf{y} + \mathbf{y}'$ と表し, 帰納法により簡単に証明できる.

19) 定理 2.3.2 と同様に $\alpha = \frac{4}{4\delta - 1}$ とする.

20) 式 (1.2) で定義される基本平行体 $\mathcal{P}(\mathbf{b}_1, \ldots, \mathbf{b}_n)$ とは少し異なる.

21) 補題 5.1.3 の証明と同じように, 帰納法で簡単に示される.

22) この集合の体積が $\mathrm{vol}(L)$ と一致するので, 格子ベクトルが唯一つ含まれる.]

$$\mathbf{v} = \sum_{i=1}^{n} \lceil a_i \rfloor \mathbf{b}_i \in L$$

と定める．これを **Babai の丸め込み** (Babai's rounding) と呼ぶ．このような係数 a_i の整数値への丸め込みという単純な処理でも，目標ベクトルにある程度近い格子ベクトルを見つけることができる[23]．より具体的には，丸め込みにより見つけた格子ベクトル $\mathbf{v}$ は集合 $\mathbf{w} + \overline{\mathcal{P}}_{1/2}(\mathbf{b}_1, \ldots, \mathbf{b}_n)$ に含まれる．ただし，格子基底ベクトル $\mathbf{b}_1, \ldots, \mathbf{b}_n$ による基本閉平行体を次のようにおく[24]：

$$\overline{\mathcal{P}}_{1/2}(\mathbf{b}_1, \ldots, \mathbf{b}_n) := \left\{ \sum_{i=1}^{n} x_i \mathbf{b}_i : x_i \in \mathbb{R}, |x_i| \leq \frac{1}{2} \right\}.$$

▍5.1.2 目標ベクトルに近い格子ベクトルの数え上げ

上記で説明した Babai の最近平面アルゴリズムは必ずしも最近ベクトルを見つけるわけではない．それに対して，3.2 節で紹介した最短ベクトルの数え上げと同様の原理で，目標ベクトルに近い格子ベクトルの数え上げができる[25]．アルゴリズム 20 に Liu-Nguyen [51] による目標ベクトルに近い格子ベクトルの数え上げアルゴリズムを示す[26]．入力する n 次元格子 L の基底 $\{\mathbf{b}_1, \ldots, \mathbf{b}_n\}$ の GSO 係数 $\mu_{i,j}$ $(1 \leq j < i \leq n)$，GSO ベクトルの 2 乗ノルム $B_i = \|\mathbf{b}_i^*\|^2$ $(1 \leq i \leq n)$，数え上げ上界列 $R_1^2 \leq \cdots \leq R_n^2$ と目標ベクトル $\mathbf{w}$ に対して[27]，n 個の不等式

$$\|\pi_k(\mathbf{v} - \mathbf{w})\|^2 \leq R_{n+1-k}^2 \quad (1 \leq k \leq n)$$

を満たす格子ベクトル $\mathbf{v} = \sum_{i=1}^{n} v_i \mathbf{b}_i \in L$ の係数ベクトル $(v_1, \ldots, v_n) \in \mathbb{Z}^n$ を 1 つ出力する（ただし，このような $\mathbf{v} \in L$ が存在しない場合は空集合 $\emptyset$ を出力する）．ここで，各 $1 \leq \ell \leq n$ に対して，π_ℓ を $\mathbb{R}$-ベクトル空間 $\langle \mathbf{b}_1, \ldots, \mathbf{b}_{\ell-1} \rangle_\mathbb{R}$ の直交補空間への直交射影とする（ただし，π_1 は恒等写像とする）．

3.2.3 項の議論と同様で，高い次元の格子においては数え上げアルゴリズムは非常に膨大な計算時間を要する．また一方で，入力する格子基底が簡約されていればいるほど，数え上げアルゴリズムの実行時間は短くて済む．

---

[23]
ただし，一般的に Babai の最近平面アルゴリズムのほうが目標ベクトルにより近い格子ベクトルを出力する．

[24]
式 (5.1) で定義された基本閉平行体は GSO ベクトル $\mathbf{b}_1^*, \ldots, \mathbf{b}_n^*$ で張られていたのに対し，この基本閉平行体は基底ベクトル $\mathbf{b}_1, \ldots, \mathbf{b}_n$ で張られていることに注意．

[25]
最近ベクトルを必ず見つけることができる一方，膨大な計算時間を要する．

[26]
目標ベクトルが零ベクトルのとき，アルゴリズム 10 とほぼ同様のアルゴリズムである．ただし，格子ベクトルの対称性を考慮していないため，計算量は 2 倍になる．

[27]
後述の LWE 問題の求解に利用する場合は，$R_1^2 = \cdots = R_n^2 = 3\sigma^2 m$ とすればよい（ただし，σ と m は LWE 問題におけるパラメータである）．

5.1 近似版の CVP に対する解法　183

アルゴリズム 20 目標ベクトルに近い格子ベクトルの数え上げ [51]

Input: n 次元格子 L の基底 $\{\mathbf{b}_1, \ldots, \mathbf{b}_n\}$ の GSO 係数 $\mu_{i,j}$ $(1 \leq j < i \leq n)$, GSO
　　　ベクトルの 2 乗ノルム $B_i = \|\mathbf{b}_i^*\|^2$ $(1 \leq i \leq n)$, 数え上げ上界列 $R_1^2 \leq \cdots \leq R_n^2$,
　　　目標ベクトル $\mathbf{w} = \sum_{i=1}^n a_i \mathbf{b}_i$ $(a_i \in \mathbb{R})$
Output: すべての $1 \leq k \leq n$ に対して $\|\pi_k(\mathbf{v} - \mathbf{w})\|^2 \leq R_{n+1-k}^2$ を満たす格子ベク
　　　トル $\mathbf{v} = \sum_{i=1}^n v_i \mathbf{b}_i \in L$ の係数ベクトル $(v_1, \ldots, v_n) \in \mathbb{Z}^n$ （$\mathbf{v}$ が存在する場合）

1: $\sigma \leftarrow (0)_{(n+1) \times n}$ /* すべての成分が 0 の $(n+1) \times n$-行列 */
2: $r_0 = 0; r_1 = 1; \cdots ; r_n = n; \rho_{n+1} = 0$
3: **for** $k = n$ downto 1 **do**
4: 　**for** $i = n$ downto $k + 1$ **do**
5: 　　$\sigma_{i,k} \leftarrow \sigma_{i+1,k} + (a_i - v_i)\mu_{i,k}$
6: 　**end for**
7: 　$c_k \leftarrow a_k + \sigma_{k+1,k}$
8: 　$v_k \leftarrow \lfloor c_k \rceil$; $w_k = 1$
9: 　$\rho_k = \rho_{k+1} + (c_k - v_k)^2 B_k$
10: **end for**
11: $k = 1$
12: **while true do**
13: 　$\rho_k \leftarrow \rho_{k+1} + (c_k - v_k)^2 B_k$ /* $\rho_k = \|\pi_k(\mathbf{v} - \mathbf{w})\|^2$ */
14: 　**if** $\rho_k \leq R_{n+1-k}^2$ **then**
15: 　　**if** $k = 1$ **then**
16: 　　　**return** $(v_1, \ldots, v_n)$ /* 格子ベクトル $\mathbf{v} \in L$ の係数ベクトルを出力 */
17: 　　**end if**
18: 　　$k \leftarrow k - 1$
19: 　　$r_{k-1} \leftarrow \max(r_{k-1}, r_k)$
20: 　　**for** $i = r_k$ downto $k + 1$ **do**
21: 　　　$\sigma_{i,k} \leftarrow \sigma_{i+1,k} + (a_i - v_i)\mu_{i,k}$
22: 　　**end for**
23: 　　$c_k \leftarrow a_k + \sigma_{k+1,k}$
24: 　　$v_k \leftarrow \lfloor c_k \rceil$; $w_k \leftarrow 1$
25: 　**else**
26: 　　$k \leftarrow k + 1$
27: 　　**if** $k = n + 1$ **then**
28: 　　　**return** $\emptyset$ /* 目的の $\mathbf{v} \in L$ が存在しない場合, $\emptyset$ を出力 */
29: 　　**end if**
30: 　　$r_{k-1} \leftarrow k$
31: 　　**if** $v_k > c_k$ **then**
32: 　　　$v_k \leftarrow v_k - w_k$
33: 　　**else**
34: 　　　$v_k \leftarrow v_k + w_k$
35: 　　**end if**
36: 　　$w_k \leftarrow w_k + 1$
37: 　**end if**
38: **end while**

5.1.3 埋め込み法

CVP の別解法である Kannan[41] による**埋め込み法** (embedding technique) を紹介する[28]. n 次元格子 $L \subseteq \mathbb{Z}^n$ の基底 $\{\mathbf{b}_1, \ldots, \mathbf{b}_n\}$ と目標ベクトル $\mathbf{w} \in \mathbb{Z}^n$ に対する CVP の解ベクトルを $\mathbf{v} = \sum_{i=1}^{n} v_i \mathbf{b}_i \in L$ $(\exists v_i \in \mathbb{Z})$ とする. 目標ベクトルと解ベクトルとの差分ベクトル $\mathbf{e} = \mathbf{w} - \mathbf{v}$ のノルム $\|\mathbf{e}\|$ が十分小さいと仮定する. 埋め込み法では, この差分ベクトルを最短ベクトルとして含む新しい格子 $\bar{L}$ を構成する. 具体的には, 固定した正の定数 $M \in \mathbb{Z}$ に対して[29], 一次独立な $(n+1)$ 個のベクトル

$$(\mathbf{b}_1, 0), \ldots, (\mathbf{b}_n, 0), (\mathbf{w}, M) \in \mathbb{Z}^{n+1}$$

で生成される $(n+1)$ 次元格子を $\bar{L} \subseteq \mathbb{Z}^{n+1}$ とする. このとき,

$$(\mathbf{e}, M) = \left(\mathbf{w} - \sum_{i=1}^{n} v_i \mathbf{b}_i, M \right)$$
$$= -v_1(\mathbf{b}_1, 0) - \cdots - v_n(\mathbf{b}_n, 0) + (\mathbf{w}, M)$$

より, ベクトル $(\mathbf{e}, M)$ は格子 $\bar{L}$ に含まれる. 特に, ベクトル $(\mathbf{e}, M)$ が格子 $\bar{L}$ 上の最短ベクトルであるとき, 格子 $\bar{L}$ 上の SVP を解くことで差分ベクトル $\mathbf{e}$ を見つけることができる. これより, CVP の解 $\mathbf{v} = \mathbf{w} - \mathbf{e}$ が得られる.

以下の補題が示すように, 差分ベクトルのノルム $\|\mathbf{e}\|$ が十分小さいとき, ベクトル $(\mathbf{e}, M)$ は格子 $\bar{L}$ 上の最短ベクトルである[30]:

補題 5.1.8　n 次元格子 L の基底を $\{\mathbf{b}_1, \ldots, \mathbf{b}_n\}$ とし, 格子 L の第 1 次逐次最小を $\lambda_1 = \lambda_1(L)$ とする. 与えられた目標ベクトル $\mathbf{w}$ に最も近い格子ベクトルを $\mathbf{v} \in L$ とする. また, 差分ベクトルを $\mathbf{e} = \mathbf{w} - \mathbf{v}$ とし, そのノルムが

$$\|\mathbf{e}\| < \frac{\lambda_1}{2}$$

を満たすと仮定する. 定数を $M = \|\mathbf{e}\|$ と固定したとき, $(\mathbf{e}, M)$ は埋め込み法により構成された格子 $\bar{L}$ 上の最短な非零ベクトルである.

証明　まず $\|(\mathbf{e}, M)\|^2 = \|\mathbf{e}\|^2 + M^2 = 2M^2 < \frac{\lambda_1^2}{2}$ より, ベクトル $(\mathbf{e}, M)$ のノルムは $\frac{\lambda_1}{\sqrt{2}}$ より小さい. 一方, 格子 $\bar{L}$ 上の任意ベクトルは

$$\mathbf{z} = \ell_{n+1}(\mathbf{e}, M) + \sum_{i=1}^{n} \ell_i(\mathbf{b}_i, 0) \quad (\exists \ell_i \in \mathbb{Z})$$

[28] 専門的には, CVP を unique SVP と呼ばれる特殊な場合の SVP に帰着する方法である. 後述の LWE 問題の求解に利用できる方法として, [10] の埋め込み法もある.

[29] $M = 1$ または $M \approx \|\mathbf{e}\|$ などと設定する. 実用的には $M = 1$ と設定することが多い.

[30] 一方, ノルム $\|\mathbf{e}\|$ が十分小さくないとき, 埋め込み法は有効でない.

と表せる．以下で，格子 $\bar{L}$ 上の任意の非零ベクトル $\mathbf{z}$ は $(\mathbf{e}, M)$ より短くないことを示す（格子の対称性から，$\ell_{n+1} \geq 0$ の場合を考えれば十分である）：

- $\ell_{n+1} = 0$ の場合，$\|\mathbf{z}\| \geq \lambda_1 > \frac{\lambda_1}{\sqrt{2}} > \|(\mathbf{e}, M)\|$ が成り立つ．
- $\ell_{n+1} = 1$ の場合，$\mathbf{x} = \sum_{i=1}^{n} \ell_i \mathbf{b}_i \in L$ とおく．ベクトル $\mathbf{v}$ が目標ベクトル $\mathbf{w}$ に最も近い格子 L 上のベクトルなので，$\|\mathbf{e}\| \leq \|\mathbf{e} + \mathbf{x}\|$ が成り立つ．これより，$\|\mathbf{z}\|^2 = \|\mathbf{e} + \mathbf{x}\|^2 + M^2 \geq \|\mathbf{e}\|^2 + M^2 = \|(\mathbf{e}, M)\|^2$ が成り立つ．
- $\ell_{n+1} \geq 2$ の場合，$\|\mathbf{z}\|^2 \geq (\ell_{n+1} M)^2 \geq (2M)^2$ が成り立つ．

以上より，$(\mathbf{e}, M)$ が格子 $\bar{L}$ 上の最短な非零ベクトルであることが示せた．□

例 5.1.9 3次元格子 $L \subseteq \mathbb{Z}^3$ の基底行列を

$$\mathbf{B} = \begin{pmatrix} 35 & 72 & -100 \\ -10 & 0 & -25 \\ -20 & -279 & 678 \end{pmatrix}$$

とする[31]．目標ベクトル $\mathbf{w} = (100, 100, 100) \in \mathbb{Z}^3$ に対する CVP を埋め込み法で解くために，定数 $M = 1$ をとる．まず，

$$\begin{pmatrix} \mathbf{B} & \mathbf{0}^\top \\ \mathbf{w} & 1 \end{pmatrix} = \begin{pmatrix} 35 & 72 & -100 & 0 \\ -10 & 0 & -25 & 0 \\ -20 & -279 & 678 & 0 \\ 100 & 100 & 100 & 1 \end{pmatrix}$$

を基底行列に持つ4次元格子を $\bar{L} \subseteq \mathbb{Z}^4$ とする．次に，この格子基底行列を LLL 基底簡約すると，

$$\begin{pmatrix} 0 & 1 & 0 & 1 \\ 5 & 0 & 1 & 0 \\ 0 & 5 & 1 & -4 \\ 5 & 5 & -21 & -4 \end{pmatrix}$$

が得られる．第1行ベクトルが $(0, 1, 0, 1)$ なので[32]，差分ベクトルは $\mathbf{e} = (0, 1, 0)$ であることが分かる．よって，目標ベクトル $\mathbf{w}$ に最も近い格子 L 上のベクトルは $\mathbf{v} = \mathbf{w} - \mathbf{e} = (100, 99, 100)$ である．

[31] つまり，3個の行ベクトルで生成される格子を L とする．

[32] この第1行ベクトルが格子 $\bar{L}$ 上の最短な非零ベクトルであることは容易に確認できる．

5.2 LWE問題と代表的な求解法の紹介

本節では，2005年Regev [66] が提案したLWE問題[33] を紹介するとともに，格子を利用したLWE問題に対する求解法を紹介する[34].

5.2.1 LWE問題の紹介と定式化

LWE問題は機械学習理論から派生した求解困難な問題で，有限体$\mathbb{F}_q$上の秘密ベクトル$\mathbf{s} \in \mathbb{F}_q^n$に関するランダムな連立線形「近似」方程式が与えられたとき，その秘密ベクトルを復元する問題である[35]. 数値例として$n = 4$, $q = 17$とし，秘密ベクトル$\mathbf{s} = (s_1, s_2, s_3, s_4) \in \mathbb{F}_{17}^4$に関する連立線形近似方程式[36]

$$\begin{cases} 14s_1 + 15s_2 + 5s_3 + 2s_4 \approx 8 & (\bmod\ 17) \\ 13s_1 + 14s_2 + 14s_3 + 6s_4 \approx 16 & (\bmod\ 17) \\ 6s_1 + 10s_2 + 13s_3 + s_4 \approx 12 & (\bmod\ 17) \\ 10s_1 + 4s_2 + 12s_3 + 16s_4 \approx 12 & (\bmod\ 17) \\ \qquad\qquad \vdots \\ 6s_1 + 7s_2 + 16s_3 + 2s_4 \approx 3 & (\bmod\ 17) \end{cases} \tag{5.2}$$

が与えられたとする．ただし，各線形方程式の値は近似値であり，その誤差はこの数値例では± 1以内と仮定する．このとき，この連立線形近似方程式の解$\mathbf{s}$を求めるのがLWE問題である[37]. LWE問題で注意すべきことは，連立線形近似方程式に誤差がない場合は，Gaussの消去法により効率的に解を求めることができる点である．逆に言い換えると，連立線形近似方程式で与えられる誤差の大きさがLWE問題の求解を困難にする[38].

一般に，LWE問題における連立線形近似方程式の誤差は，平均0，標準偏差$\sigma > 0$の$\mathbb{Z}$上の**離散Gauss分布**$\chi = D_{\mathbb{Z}, \sigma}$から生成される．つまり，$\chi$は各整数$x$がサンプルされる確率が$\exp\left(-\frac{x^2}{2\sigma^2}\right)$に比例する$\mathbb{Z}$上の離散確率分布である[39]. 以下で，LWE問題を定式化する：

定義 5.2.1 （LWE問題） nを正の整数とし，qを奇素数とする．平均0，標準偏差σの$\mathbb{Z}$上の離散Gauss分布をχとする．有限体$\mathbb{F}_q$上の秘密ベクトル$\mathbf{s} \in \mathbb{F}_q^n$を固定する．一様ランダムに選ばれた$\mathbf{a} \in \mathbb{F}_q^n$と離散Gauss分布$\chi$

---

33) 変種として，環上のLWEであるring-LWE [53] やLearning with Rounding (LWR) [11], middle-product LWE [69] など数多く提案されている．

34) 求解法の詳細や計算量評価については [4] を参照.

35) ここでは，有限体上のLWE問題のみを扱う．一般には，任意の正の整数qに対する剰余環$\mathbb{Z}/q\mathbb{Z}$上で定義できる．

36) [68, 1節] の数値例の一部を引用した．

37) この数値例では$\mathbf{s} = (0, 13, 9, 11) \in \mathbb{F}_{17}^4$が解となる．

38) 実際，誤差が大きくなるほどにLWE問題の求解はより困難になる．

39) [15] と同様に，本書では連続Gauss分布の離散版の定義を採用した．離散Gauss分布の他の定め方は [50, 2.1節] を参照.

からサンプルされた $e \in \mathbb{Z}$ に対して，

$$(\mathbf{a}, b) \in \mathbb{F}_q^n \times \mathbb{F}_q, \quad b \equiv \langle \mathbf{a}, \mathbf{s} \rangle + e \pmod{q}$$

の組を出力する確率分布を $L_{\mathbf{s}, \chi}$ とする[40]．このとき，次の2つの問題がある：

(i) **判定 LWE(Decision-LWE)**：与えられた組 $(\mathbf{a}, b) \in \mathbb{F}_q^n \times \mathbb{F}_q$ が，確率分布 $L_{\mathbf{s}, \chi}$ からサンプルされた元か，$\mathbb{F}_q^n \times \mathbb{F}_q$ 上一様ランダムに生成された元かを判定する問題．

(ii) **探索 LWE(Search-LWE)**：確率分布 $L_{\mathbf{s}, \chi}$ からサンプルされた組 $(\mathbf{a}, b)$ から秘密ベクトル $\mathbf{s}$ を復元する問題．

一般に，上記の LWE 問題において確率分布 $L_{\mathbf{s}, \chi}$ は任意個の組 $(\mathbf{a}, b)$ をサンプルするオラクルとしてみなす[41]．しかし実際には，ある固定したサンプル数 $m > 0$ に対して[42]，確率分布 $L_{\mathbf{s}, \chi}$ からサンプルされた異なる m 個の組

$$(5.3) \quad \begin{cases} (\mathbf{a}_1, b_1), & b_1 \equiv \langle \mathbf{a}_1, \mathbf{s} \rangle + e_1 \pmod{q} \\ \quad \vdots & \\ (\mathbf{a}_m, b_m), & b_m \equiv \langle \mathbf{a}_m, \mathbf{s} \rangle + e_m \pmod{q} \end{cases}$$

から LWE 問題を解くことを考える．第 i 行ベクトルを $\mathbf{a}_i$ とする $m \times n$ 行列を $\mathbf{A}$ とし，$\mathbf{b} = (b_1, \ldots, b_m)$ とおく．このとき，上記の m 個の LWE サンプルの組は $(\mathbf{A}, \mathbf{b}) \in \mathbb{F}_q^{m \times n} \times \mathbb{F}_q^n$ と簡潔に表せて，関係式

$$\mathbf{b} \equiv \mathbf{s} \mathbf{A}^\top + \mathbf{e} \pmod{q} \tag{5.4}$$

を満たす[43]．ただし，$\mathbf{e} = (e_1, \ldots, e_m) \in \mathbb{Z}^m$ をノイズベクトルとする[44]．

5.2.2 q-ary 格子

LWE 問題の求解で利用する特殊な格子を紹介する．正の整数 q に対して，$q\mathbb{Z}^m \subseteq L \subseteq \mathbb{Z}^m$ を満たす完全階数の m 次元格子 L を q-**ary 格子**と呼ぶ[45]．$m > n$ に対し，任意の正の整数 q と $n \times m$ 整数行列 $\mathbf{X}$ に対する2つの m 次元 q-ary 格子を

$$\Lambda_q(\mathbf{X}) = \{\mathbf{y} \in \mathbb{Z}^m : \exists \mathbf{s} \in \mathbb{Z}^n \text{ s.t. } \mathbf{y} \equiv \mathbf{s}\mathbf{X} \pmod{q}\},$$

$$\Lambda_q^\perp(\mathbf{X}) = \{\mathbf{y} \in \mathbb{Z}^m : \mathbf{y}\mathbf{X}^\top \equiv \mathbf{0} \pmod{q}\}$$

[40] 秘密ベクトルを $\mathbf{s} = (s_1, \ldots, s_n)$ としたとき，数値例 (5.2) のように，組 $(\mathbf{a}, b)$ は各線形近似方程式を与えている．

[41] つまり，神のお告げとして，任意個の組 $(\mathbf{a}, b)$ が分布 $L_{\mathbf{s}, \chi}$ から得られる（オラクルの説明については 3.4.3 項を参照）．

[42] 暗号の安全性評価では，攻撃者は解読に要する計算時間が最も短くなるようなサンプル数 m を選ぶことができると想定する．

[43] 例えば，探索 LWE 問題は，与えられた m 個の LWE サンプル $(\mathbf{A}, \mathbf{b})$ から関係式 (5.4) を満たす秘密ベクトル $\mathbf{s} \in \mathbb{F}_q^n$ を見つける問題である．

[44] 各 e_i は離散 Gauss 分布 χ からサンプルされた元であることに注意．

[45] LWE 問題の求解で利用する q-ary 格子はサンプル数 m を格子次元に持つことに注意．

と定義する．正規化の差を除いて，これら2つの q-ary 格子は互いに双対の関係にある．正確には，

$$\Lambda_q^\perp(\mathbf{X}) = q\widehat{\Lambda_q(\mathbf{X})}, \quad \Lambda_q(\mathbf{X}) = q\widehat{\Lambda_q^\perp(\mathbf{X})}$$

が成り立つ[46]．群準同型写像

$$f: \mathbb{Z}^m \longrightarrow (\mathbb{Z}/q\mathbb{Z})^n, \quad \mathbf{y} \mapsto \mathbf{y}\mathbf{X}^\top \pmod{q}$$

の核は $\Lambda_q^\perp(\mathbf{X})$ なので，例 1.3.7 と同様の議論から $\mathrm{vol}(\Lambda_q^\perp(\mathbf{X})) = \#\mathrm{Im}(f)$ が成り立つ．特に，q^n は体積 $\mathrm{vol}(\Lambda_q^\perp(\mathbf{X}))$ で割り切れる[47]．さらに，定理 1.6.2 より，q^{m-n} は体積 $\mathrm{vol}(\Lambda_q(\mathbf{X}))$ を割る[48]．

q-ary 格子 $\Lambda_q(\mathbf{X})$ 上の任意のベクトルは $\mathbf{y} = \mathbf{s}\mathbf{X} + q\mathbf{z}$（$\exists \mathbf{s} \in \mathbb{Z}^n, \exists \mathbf{z} \in \mathbb{Z}^m$）とかけるので，その格子は $(n+m) \times m$ 整数行列

$$\begin{pmatrix} \mathbf{X} \\ q\mathbf{I}_m \end{pmatrix}$$

の一次従属な $(n+m)$ 個の行ベクトルで生成される．この生成行列を MLLL 基底簡約（2.5 節）することで[49]，m 次元 q-ary 格子 $\Lambda_q(\mathbf{X})$ の基底行列 $\mathbf{B} \in \mathbb{Z}^{m \times m}$ が得られる[50]．このとき，双対格子に関する定理 1.6.2 より，もう片方の q-ary 格子 $\Lambda_q^\perp(\mathbf{X})$ の基底行列は $(q\mathbf{B}^{-1})^\top \in \mathbb{Z}^{m \times m}$ で得られる．

▎5.2.3 判定 LWE 問題に対する求解法

ここでは，判定 LWE 問題を下記で紹介する SIS(Short Integer Solution) 問題[51]に帰着して解く方法を紹介する．

定義 5.2.2（SIS 問題） 正の整数 q と，$0 < \beta < q$ を満たす実数 β を固定する．各成分が剰余環 $\mathbb{Z}/q\mathbb{Z}$ 上一様ランダムに選ばれた $n \times m$ 整数行列 $\mathbf{X}$ に対して，$\|\mathbf{v}\| \leq \beta$ かつ $\mathbf{v}\mathbf{X}^\top \equiv \mathbf{0} \pmod{q}$ を満たす非零ベクトル $\mathbf{v} \in \mathbb{Z}^m$ を見つける問題を SIS 問題と呼ぶ．つまり，これは q-ary 格子 $\Lambda_q^\perp(\mathbf{X})$ 上の短い非零ベクトルを見つける問題である．

奇素数の剰余パラメータ q における LWE 問題のサンプル数を m とし，m 個の LWE サンプルの組を $(\mathbf{A}, \mathbf{b}) \in \mathbb{F}_q^{m \times n} \times \mathbb{F}_q^m$ とする．ここで，$n \times m$ の転置行列 $\mathbf{A}^\top$ に対する SIS 問題の短い解ベクトル $\mathbf{v} \in \Lambda_q^\perp(\mathbf{A}^\top)$ が得られたと

---

[46] 簡単に証明できるので，この関係性をぜひ確かめてみてほしい．

[47] ほとんどの行列 $\mathbf{X}$ に対し f は全射で，f が全射のとき $\mathrm{vol}(\Lambda_q^\perp(\mathbf{X})) = q^n$ が成り立つ．

[48] ほとんどの行列 $\mathbf{X}$ に対し $\mathrm{vol}(\Lambda_q(\mathbf{X})) = q^{m-n}$ が成り立つ．

[49] 具体的には，MLLL 基底簡約アルゴリズム（アルゴリズム 9）に $(n+m)$ 個の一次独立な行ベクトルを入力することで，q-ary 格子 $\Lambda_q(\mathbf{X})$ の LLL 簡約基底が得られる．

[50] より一般の方法として生成行列の Hermite Normal Form（HNF）を計算することで，効率的に基底行列を見つけることができる．HNF に関しては [14, 14 章] や [19, 2.4.2 項] などを参照．

[51] Ajtai [1] が紹介した格子問題．

する[52]（$0 < \|\mathbf{v}\| \le \beta$ と仮定）．このとき，LWE サンプルの組 $(\mathbf{A}, \mathbf{b})$ は関係式 (5.4) を満たすので，

$$\langle \mathbf{v}, \mathbf{b} \rangle \equiv \langle \mathbf{v}, \mathbf{s}\mathbf{A}^\top + \mathbf{e} \rangle \equiv \langle \mathbf{v}\mathbf{A}, \mathbf{s} \rangle + \langle \mathbf{v}, \mathbf{e} \rangle \equiv \langle \mathbf{v}, \mathbf{e} \rangle \pmod{q}$$

が成り立つ（$\mathbf{v}\mathbf{A} \equiv \mathbf{0} \pmod{q}$ に注意）．さらに，ノイズベクトル $\mathbf{e}$ のすべての成分 e_i は離散 Gauss 分布 χ からサンプルされた元なので，

$$|\langle \mathbf{v}, \mathbf{e} \rangle| \le \|\mathbf{e}\| \|\mathbf{v}\| \approx \sigma \|\mathbf{v}\| \le \sigma\beta$$

が期待できる[53]．ゆえに，$\sigma\beta \ll q$ ならば[54]，絶対値 $|\langle \mathbf{v}, \mathbf{b} \rangle| \pmod{q}$ の大きさから LWE サンプルの組 $(\mathbf{A}, \mathbf{b})$ は確率分布 $L_{\mathbf{s},\chi}$ からサンプルされたものか判定できる[55]（つまり，$|\langle \mathbf{v}, \mathbf{b} \rangle| \pmod{q}$ の値が十分小さい場合，$(\mathbf{A}, \mathbf{b})$ に含まれるすべての組 $(\mathbf{a}_i, b_i)$ が $L_{\mathbf{s},\chi}$ からサンプルされたものと判定できる）．

5.2.4 探索 LWE 問題に対する求解法

ここでは，探索 LWE 問題を下記で紹介する BDD(Bounded Distance Decoding) 問題に帰着して解く方法を紹介する．

定義 5.2.3（BDD 問題） 格子 L と目標ベクトル $\mathbf{w}$ との距離に関して，ある $0 < \mu \le \frac{1}{2}$ が存在し $\operatorname{dist}(\mathbf{w}, L) := \min_{\mathbf{v} \in L} \|\mathbf{w} - \mathbf{v}\| < \mu \lambda_1(L)$ を満たすと仮定する．格子 L の基底が与えられたとき，目標ベクトル $\mathbf{w}$ に最も近い格子ベクトル $\mathbf{v} \in L$ を見つける問題を BDD 問題と呼ぶ[56]．

m 個の LWE サンプルの組 $(\mathbf{A}, \mathbf{b}) \in \mathbb{F}_q^{m \times n} \times \mathbb{F}_q^m$ は関係式 (5.4) を満たすので，探索 LWE 問題は $\mathbf{b}$ を目標ベクトルとする q-ary 格子 $\Lambda_q(\mathbf{A}^\top)$ 上の BDD 問題とみなせる．具体的には，目標ベクトル $\mathbf{b} = \mathbf{s}\mathbf{A}^\top + \mathbf{e} + q\mathbf{z}$ $(\exists \mathbf{z} \in \mathbb{Z}^m)$ に対して，格子ベクトルを $\mathbf{v} = \mathbf{s}\mathbf{A}^\top + q\mathbf{z} \in \Lambda_q(\mathbf{A}^\top)$ とおくと，$\mathbf{b} - \mathbf{v} = \mathbf{e}$ が成り立つ．ノイズベクトル $\mathbf{e}$ のすべての成分 e_i は離散 Gauss 分布 χ からサンプルされた元で，99% 以上の高い確率で $|e_i| \le 3\sigma$ を満たすので[57]，

$$\|\mathbf{e}\| \le 3\sigma\sqrt{m}$$

と見積もれる．ゆえに，目標ベクトル $\mathbf{b}$ との距離が $3\sigma\sqrt{m}$ 以下となる q-ary 格子 $\Lambda_q(\mathbf{A}^\top)$ 上の格子ベクトル $\mathbf{v}$ を見つけることで，ノイズベクトル $\mathbf{e}$ を復元することができる．さらに，次の例が示すように，復元したノイズベクトル $\mathbf{e}$ から簡単に LWE サンプルの秘密ベクトル $\mathbf{s}$ を復元することができる．

----

[52]
有限体 $\mathbb{F}_q$ を集合 $\{0, 1, \ldots, q-1\}$ と同一視することで，$\mathbb{F}_q$ 上の行列 $\mathbf{A}$ を自然に整数行列とみなす．

[53]
離散 Gauss 分布 $\chi = D_{\mathbb{Z},\sigma}$ のサンプル元 e_i の絶対値はおおよそ σ 未満で，多めに見積もって $\|\mathbf{e}\| \approx \sigma$ と期待できる．

[54]
q-ary 格子 $\Lambda_q^\perp(\mathbf{A}^\top)$ の基底行列から，どれだけ短い格子ベクトル $\mathbf{v}$ を見つけることができるかが求解成功の鍵である．

[55]
この求解法は dual attack と呼ばれる [2]．（また，distinguishing attack と呼ばれることもある [50]）

[56]
つまり，BDD 問題は目標ベクトルが格子にある程度近い条件下での CVP である．

[57]
具体的には，離散 Gauss 分布を連続 Gauss 分布に近似した仮定のもとで，相補誤差関数の値が $\operatorname{erfc}(3) = 2.2 \times 10^{-5}$ より，99% 以上の高い確率で成立する．

190 | **5 近似版 CVP 解法と LWE 問題への適用**

58)

パラメータ $\alpha = 0.010$ に対し，標準偏差 $\sigma = \alpha q$ を定めている．

例 5.2.4 探索 LWE 問題の数値例として，$n = 5$, $q = 29$, $\sigma = 0.29$ とする[58]．また，$m = 10$ 個の LWE サンプルの組 $(\mathbf{A}, \mathbf{b}) \in \mathbb{F}_q^{m \times n} \times \mathbb{F}_q^m$ が

$$
\mathbf{A} = \begin{pmatrix}
1 & 5 & 21 & 3 & 14 \\
17 & 0 & 12 & 12 & 13 \\
12 & 21 & 15 & 6 & 6 \\
4 & 13 & 24 & 7 & 16 \\
20 & 9 & 22 & 27 & 8 \\
19 & 8 & 19 & 3 & 1 \\
18 & 22 & 4 & 8 & 18 \\
6 & 28 & 9 & 5 & 18 \\
10 & 11 & 19 & 18 & 21 \\
28 & 18 & 24 & 27 & 20
\end{pmatrix}, \quad \mathbf{b}^\top = \begin{pmatrix}
28 \\
2 \\
24 \\
16 \\
11 \\
14 \\
7 \\
28 \\
27 \\
13
\end{pmatrix}
$$

59)

LWE 問題の数値例 (5.2) と対比してみてほしい（つまり，$\mathbf{A}$ の成分が連立線形近似方程式の係数を表し，$\mathbf{b}^\top$ の値がその方程式の近似値を表す）．また，この例では後述の 5.2 節の LWE チャレンジにおける $n = 5, \alpha = 0.010$ の例題から 10 個の LWE サンプルの組を抽出した．

60)

ここでは，NTL ライブラリ [76] の LLL 関数を利用した（簡約パラメータは $\delta = 0.99$ を用いた）．

で与えられたとする[59]．まず，5.2.2 項で説明したように，q-ary 格子 $\Lambda_q(\mathbf{A}^\top)$ の生成行列である $(n+m) \times m$ 整数行列 $\begin{pmatrix} \mathbf{A}^\top \\ q\mathbf{I}_m \end{pmatrix}$ を構成し，その格子の LLL 簡約した基底行列 $\mathbf{B} \in \mathbb{Z}^{m \times m}$ を求める[60]：

$$
\mathbf{B} = \begin{pmatrix}
-2 & 0 & -1 & 1 & -4 & 1 & -2 & 1 & -1 & 0 \\
2 & -4 & 0 & 0 & 1 & 1 & 0 & -4 & 1 & 1 \\
3 & -2 & 1 & -1 & 1 & 0 & 0 & 3 & 3 & -1 \\
-2 & 2 & -3 & 2 & 0 & 3 & 0 & 0 & -1 & 1 \\
2 & 4 & -2 & 0 & -3 & 0 & 0 & 0 & 0 & -1 \\
-1 & 2 & 3 & 0 & 1 & 2 & 3 & 1 & -2 & 0 \\
-1 & -3 & -1 & -1 & -2 & -1 & -1 & 3 & 0 & 4 \\
0 & 2 & 2 & 4 & -2 & -3 & 0 & 1 & -2 & 3 \\
2 & -1 & -1 & 2 & -1 & 1 & 1 & 5 & -5 & 0 \\
-1 & 2 & 1 & -2 & 3 & 3 & -6 & -3 & 0 & 1
\end{pmatrix}.
$$

基底行列 $\mathbf{B}$ と目標ベクトル $\mathbf{b}$ に対する最近平面アルゴリズム（5.1.1 項）から，格子ベクトル $\mathbf{v} = (28, 2, 24, 16, 12, 14, 7, 28, 27, 13)$ が得られる．これよ

り，ノイズベクトル $\mathbf{e} = \mathbf{b} - \mathbf{v} = (0,0,0,0,-1,0,0,0,0,0)$ が復元できる[61]．
秘密ベクトル $\mathbf{s}$ を復元するために，行列 $\mathbf{A}$ の前半 n 個の行ベクトルで構成される部分行列を $\mathbf{A}'$，2 つのベクトル $\mathbf{b}$ と $\mathbf{e}$ の前半 n 個の成分で構成される部分ベクトルをそれぞれ $\mathbf{b}'$ と $\mathbf{e}'$ とする[62]．関係式 (5.4) と同様に $\mathbf{b}' \equiv \mathbf{s}\mathbf{A}'^{\top} + \mathbf{e}'$ $\pmod{q}$ が成り立つので，秘密ベクトルが次のように復元できる：

$$\mathbf{s} \equiv (\mathbf{b}' - \mathbf{e}') \times (\mathbf{A}'^{\top})^{-1} \pmod{q} = (7, 27, 14, 23, 26) \in \mathbb{F}_q^n.$$

例 5.2.5 探索 LWE 問題の別の数値例として，$n = 10$, $q = 101$, $\sigma = 1.515$ とする[63]．また，$m = 20$ 個の LWE サンプルの組 $(\mathbf{A}, \mathbf{b}) \in \mathbb{F}_q^{m \times n} \times \mathbb{F}_q^m$ が

$$\mathbf{A} = \begin{pmatrix} 88 & 3 & 62 & 1 & 80 & 68 & 18 & 12 & 52 & 63 \\ 53 & 1 & 25 & 22 & 68 & 17 & 52 & 19 & 6 & 99 \\ 93 & 49 & 56 & 89 & 78 & 24 & 29 & 55 & 78 & 44 \\ 66 & 82 & 83 & 58 & 95 & 15 & 45 & 59 & 98 & 9 \\ 39 & 42 & 96 & 76 & 64 & 40 & 42 & 72 & 59 & 34 \\ 46 & 18 & 79 & 64 & 11 & 31 & 82 & 50 & 87 & 43 \\ 47 & 45 & 27 & 83 & 79 & 14 & 5 & 75 & 32 & 50 \\ 26 & 94 & 45 & 87 & 67 & 36 & 95 & 50 & 24 & 48 \\ 10 & 67 & 83 & 55 & 5 & 94 & 42 & 73 & 26 & 20 \\ 54 & 83 & 77 & 79 & 4 & 53 & 38 & 37 & 26 & 44 \\ 41 & 66 & 64 & 18 & 61 & 76 & 95 & 73 & 23 & 74 \\ 23 & 93 & 90 & 86 & 67 & 19 & 31 & 19 & 99 & 8 \\ 37 & 96 & 87 & 48 & 52 & 84 & 0 & 3 & 56 & 37 \\ 60 & 29 & 18 & 17 & 3 & 10 & 83 & 31 & 12 & 68 \\ 39 & 72 & 34 & 57 & 11 & 8 & 19 & 34 & 97 & 28 \\ 39 & 1 & 99 & 35 & 42 & 50 & 72 & 76 & 49 & 61 \\ 2 & 68 & 50 & 37 & 0 & 97 & 14 & 67 & 67 & 71 \\ 9 & 68 & 47 & 22 & 2 & 76 & 81 & 19 & 65 & 27 \\ 19 & 34 & 71 & 40 & 97 & 76 & 17 & 66 & 98 & 75 \\ 83 & 24 & 13 & 40 & 65 & 96 & 37 & 75 & 2 & 60 \end{pmatrix}, \quad \mathbf{b}^{\top} = \begin{pmatrix} 50 \\ 41 \\ 53 \\ 64 \\ 24 \\ 28 \\ 2 \\ 22 \\ 43 \\ 32 \\ 25 \\ 16 \\ 2 \\ 30 \\ 96 \\ 53 \\ 66 \\ 89 \\ 87 \\ 29 \end{pmatrix}$$

[61] この求解法は decoding attack と呼ばれる [4]．また，$\mathbf{e}$ のすべての成分の絶対値が $3\sigma = 0.87$ 程度に収まっている．特に，$\|\mathbf{e}\| \leq 3\sigma\sqrt{m}$ を満たす．

[62] $\mathbf{A}'$ が $\mathbb{F}_q$ 上正則でない場合は他の部分行列を選択すればよい．

[63] この例では，$\alpha = 0.015$ に対し標準偏差 $\sigma = \alpha q$ を定めている．

[64]
後述の 5.2 節の LWE チャレンジにおける $n = 10, \alpha = 0.015$ の例題から，20 個の LWE サンプルの組を抽出した．

[65]
この求解法は primal(-uSVP) attack と呼ばれる [2]．

[66]
埋め込み法の定数を $M = 1$ に設定した．

[67]
実際，$\mathbf{e}$ のすべての成分の絶対値が $3\sigma = 4.545$ 程度に収まっている．特に，$\|\mathbf{e}\| \le 3\sigma\sqrt{m}$ を満たす．

[68]
SVP・LWE の他にも，イデアル格子チャレンジが 2012 年以降公開されている．

[69]
SVP チャレンジでは各次元でより短い格子ベクトルが Web ページに掲載されるのに対して，LWE チャレンジでは各問題に対して最初に求解した実験結果のみが Web ページで掲載される．

[70]
正確には，有限個の LWE サンプルが与えられた探索 LWE 問題である．

[71]
一般に，例 5.2.5 で紹介した埋め込み法を用いた求解が有効なようである．

[72]
詳細は [56, 3 節] を参照．

で与えられたとする[64]．まず，先の例と同様に，q-ary 格子 $\Lambda_q(\mathbf{A}^\top)$ の基底行列 $\mathbf{B} \in \mathbb{Z}^{m \times m}$ を計算する．今回は，基底行列 $\mathbf{B}$ と目標ベクトル $\mathbf{b}$ における BDD 問題に対して，埋め込み法（5.1.3 項）を利用して LWE サンプルのノイズベクトル $\mathbf{e}$ を復元する[65]．そこで，$(m+1) \times (m+1)$ 行列

$$\begin{pmatrix} \mathbf{B} & \mathbf{0}^\top \\ \mathbf{b} & 1 \end{pmatrix}$$

を構成する[66]．さらに，その行列を LLL 基底簡約し，その簡約基底行列の中で最短の基底ベクトルからノイズベクトル

$$\mathbf{e} = (-1, -2, 0, 5, 0, 1, -1, 1, 0, 1, -1, 1, 1, 2, -2, 0, -1, 3, 0, 1)$$

が復元できる[67]．復元した $\mathbf{e}$ を用いて，先の例と同じように LWE サンプルの秘密ベクトル $\mathbf{s} = (7, 16, 45, 75, 64, 70, 79, 82, 65, 36)$ が復元できる．

5.2.5 LWE チャレンジに対する計算機実験

3.5 節で紹介した SVP チャレンジと同じように，2015 年以降ドイツのダルムシュタット工科大学は LWE チャレンジ問題[68]をインターネット上で公開している*)．LWE チャレンジの目的は SVP チャレンジと同様で，求解アルゴリズムをテストするためである[69]．LWE チャレンジでは，2 つのパラメータの組 (n, α) ごとに 1 つの探索 LWE 問題[70]（定義 5.2.1）が公開されている．組 (n, α) に対応する探索 LWE 問題パラメータは次のように設定されている：

- $m = n^2$：与えられた LWE サンプル (5.3) の個数
- q：$q > m$ を満たす最小の奇素数による LWE 剰余パラメータ
- $\sigma = \alpha q$：離散 Gauss 分布 χ の標準偏差

LWE チャレンジの求解実験結果が [84, 85, 88] などで報告されている[71]．各問題では m 個の LWE サンプルが与えられているが，一部の LWE サンプルから秘密ベクトルを求めてもよい．実際，[84, 85, 88] の実験でも一部の LWE サンプルから秘密ベクトルを求めている．特に，求解に必要な LWE サンプル数は求解時に利用する格子基底簡約アルゴリズムに依存する[72]．

---

*) LWE チャレンジの Web ページ：`https://www.latticechallenge.org/lwe_challenge/challenge.php`（LWE チャレンジ問題の作成方法については [15] を参照）

参考文献

[1] Miklós Ajtai. Generating hard instances of lattice problems. In *Symposium on Theory of Computing (STOC 1996)*, pages 99–108. ACM, 1996.

[2] Martin R. Albrecht, Benjamin R. Curtis, Amit Deo, Alex Davidson, Rachel Player, Eamonn W. Postlethwaite, Fernando Virdia, and Thomas Wunderer. Estimate all the {LWE, NTRU} schemes! In *Security and Cryptography for Networks (SCN 2018)*, volume 11035 of *Lecture Notes in Computer Science*, pages 351–367, 2018.

[3] Martin R. Albrecht, Léo Ducas, Gottfried Herold, Elena Kirshanova, Eamonn W. Postlethwaite, and Marc Stevens. The general sieve kernel and new records in lattice reduction. In *Advances in Cryptology – EUROCRYPT 2019*, pages 717–746, 2019.

[4] Martin R. Albrecht, Rachel Player, and Sam Scott. On the concrete hardness of learning with errors. *Journal of Mathematical Cryptology*, 9(3):169–203, 2015.

[5] Yoshinori Aono, Phong Q. Nguyen, Takenobu Seito, and Junji Shikata. Lower bounds on lattice enumeration with extreme pruning. In *Advances in Cryptology – CRYPTO 2018*, volume 10992 of *Lecture Notes in Computer Science*, pages 608–637. Springer, 2018.

[6] Yoshinori Aono, Phong Q. Nguyen, and Yixin Shen. Quantum lattice enumeration and tweaking discrete pruning. In Thomas Peyrin and Steven Galbraith, editors, *Advances in Cryptology – ASIACRYPT 2018*, pages 405–434. Springer, 2018.

[7] Yoshinori Aono, Yuntao Wang, Takuya Hayashi, and Tsuyoshi Takagi. Improved progressive BKZ algorithms and their precise cost estimation by sharp simulator. In *Advances in Cryptology – EUROCRYPT 2016*, volume 9665 of *Lecture Notes in Computer Science*, pages 789–819. Springer, 2016.

[8] László Babai. On Lovász' lattice reduction and the nearest lattice point problem. *Combinatorica*, 6(1):1–13, 1986.

[9] Werner Backes and Susanne Wetzel. Heuristics on lattice basis reduction in practice. *Journal of Experimental Algorithmics*, 7:1, 2002.

[10] Shi Bai and Steven D. Galbraith. Lattice decoding attacks on binary LWE. In *Australasian Conference on Information Security and Privacy (ACISP 2014)*, volume 8544 of *Lecture Notes in Computer Science*, pages 322–337. Springer, 2014.

[11] Abhishek Banerjee, Chris Peikert, and Alon Rosen. Pseudorandom functions and lattices. In *Advances in Cryptology – EUROCRYPT 2012*, volume 7237 of *Lecture Notes in Computer Science*, pages 719–737. Springer, 2012.

[12] Daniel J. Bernstein, Johannes Buchmann, and Erik Dahmen. *Post-Quantum Cryptography*. Springer, 2009.

[13] Hans Frederik Blichfeldt. A new principle in the geometry of numbers, with some applications. *Transactions of the American Mathematical Society*, 15(3):227–235, 1914.

[14] Murray R. Bremner. *Lattice basis reduction: An introduction to the LLL algorithm and its applications*. CRC Press, 2011.

[15] Johannes Buchmann, Niklas Büscher, Florian Göpfert, Stefan Katzenbeisser, Juliane Krämer, Daniele Micciancio, Sander Siim, Christine van Vredendaal, and Michael Walter. Creating cryptographic challenges using multi-party computation: The LWE challenge. In *ASIA Public-Key Cryptography (AsiaPKC 2016)*, pages 11–20. ACM, 2016.

[16] Johannes Buchmann and Christoph Ludwig. Practical lattice basis sampling reduction. In Florian Hess, Sebastian Pauli, and Michael Pohst, editors, *Algorithmic Number Theory – ANTS-VII*, pages 222–237, Berlin, Heidelberg, 2006. Springer Berlin Heidelberg.

[17] John William Scott Cassels. *An introduction to the geometry of numbers*. Springer Science & Business Media, 2012.

[18] Yuanmi Chen and Phong Q. Nguyen. BKZ 2.0: Better lattice security estimates. In *Advances in Cryptology – ASIACRYPT 2011*, volume 7073 of *Lecture Notes in Computer Science*, pages 1–20. Springer, 2011.

[19] Henri Cohen. *A course in computational algebraic number theory*, volume 138 of *Graduate Texts in Mathematics*. Springer Science & Business Media, 2013.

[20] Henry Cohn and Abhinav Kumar. The densest lattice in twenty-four dimensions. *Electronic Research Announcements of the American Mathematical Society*, 10(7):58–67, 2004.

[21] John Horton Conway and Neil James Alexander Sloane. *Sphere packings, lattices and groups*, volume 290. Springer Science & Business Media, 2013.

[22] Mayur Datar, Nicole Immorlica, Piotr Indyk, and Vahab S. Mirrokni. Locality-sensitive hashing scheme based on p-stable distributions. In *Proceedings of the Twentieth Annual Symposium on Computational Geometry*, SCG '04, pages 253–262, New York, NY, USA, 2004. ACM.

[23] The FPLLL development team. fplll, a lattice reduction library. Available at https://github.com/fplll/fplll, 2016.

[24] Léo Ducas. Shortest vector from lattice sieving: A few dimensions for free. In

Adavances in Cryptology – EUROCRYPT 2018, volume 10820 of *Lecture Notes in Computer Science*, pages 125–145. Springer, 2018.

[25] Ulrich Fincke and Michael Pohst. Improved methods for calculating vectors of short length in a lattice, including a complexity analysis. *Mathematics of computation*, 44(170):463–471, 1985.

[26] Masaharu Fukase and Kenji Kashiwabara. An accelerated algorithm for solving SVP based on statistical analysis. *Journal of Information Processing (JIP)*, 23(1):67–80, 2015.

[27] Masaharu Fukase and Kazunori Yamaguchi. Finding a very short lattice vector in the extended search space. *Journal of Information Processing*, 20(3):785–795, 2012.

[28] Steven D. Galbraith. *Mathematics of public key cryptography*. Cambridge University Press, 2012.

[29] Nicolas Gama and Phong Q. Nguyen. Finding short lattice vectors within Mordell's inequality. In *Symposium on Theory of Computing (STOC 2008)*, pages 207–216. ACM, 2008.

[30] Nicolas Gama and Phong Q. Nguyen. Predicting lattice reduction. In *Advances in Cryptology – EUROCRYPT 2008*, volume 4965 of *Lecture Notes in Computer Science*, pages 31–51. Springer, 2008.

[31] Nicolas Gama, Phong Q. Nguyen, and Oded Regev. Lattice enumeration using extreme pruning. In *Advances in Cryptology – EUROCRYPT 2010*, volume 6110 of *Lecture Notes in Computer Science*, pages 257–278. Springer, 2010.

[32] Carl Friedrich Gauss. Disquisitiones arithmeticae. *Leipzig*, 1801.

[33] Craig Gentry. Fully homomorphic encryption using ideal lattices. In *Symposium on Theory of Computing (STOC 2009)*, pages 169–178. ACM, 2009.

[34] Oded Goldreich, Shafi Goldwasser, and Shai Halevi. Public-key cryptosystems from lattice reduction problems. In *Advances in Cryptology – CRYPTO 1997*, volume 1294 of *Lecture Notes in Computer Science*, pages 112–131. Springer, 1997.

[35] Daniel Goldstein and Andrew Mayer. On the equidistribution of Hecke points. In *Forum Mathematicum*, volume 15, pages 165–190. De Gruyter, 2003.

[36] Guillaume Hanrot, Xavier Pujol, and Damien Stehlé. Analyzing blockwise lattice algorithms using dynamical systems. In *Advances in Cryptology – CRYPTO 2011*, volume 6841 of *Lecture Notes in Computer Science*, pages 447–464. Springer, 2011.

[37] Charles Hermite. Extraits de lettres de M. Hermite à M. Jacobi sur différents objets de la théorie des nombres: Deuxième lettre. *Journal für die Reine und Angewandte Mathematik*, pages 279–315, 1850.

[38] Jeffrey Hoffstein, Jill Pipher, and Joseph H. Silverman. *An introduction to math-*

ematical cryptography, volume 1. Springer, 2008.

[39] Piotr Indyk and Rajeev Motwani. Approximate nearest neighbors: Towards removing the curse of dimensionality. In *Symposium on Theory of Computing (STOC 1998)*, pages 604–613, New York, NY, USA, 1998. ACM.

[40] Ravi Kannan. Improved algorithms for integer programming and related lattice problems. In *Symposium on Theory of Computing (STOC 1983)*, pages 193–206. ACM, 1983.

[41] Ravi Kannan. Minkowski's convex body theorem and integer programming. *Mathematics of operations research*, 12(3):415–440, 1987.

[42] Subhash Khot. Inapproximability results for computational problems on lattices. In *The LLL Algorithm*, pages 453–473. Springer, 2009.

[43] Neal Koblitz. *A course in number theory and cryptography*, volume 114 of *Graduate Texts in Mathematics*. Springer Science & Business Media, 1994.

[44] Neal Koblitz. *Algebraic aspects of cryptography*, volume 3 of *Algorithms and computation in mathematics*. Springer-Verlag, 1998.

[45] A. Korkine and G. Zolotareff. Sur les formes quadratiques positives ternaires. *Mathematische Annalen*, 5:581–583, 1872.

[46] A. Korkine and G. Zolotareff. Sur les formes quadratiques. *Mathematische Annalen*, 6:366–389, 1873.

[47] Jeffrey C. Lagarias, Hendrik W. Lenstra, and Claus Peter Schnorr. Korkin-Zolotarev bases and successive minima of a lattice and its reciprocal lattice. *Combinatorica*, 10(4):333–348, 1990.

[48] Joseph-Louis Lagrange. Recherches d'arithmétique, 1773.

[49] Arjen Klaas Lenstra, Hendrik Willem Lenstra, and László Lovász. Factoring polynomials with rational coefficients. *Mathematische Annalen*, 261(4):515–534, 1982.

[50] Richard Lindner and Chris Peikert. Better key sizes (and attacks) for LWE-based encryption. In *Cryptographers' Track at the RSA Conference (CT-RSA 2011)*, volume 6558 of *Lecture Notes in Computer Science*, pages 319–339. Springer, 2011.

[51] Mingjie Liu and Phong Q. Nguyen. Solving BDD by enumeration: An update. In *Cryptographers' Track at the RSA Conference (CT-RSA 2013)*, volume 7779 of *Lecture Notes in Computer Science*, pages 293–309. Springer, 2013.

[52] Christoph Ludwig. *Practical Lattice Basis Sampling Reduction*. PhD thesis, Technische Universität, 2005.

[53] Vadim Lyubashevsky, Chris Peikert, and Oded Regev. On ideal lattices and learning with errors over rings. In *Advances in Cryptology – EUROCRYPT 2010*, volume 6110 of *Lecture Notes in Computer Science*, pages 1–23. Springer, 2010.

[54] Jacques Martinet. *Perfect lattices in Euclidean spaces*, volume 327 of *Comprehensive Studies in Mathematics*. Springer Science & Business Media, 2013.

[55] Daniele Micciancio and Shafi Goldwasser. *Complexity of lattice problems: A cryptographic perspective*, volume 671. Springer Science & Business Media, 2012.

[56] Daniele Micciancio and Oded Regev. Lattice-based cryptography. *Post-Quantum Cryptography*, pages 147–191, 2009.

[57] Daniele Micciancio and Michael Walter. Practical, predictable lattice basis reduction. In *Advances in Cryptology – EUROCRYPT 2016*, Lecture Notes in Computer Science, pages 820–849. Springer, 2016.

[58] John Willard Milnor and Dale Husemoller. *Symmetric bilinear forms*, volume 60. Springer, 1973.

[59] H. Minkowski. *Geometrie der Zahlen*. Leipzig, 1896.

[60] Louis J. Mordell. Observation on the minimum of a positive quadratic form in eight variables. *Journal of the London Mathematical Society*, 19:3–6, 1944.

[61] Phong Q. Nguyen. Hermite's constant and lattice algorithms. In *The LLL Algorithm*, pages 19–69. Springer, 2009.

[62] Phong Q. Nguyen and Damien Stehlé. LLL on the average. In *Algorithmic Number Theory – ANTS-VII*, volume 4076 of *Lecture Notes in Computer Science*, pages 238–256. Springer, 2006.

[63] Phong Q. Nguyen and Damien Stehlé. Low-dimensional lattice basis reduction revisited. *ACM Transactions on Algorithms*, 5(4):46, 2009.

[64] Michael Pohst. A modification of the LLL reduction algorithm. *Journal of Symbolic Computation*, 4(1):123–127, 1987.

[65] Michael Pohst and Hans Zassenhaus. *Algorithmic algebraic number theory*, volume 30. Cambridge University Press, 1997.

[66] Oded Regev. On lattices, learning with errors, random linear codes, and cryptography. In *Symposium on Theory of Computing (STOC 2005)*, pages 84–93. ACM, 2005.

[67] Oded Regev. On the complexity of lattice problems with polynomial approximation factors. In *The LLL algorithm*, pages 475–496. Springer, 2009.

[68] Oded Regev. The learning with errors problem (invited survey). *Conference on Computational Complexity (CCC 2010)*, 7, 2010.

[69] Miruna Roşca, Amin Sakzad, Damien Stehlé, and Ron Steinfeld. Middle-product learning with errors. In *Advances in Cryptology – CRYPTO 2017*, volume 10403 of *Lecture Notes in Computer Science*, pages 283–297. Springer, 2017.

[70] Claus Peter Schnorr. A hierarchy of polynomial time lattice basis reduction algorithms. *Theoretical computer science*, 53(2-3):201–224, 1987.

[71] Claus Peter Schnorr. *Block Korkin-Zolotarev bases and successive minima*. International Computer Science Institute, 1992.

[72] Claus Peter Schnorr. Lattice reduction by random sampling and birthday meth-

ods. In *Symposium on Theoretical Aspects of Computer Science (STACS 2003)*, volume 2607 of *Lecture Notes in Computer Science*, pages 145–156. Springer, 2003.

[73] Claus Peter Schnorr. Progress on LLL and lattice reduction. In *The LLL Algorithm*, pages 145–178. Springer, 2009.

[74] Claus Peter Schnorr and Martin Euchner. Lattice basis reduction: Improved practical algorithms and solving subset sum problems. *Mathematical Programming*, 66(1):181–199, Aug 1994.

[75] Peter W. Shor. Algorithms for quantum computation: Discrete logarithms and factoring. In *Symposium on Foundations of Computer Science (FOCS 1994)*, pages 124–134. IEEE, 1994.

[76] Victor Shoup. NTL: A Library for doing Number Theory. Available at `http://www.shoup.net/ntl/`.

[77] Carl Ludwig Siegel. A mean value theorem in geometry of numbers. *Annals of Mathematics*, pages 340–347, 1945.

[78] Carl Ludwig Siegel. *Lectures on the Geometry of Numbers*. Springer Science & Business Media, 2013.

[79] Charles C. Sims. *Computation with finitely presented groups*, volume 48. Cambridge University Press, 1994.

[80] Ionica Smeets, Arjen Lenstra, Hendrik Lenstra, László Lovász, and Peter van Emde Boas. The history of the LLL-algorithm. In *The LLL Algorithm*, pages 1–17. Springer, 2009.

[81] Damien Stehlé. Floating-point LLL: Theoretical and practical aspects. In *The LLL Algorithm*, pages 179–213. Springer, 2009.

[82] Tadanori Teruya. An observation on the randomness assumption over lattices. In *International Symposium on Information Theory and Its Applications (ISITA 2018)*, pages 311–315, 2018.

[83] Tadanori Teruya, Kenji Kashiwabara, and Goichiro Hanaoka. Fast lattice basis reduction suitable for massive parallelization and its application to the shortest vector problem. In *Public Key Cryptography (PKC 2018)*, Lecture Notes in Computer Science, pages 437–460. Springer, 2018.

[84] Yuntao Wang, Yoshinori Aono, and Tsuyoshi Takagi. Hardness evaluation for search LWE problem using progressive BKZ simulator. *IEICE Transactions on Fundamentals of Electronics, Communications and Computer Sciences*, E101.A(12):2162–2170, 2018.

[85] Rui Xu, Sze Ling Yeo, Kazuhide Fukushima, Tsuyoshi Takagi, Hwajung Seo, Shinsaku Kiyomoto, and Matt Henricksen. An experimental study of the BDD approach for the search LWE problem. In *Applied Cryptography and Network Security (ACNS 2017)*, volume 10355 of *Lecture Notes in Computer Science*, pages

253–272. Springer, 2017.

[86] Junpei Yamaguchi and Masaya Yasuda. Explicit formula for Gram-Schmidt vectors in LLL with deep insertions and its applications. In *Number-Theoretic Methods in Cryptology (NuTMiC 2017)*, volume 10737 of *Lecture Notes in Computer Science*, pages 142–160. Springer, 2017.

[87] Masaya Yasuda and Junpei Yamaguchi. A new polynomial-time variant of LLL with deep insertions for decreasing the squared-sum of Gram-Schmidt lengths. *Designs, Codes and Cryptography*, page First Online, 2019.

[88] Masaya Yasuda, Junpei Yamaguchi, Michiko Ooka, and Satoshi Nakamura. Development of a dual version of DeepBKZ and its application to solving the LWE challenge. In *Progress in Cryptology – AFRICACRYPT 2018*, volume 10831 of *Lecture Notes in Computer Science*, pages 162–182. Springer, 2018.

[89] Masaya Yasuda, Kazuhiro Yokoyama, Takeshi Shimoyama, Jun Kogure, and Takeshi Koshiba. Analysis of decreasing squared-sum of Gram–Schmidt lengths for short lattice vectors. *Journal of Mathematical Cryptology*, 11(1):1–24, 2017.

[90] Masayuki Yoshino and Noboru Kunihiro. Random sampling reduction with precomputation. *IEICE Transactions on Fundamentals of Electronics, Communications and Computer Sciences*, E96.A(1):150–157, 2013.

[91] Zhongxiang Zheng, Xiaoyun Wang, Guangwu Xu, and Yang Yu. Orthogonalized lattice enumeration for solving SVP. *Science China Information Sciences*, 61:1–15, 2018.

[92] 茨木俊秀. 最適化の数学. 共立講座 21 世紀の数学. 共立出版, 2011.

[93] 内田伏一. 集合と位相. 数学シリーズ. 裳華房, 1986.

[94] 小柴健史. 量子コンピュータは公開鍵暗号にとって脅威なのか. 情報処理, 47(2):159–168, 2006.

[95] 佐武一郎. 線型代数学. 数学選書. 裳華房, 1974.

[96] 高木貞治. 解析概論. 岩波書店, 1961.

[97] 永田雅宜. 理系のための線型代数の基礎. 紀伊國屋書店, 1987.

[98] 深瀬道晴, 柏原賢二. 格子の最短ベクトル問題における探索空間の特定. 研究報告コンピュータセキュリティ (CSEC), 2013.

[99] 光成滋生. クラウドを支えるこれからの暗号技術. 秀和システム, 2015.

[100] 森田康夫. 代数概論. 数学選書. 裳華房, 1987.

[101] 渡辺治. 今度こそわかる P≠NP 予想. 今度こそわかるシリーズ. 講談社, 2014.

索　引

欧文

apfa (approximation factor), 144
β-BKZ 簡約されている (β-BKZ-reduced), 102
Babai の最近平面アルゴリズム (Babai's nearest plane algorithm), 175
Babai の丸め込み (Babai's rounding), 182
deep exchange 条件, 74
deep insertion, 74
DeepLLL 簡約されている (DeepLLL-reduced), 75
Euclid 空間, 26
Gauss のヒューリスティック, 41
Gram 行列, 15
Gram 行列式, 15
GSA 定数, 136
Gram-Schmidt 直交化 (Gram-Schmidt orthogonalization, GSO), 21
　　——係数, 22
　　——係数行列, 23
　　——ベクトル, 21
　　——ベクトル行列, 23
H2 簡約されている, 82
Hermite の定数 (Hermite's constant), 39
HKZ 簡約されている (Hermite-Korkine-Zolotareff (HKZ)-reduced), 91
KKT 条件 (Karush-Kuhn-Tucker condition), 129
Lagrange 簡約されている (Lagrange-reduced), 52
LLL 簡約されている (Lenstra-Lenstra-Lovász (LLL)-reduced), 63
Lovász 条件, 63
LWE (learning with errors) 問題, 175
Mordell 簡約されている (Mordell-reduced), 112
M-同値, 20
M-同値類, 20
q-ary 格子, 187
Small Vector Sum 問題 (VSSP), 150

ア

一様分布仮定 (randomness assumption), 135
一般化誕生日サンプリングアルゴリズム (general birthday sampling algorithm), 163
埋め込み法 (embedding technique), 184
枝刈り (pruning), 100

カ

開球 (open ball), 27
完全階数 (full-rank), 12
完全階数の部分格子 (full-rank sublattice), 17
幾何級数仮定 (geometric series assumption), 135
　　——定数 (—— constant), 136
基底 (basis), 2, 11
基底行列 (basis matrix), 2, 12
基底ベクトル (basis vector), 11
近似型問題設定 (approximation setting), 149
原点に関して対称である (symmetric about the origin), 36
格子 (lattice), 2, 11
　　——暗号 (lattice-based cryptography), 2
　　——基底 (lattice basis), 11
　　——基底簡約 (lattice basis reduction), 4, 51
　　——基底行列 (lattice basis matrix), 12
　　——基底ベクトル (lattice basis vector), 12
　　——次元 (lattice dimension), 12
　　——点 (lattice point), 11
　　——ベクトル (lattice vector), 11
　　——問題 (lattice problem), 2, 49

サ

サイズ簡約されている (size-reduced), 59
サンプリング基底簡約アルゴリズム (sampling reduction algorithm), 134
時間-空間トレードオフ (space-time tradeoff), 123
次元 (dimension), 2, 12
指数 (index), 18
射影格子 (projected lattice), 26
整数格子 (integer lattice), 31
双対基底 (dual basis), 46
双対基底行列 (dual basis matrix), 46
双対格子 (dual lattice), 46

タ

体積 (volume), 16
探索 LWE (search-LWE), 187
誕生日パラドックス (birthday paradox), 123
逐次最小 (successive minimum), 32
　　——基底 (basis achieving successive
　　　minimum), 33
　　——ベクトル (vectors achieving successive
　　　minimum), 33
直交射影 (orthogonal projection), 25
直交性欠陥 (orthogonality defect), 94
凸である (convex), 36

ハ

半正定値対称行列 (positive semi-definite symmetric
　matrix), 16
判定 LWE (decision-LWE), 187
部分格子 (sublattice), 17
部分サイズ基底簡約 (partial size-reduce), 42
篩 (sieving), 122
ブロック Mordell 簡約されている
　(block-Mordell-reduced), 115
閉球 (closed ball), 27
平均値中央値仮定 (average-median assumption), 135
ポスト量子暗号 (post-quantum cryptography,
　PQC), 1

ヤ

唯一型問題設定 (unique setting), 149
ユニモジュラ行列 (unimodular matrix), 12
良い基底 (good basis), 4, 51

ラ

ランダムサンプリングアルゴリズム (random
　sampling algorithm), 132
　　——の成功確率 (success probability of ——), 136
離散 Gauss 分布 (descrete Gauss distridution), 186
離散集合 (discrete set), 27
臨界格子 (critical lattice), 41

ワ

悪い基底 (bad basis), 4, 51

著者略歴

青野良範 （あおの　よしのり）

2005 年　武蔵工業大学工学部電子情報工学科卒業
2007 年　東京工業大学大学院情報理工学研究科修士課程修了
2010 年　東京工業大学大学院情報理工学研究科博士課程修了（博士号：理学）
2011 年〜現在　国立研究開発法人情報通信研究機構サイバーセキュリティ研究所研究員

安田雅哉 （やすだ　まさや）

2002 年　京都大学理学部卒業
2004 年　東京大学大学院数理科学研究科修士課程修了
2007 年　東京大学大学院数理科学研究科博士課程修了（博士号：数理科学）
2007 年〜2015 年　株式会社富士通研究所研究員
2015 年〜現在　九州大学マス・フォア・インダストリ研究所准教授

IMI シリーズ：進化する産業数学 3
格子暗号解読のための数学的基礎
—格子基底簡約アルゴリズム入門—

ⓒ 2019 Yoshinori Aono & Masaya Yasuda
Printed in Japan

2019 年 9 月 30 日　初版第 1 刷発行

著　者	青　野　良　範	
	安　田　雅　哉	
発行者	井　芹　昌　信	
発行所	株式会社 近代科学社	

〒 162-0843　東京都新宿区市谷田町 2-7-15
電　話 03-3260-6161　振　替　00160-5-7625
https://www.kindaikagaku.co.jp

藤原印刷　　　　　　　ISBN978-4-7649-0598-6
定価はカバーに表示してあります.

【本書の POD 化にあたって】

近代科学社がこれまでに刊行した書籍の中には、すでに入手が難しくなっているもの
があります。それらを、お客様が読みたいときにご要望に即してご提供するサービス /
手法が、プリント・オンデマンド（POD）です。本書は奥付記載の発行日に刊行した
書籍を底本として POD で印刷・製本したものです。本書の制作にあたっては、底本
が作られるに至った経緯を尊重し、内容の改修や編集をせず刊行当時の情報のままと
しました（ただし、弊社サポートページ https://www.kindaikagaku.co.jp/support.htm
にて正誤表を公開 / 更新している書籍もございますのでご確認ください）。本書を通じ
てお気づきの点がございましたら、以下のお問合せ先までご一報くださいますようお
願い申し上げます。

お問合せ先：reader@kindaikagaku.co.jp

Printed in Japan

POD 開始日　2022 年 9 月 30 日

発　　　行　株式会社近代科学社

印刷・製本　京葉流通倉庫株式会社

・本書の複製権・翻訳権・譲渡権は株式会社近代科学社が保有します。

・ JCOPY ＜（社）出版者著作権管理機構 委託出版物＞

本書の無断複写は著作権法上での例外を除き禁じられています。
複写される場合は，そのつど事前に（社）出版者著作権管理機構
(https://www.jcopy.or.jp, e-mail: info@jcopy.or.jp) の許諾を得てください。